500 Jahre NAVIGATION

Monika und und Ingo Meyer-Haßfurther

Impressum:

500 Jahre Navigation

Monika und Ingo Meyer-Haßfurther

© 2005 Palstek Verlag, Hamburg
Palstek Verlag, Eppendorfer Weg 57a, 20259 Hamburg
Telefon: 040 - 40196340, Fax 040 - 40196341
E-Mail: info@palstek.de   Internet: www.palstek.de

Heel Verlag GmbH, Gut Pottscheidt, 53639 Königswinter
Telefon: 0 22 23 - 92 30-0, Fax 0 22 23 - 92 30 13
E-Mail: service@heel-verlag.de   Internet: www.heel-verlag.de

Zeichnungen: Romeo Lugo Castillo und Lamberto P. Acyatan

ISBN: 3-931617-21-1

Dieses Werk ist einschließlich aller seiner Teile urheberrechtlich geschützt.
Jede weitere Verwertung ist ohne Zustimmung des Verlags unzulässig und strafbar. Dies gilt insbesondere für Teilnachdrucke, Vervielfältigungen jeglicher Art, Übersetzungen und Einspeisung in elektronische Systeme.

500 Jahre NAVIGATION

Navigationsinstrumente vom 15. bis zum 19. Jahrhundert

Inhalt

006 Einleitung Das Meer der Finsternis wird überwunden

010 Die ersten Instrumente
- 10 Kompass
- 32 Navigationskunst
- 36 Loggen und Lot

048 Dokumentation von Seereisen
- 48 Seekarten
- 72 Globen

077 Beginn der Kolonisierung

082 Der Blick in die Ferne
- 82 Fernrohre
- 92 Spiegelteleskope

096 Ausbildung von Seeleuten und Navigatoren

102 Die Werkzeuge des Navigators
- 103 Mathematisches Besteck
- 104 Parallel- und Rollineale
- 112 Sektoren
- 115 Protraktoren und Maßstäbe

118 Instrumentenbauer

126 Die Winkelmessinstrumente
- 126 Astrolabium und Quadrant
- 142 Jakobsstab und Davis-Quadrant
- 156 Oktant
- 170 Sextant, Quintant und Reflexionskreis

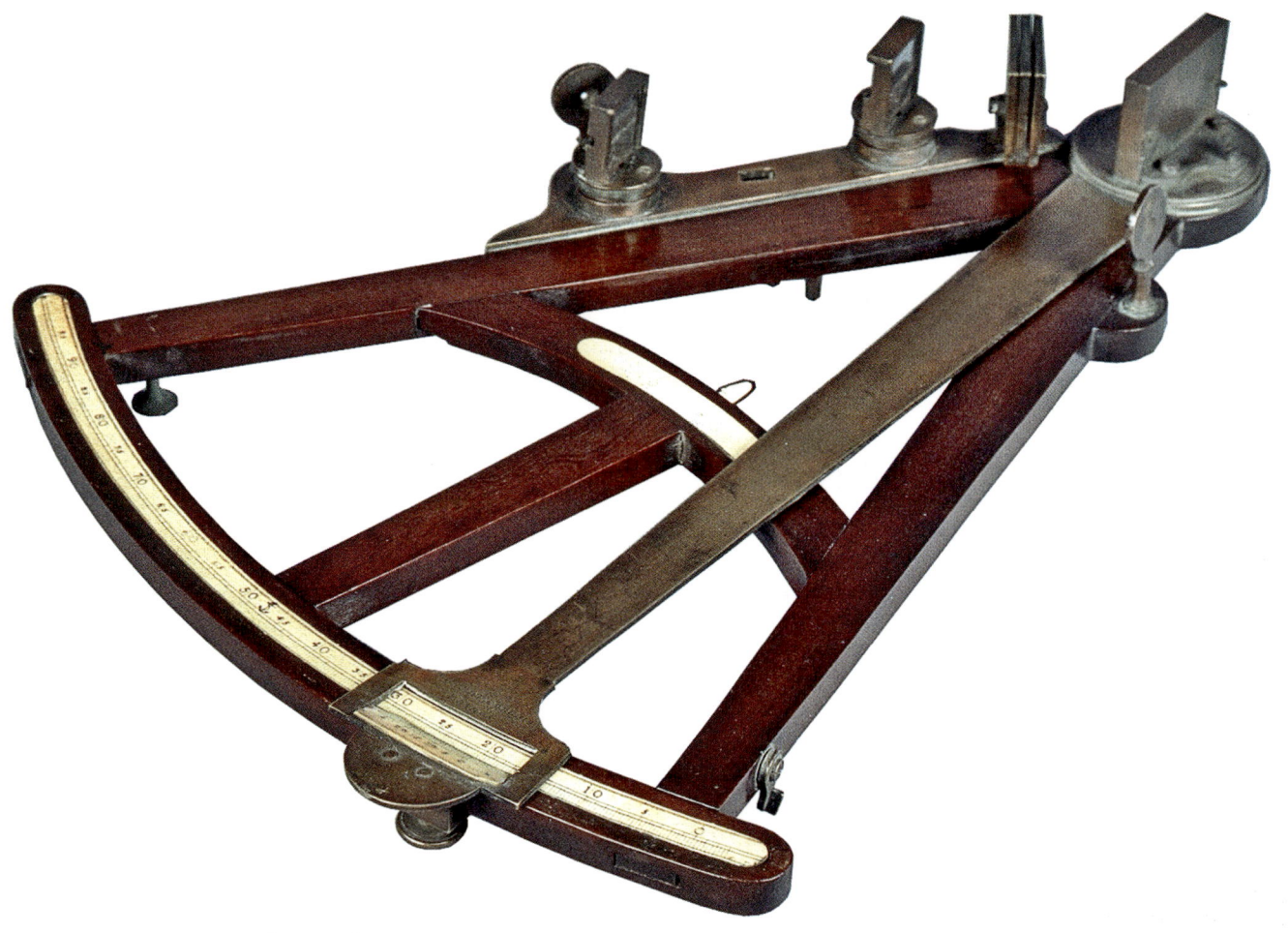

186 Die Zeit

196 Zeit auf See
  - 196 Sonnenuhr
  - 204 Nachtuhr (Nocturnal)
  - 208 Sanduhr
  - 214 Chronometer

232 See- und Landvermessung
  - 233 Circumferentor
  - 234 Pedometer
  - 238 Theodolith
  - 240 Dosensextant

242 Glossar

247 Literaturverzeichnis

250 Zeittafel der Instrumente und Entdeckungen

Einleitung

Das Meer der Finsternis wird überwunden

Die Wiege der westeuropäischen Seefahrt stand in Portugal, einer Seefahrernation mit mutigen Seemännern und risikofreudigen Kaufleuten. Man fuhr zur See und begnügte sich nicht damit, vorsichtig an den Küsten entlangzusegeln, wie es im Mittelmeer üblich war. Beherzte portugiesische Kapitäne wagten sich auf Galeonen, Karracken und Karavellen immer weiter nach Süden, wenn auch nicht immer ganz freiwillig. Alles zu einer Zeit, als bei den Griechen und Römern ein Schiff als verloren galt, falls es die Sicht zum Land verlor.

Als der in Genua geborene Christoph Kolumbus, der sich in Spanien Cristóbal Colón nannte, am 3. August 1492 aufbrach, begründete König Manuel I. das portugiesische Handelsimperium. Lissabon am Tejo wurde zum größten Hafen seiner Zeit. Folgt man dem Fluss weiter Richtung Ozean, erhebt sich direkt am Ufer im Vorort Belem das Jeronimoskloster. Es wurde ab 1500 als Dank für Vasco da Gamas erfolgreiche Indienreise errichtet. Da Gama war im Jahre 1497 in Belem mit drei Schiffen aufgebrochen und kehrte 1499 mit einer Ladung Pfeffer und Zimt zurück. Eines seiner Schiffe musste er auf der stürmischen Rückreise zurücklassen, weil zuviele Männer der Mannschaft an Krankheiten gestorben waren.

Das „Mosteiro dos Jeronimos" wurde im manuelitischen Baustil mit vielen steinernen Elementen der Seefahrt – Algen, Ankern, Muscheln, Tauen und Knoten darstellend – erbaut. Es zeigt heute in einem angegliederten Schiffahrtsmuseum zahlreiche Zeugnisse aus der Zeit der Entdecker wie alte Seekarten und Astrolabien. In der Nähe des Klosters, direkt am Tejo, steht das Entdeckerdenkmal „Padrao dos Descobrimentos", das 1960 zum 500. Todestag von Heinrich dem Seefahrer errichtet

Der in Genua geborene Christoph Kolumbus (1451 bis 1506) versuchte im Auftrag der spanischen Krone westwärts den Seeweg nach Indien zu entdecken. Das gewagte Unternehmen führte seine Flotte an die Küste von Amerika (Bahamas)

wurde. Das protzige Denkmal stellt den Bug einer Karavelle dar, auf dem von Heinrich angeführt die portugiesischen Entdecker in die Ferne blicken.

Heinrich der Seefahrer (auch Heinrich der Navigator genannt), ein wohlhabender Prinz und jüngerer Bruder des regierenden Königs, lebte Anfang des 15. Jahrhunderts in der Stadt Sagres im Süden Portugals. Auf einem privaten Kreuzzug gegen die Mauren eroberte er 1415 mit seinen Truppen die reiche Stadt Ceuta in Afrika. Dabei erbeutete er große Schätze: Perlen aus dem Persischen Golf, Rubine aus Ceylon, Seide aus Ägypten sowie Gold und Elfenbein aus dem Inneren Afrikas.

Prinz Heinrich versammelte Kartographen, Geographen, Astronomen, Seefahrer und Abenteurer in einer Art „Seefahrtschule" mit Observatorium. Von Sagres aus schickte er zahlreiche von ihm entwickelte Karavellen auf die Erkundungsfahrt nach Süden. Dieser neue Schiffstyp mit verbesserten Segeleigenschaften war zum Beispiel auch das Flaggschiff von Vasco da Gama. Die Karavelle ist klein, hat drei Masten mit Lateinersegeln und kann bis zu hundertfünfzig Männer aufnehmen. Ein Rahsegel am Großmast sorgt für mehr Geschwindigkeit. Der Auftrag aus dem Jahre 1418 lautete: „Findet den Seeweg nach Indien und in den fernen Orient mit seinen sagenhaften Schätzen." Ein kaufmännischer Auftrag, denn der Landweg war fest in der Hand der Osmanen. Als Schätze galten zu seiner Zeit Gewürze, besonders der Pfeffer. Der Handel war äußerst lukrativ, aber fest in den Händen der Metropolen Genua und Venedig.

Aber auch die Suche nach einem legendären christlichen Königreich in Afrika oder Asien war ein Motiv Heinrichs. Für die Fahrt nach Süden gab es ein großes Hindernis, das gefürchtete Kap Bojador an der Westküste Afrikas. Die Europäer glaubten zu der Zeit, hier sei das Ende der Welt, danach käme das Meer der Finsternis (mare tenebroso), in dem fürchterliche Ungeheuer lebten und dessen Küste voller Magnetgestein sei, das die Nägel aus den Schiffsplanken ziehen würde. Außerdem hatten sie Angst davor, an der „Kante" (man hielt die Erde für so etwas wie eine Scheibe) von Strudeln in die Tiefe der Hölle gezogen zu werden.

Segeln ins Unbekannte – Unternehmungen für mutige Männer oder „shanghaite" Matrosen, die in Hafenspelunken mit Alkohol betäubt und an Bord der Schiffe gebracht

Vasco da Gama (1469 bis 1524) schuf durch die Entdeckung des Seeweges nach Indien um das Kap der Guten Hoffnung die Voraussetzungen für das portugiesische Kolonialreich. Durch seine Beteiligungen an den Handelsgütern wurde er zu einem der reichsten Männer seiner Zeit

wurden. Waren trotz aller Anstrengungen nicht genügend Seeleute an Bord, füllte man die Mannschaft mit Strafgefangenen auf.

Der erste Pionier auf dem Weg zur Entdeckung des Seeweges nach Indien war Gil Eannes, ein Soldat von hervorragendem Ruf, der 1433 jedoch nur bis zu den Kanarischen Inseln segelte. Die „Inseln der Glückseligen" waren schon seit der Antike bekannt und galten als Rand der bewohnbaren Welt. Er nahm dort einige Gefangene und kehrte dann lieber um. 1434 schickte Prinz Heinrich ihn wieder los. Eannes umschiffte Kap Bojador, indem er in einem weiten Bogen auf das Meer hinaussegelte, um dann wieder auf die Küste zuzusteuern. So erreichte er die West-Sahara, 150 Kilometer südlich von Kap Bojador. Damit war ein riesiges Hindernis überwunden und die mittelalterliche Betrachtung der Welt beendet. Prinz Heinrich schickte die Seefahrer immer weiter nach Süden. Zu Beginn des Jahres 1487 war die afrikanische Westküste bis zum heutigen Namibia erkundet, aber noch hatte kein portugiesisches Schiff die Südspitze von Afrika erreicht.

Seeungeheuer aller Art tummelten sich nach den Erzählungen der Seeleute auf den Weltmeeren. Einige zogen sogar Schiffe mit der Mannschaft ins nasse Grab

Erst im Jahre 1488 umsegelte Bartholomeu Dias mit zwei Karavellen und einem Versorgungsschiff das Kap der guten Hoffnung. In den darauffolgenden Jahrzehnten veränderte sich das Weltbild massiv. Christoph Kolumbus landete 1492 auf der kleinen Bahamainsel Guanahani, Vasco da Gama fuhr 1497 auf dem Westweg nach Ostindien, Pedro Alvarez Cabral segelte im März 1500 mit dreizehn schwer bewaffneten Schiffen nach Brasilien, und Ferdinand Magellan überquerte 1519 als Erster den Pazifik, konnte jedoch seine Weltumsegelung nicht vollenden, da er 1521 auf den Philippinen ermordet wurde.

Die Gier nach Reichtum und Macht sowie Ehrgeiz und große seemännische Fähigkeiten verliehen ihnen die Kraft, auf ihren kleinen, wenig seetüchtigen Schiffen in ständigem Kampf gegen widriges Wetter, Skorbut und Meutereien ihre Ziele zu erreichen. Fast unvorstellbar ist jedoch, wie sie mit ihren primitiven Seekarten und Navigationsinstrumenten ihre Position und den richtigen Kurs finden konnten.

Exkurs: Noch für Hectacus (500 Jahre v.u.Z.) war die Erde eine Scheibe. Zwar war das Wissen, dass die Erde eine Kugel ist, bereits vorhanden, aber zu dieser Zeit verschüttet und nicht zugänglich. Erst durch die Übersetzung griechischer Texte aus dem Arabischen tauchte der wissenschaftliche Nachweis wieder auf. So hatte Erathostenes von Kyrene (285 bis 205 v.u.Z.), Leiter der Bibliothek von Alexandria, Astronom und Geograph, den Erdumfang auf 250.000 Stadien (ein antikes Längenmaß) berechnet. Multipliziert man diesen Wert mit der damals gebräuchlichen ägyptischen Länge von 185 Metern, ergibt dies 46.250 Kilometer. Aktuelle Messungen legen den Erdumfang auf 40.075 Kilometer fest. Erathostenes ging bereits von der Kugelgestalt der Erde aus, berechnete ihre Neigungsachse und die Entfernung zur Sonne. Man vermutet auch, dass er ein Modell der Erdkugel konstruiert hat. Weil sie nun mal rund war, musste sie seiner Meinung nach auch ringsum bewohnt sein.

Vorher hatte bereits Aristoteles als „Beweis" für die Kugelgestalt der Erde notiert, dass bei der Reise nach Süden neue Sternbilder am südlichen Horizont erschienen, während andere im Norden verschwanden.

Auch der berühmte Ptolemäus lebte in Alexandria, der antiken Weltstadt, derren Leuchtturm zu den sieben Weltwundern zählt. Ptolemäus bestimmte das Bild der Welt 1.500 Jahre lang und nannte auch „Beweise" für die Kugelgestalt der Erde. So sei zum Beispiel der Auf- oder Untergang von Sonne, Mond und Sternen im Osten früher zu sehen als im Westen. Außerdem könne man auf dem Meer beim Landfall Berge am Horizont wachsen sehen, als ob sie direkt aus dem Meer auftauchten. Eine Erfahrung, die Seefahrern schon lange bekannt war. Ptolemäus zeichnete unter anderem das riesige Kartenwerk „Geographia" mit einem Nullmeridian, der die Kanarischen Inseln schneidet. Von ihm stammt auch das geozentrische Weltbild für die Christenheit, das die Sonne um die Erde kreisen lässt, die dadurch den Mittelpunkt des Universums einnimmt.

Die Angelegenheit sei ganz einfach, erklärte der Wissenschaftler Johannes Sacrobosco: Ein Wassertropfen sei rund, und das Ganze verhalte sich so wie seine Teile.

Kompass

Als man anfing mit Zaubersteinen die Richtung zu weisen

Für die Erfindung des Kompasses war die Entdeckung der „magischen" Kräfte des Magneteisensteins (Fe_3O_4) maßgebend. Es handelte sich dabei um einen nicht besonders schönen braun-schwarzen Stein, der durch die Kreuzfahrer in den Westen gekommen sein soll.

Plinius berichtet von Magnes, einem Hirten, der auf dem Berg Ida auf Kreta durch die eisernen Nägel in seinen Sohlen und die eiserne Spitze seines Hirtenstabes von einem (magnetischen) Stein festgehalten wurde. Man fand den Magnetstein hier und später auch auf Zypern und Elba. Die Überlieferung erzählt, dass in der italienischen Seehafenstadt Amalfi der auf Elba gefundene Magneteisenstein verwendet und von dort aus sogar exportiert wurde.

Steckte man einen solchen Magneteisenstein in ein Stück Schilfrohr (oder in pulveriger Form in einen Strohhalm) und legte ihn dann in eine Schale mit Wasser, richtete er sich nach Norden aus. Es war das Wunder des Magneteisensteins, dass er auf den Leitstern der Seeleute, den Polarstern, zeigte. Das Risiko, bei schlechter Sicht vom Kurs abzukommen, wenn es keine himmlischen oder landgebundenen Wegweiser mehr gab, war von nun an geringer. Es lag etwas Magisches in den Fähigkeiten dieses Steins und in dem Verfahren.

Man nutzte auch die Möglichkeit, etwas Weicheisen in ein Schilfrohr zu stecken und in eine Wasserschüssel zu legen. Der Navigator nahm einen Magneteisenstein in die Hand und versetzte dieses Schilfrohr in eine rotierende Bewegung. Zog er den Stein zurück, kam das Schilfrohr in Nord-Süd-Richtung zum Stehen. Da die Navigatoren das Verfahren sehr geheimnisvoll anwendeten, sprachen die Seeleute auch von einem „Zauberstein".

Die ersten Kompasse wurden zur Wegweisung zwar an Land eingesetzt, fanden aber in ihrer primitiven Form schnell einen Platz in der Seefahrt

Magnetstein in schön verzierter Silberfassung, England um 1680, obere Seite mit Aufhängering, untere Seite mit Nord- und Südpol, Gesamthöhe zirka 4, Breite zirka 2,7, Tiefe zirka 1,8 Zentimeter

Die Scheibe lagert auf einer Nadel (pin) aus Messing. Der Zierkranz trägt den Namen des Herstellers

Die Nordrichtung wurde oft besonders reich verziert. Hier eine französische Lilie (fleur-de-lys), die jahrhundertelang Standard für die Nordrichtung war

Die Norweger nannten ihn „Leidarstein", die Engländer sprachen vom „Loadstone" oder „Leadstone", und für die Niederländer war er der „Zeilsteen". Das darin enthaltene „Leiten, Laden und Segeln" beschrieb auch ein wenig seine technischen Möglichkeiten.

Als man auf die Idee kam, Weicheisen direkt zu magnetisieren und dann als Kompassnadel zu verwenden, erhielt der Magnetstein eine andere Aufgabe und ein anderes Gesicht. Man brachte den Stein in eine eckige Form und setzte ihn in ein Gehäuse, oft verziert und aus Silber, Messing oder Kupfer gefertigt. Am unteren Ende wurden zwei kleine Eisenzapfen befestigt, von denen einer als Nord- und der andere als Südpol diente. Oben erhielt das Gehäuse einen kleinen Tragegriff. So war praktisch ein hufeisenförmiger Magnet entstanden.

Man setzte den Stein mit seinem Nordpol in der Mitte einer Kompassnadel auf und strich langsam die nördliche Hälfte der Nadel entlang bis zur Spitze. Der Stein musste dann in einem großen Bogen zum Mittelpunkt zurückgeführt werden, um die Magnetisierung nicht zu verändern. Bei den Engländern gab es die Anweisung, wie beim „Schleifen eines Messers" zu verfahren. Die Prozedur musste einige Male wiederholt werden.

Fast jeder Steuermann hatte seinen eigenen Magnetstein. Wie wichtig diese „Zaubersteine" genommen wurden, kann man an einer Bestimmung der niederländischen ostindischen Kompanie (VOC) von 1627 erkennen, in der die Gesellschaft ihre Magnetsteine nach jeder Seereise ausdrücklich zurückverlangte. In der zweiten Hälfte des 18. Jahrhunderts lösten dann künstliche Magnete (*artificial magnets*) die Magnetsteine ab.

Der genaue Zeitpunkt der Erfindung des Kompasses ist nicht bekannt. Man schreibt Griechen, Chinesen und Arabern die erste Anwendung zu. Dabei gibt es bei den Chinesen die Besonderheit, dass sich ihr Kompass nach Süden orientiert. Im Bereich des heutigen Nordeuropas galt der Nordstern von altersher als Leitstern und gab damit Nord als die maßgebliche Himmelsrichtung an. Mit dem aufkommenden Christentum änderte sich die Richtung nach Osten, auf Jerusalem zu, aber mit der Entwicklung des Kompasses kehrte der Norden als bestimmende Himmelsrichtung zurück.

Der älteste erhaltene Kompass stammt aus dem Flaggschiff der englischen Kriegsmarine MARY ROSE, die

Schiffskompass mit Kardanik im Eichenholzkasten, Messingkessel, schwarz-weiße 32-Strich-Rose auf einem Achatstein, Durchmesser zirka 15,5 Zentimeter, signiert: „Youle, 79. Leadenhall Street, London um 1800

Dieser Kompass wurde im 19. Jahrhundert unter anderem auf kleineren Segelschiffen, beispielsweise Schonern und Kuttern, in der Berufsschiffahrt verwendet. Er war relativ kostengünstig, robust und transportfähig. Meistens befindet sich eine schwarz-weiße Rose in einem Messing- oder Kupferkessel. Häufig ist das Gehäuse aus Weichholz. Man findet diese Art Kompass heute noch des öfteren im Handel, nur ist der Zustand manchmal abenteuerlich schlecht. Wenn er jedoch etwas vom Zahn der Zeit angenagt ist, kann man davon ausgehen, dass es wirklich ein alter Kompass und keine Nachahmung ist. Auf jeden Fall vermittelt er einen Eindruck vom Alltag der Segelschiffe im 19. Jahrhundert und dem Betrachter das Gefühl für eine andere Zeit

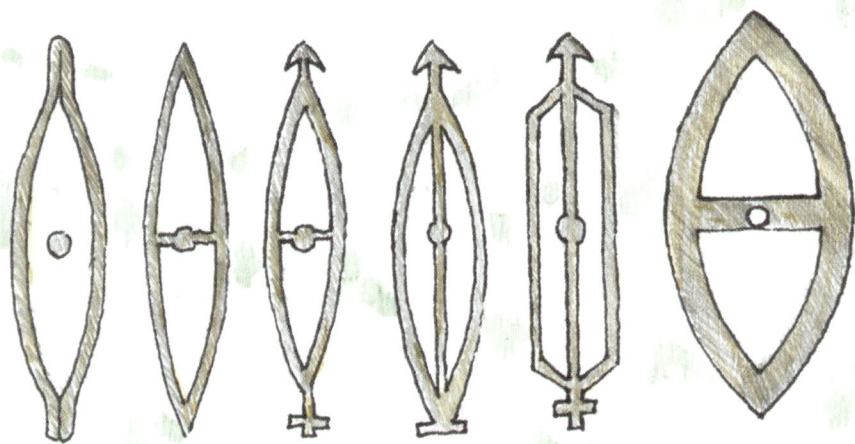

Kompassnadeln, die man unter die Rose klebte, wurden in den unterschiedlichsten Ausführungen eingesetzt. Die sechs abgebildeten zeigen die gebräuchlichsten Formen

1554 an der englischen Südküste vor den Augen König Heinrich VIII. sinkt und 415 Mann Besatzung in den Tod reißt.

Im 12. und 13. Jahrhundert erschienen die ersten Navigationsbücher über das Thema. Der Begriff „Kompass" stammt aus dem Italienischen, ist jedoch mehrdeutig und kann auch Zirkel (als „pair of compasses" heute noch im Englischen gebräuchlich) oder eine Sonderform von Seehandbuch bedeuten. Um 1250 gab es im Mittelmeer ein „Lo Compasso da Navigare" mit einer Sammlung von Segelanweisungen, die im Uhrzeigersinn durch das Mittelmeer führten. Man benutzte den Begriff außerdem für Portulane (frühe Seekarten) oder Segelkarten.

Einer umstrittenen Überlieferung zufolge soll der Kompass nach 1300 in Amalfi erfunden worden sein. Ein Zitat besagt: „Amalfitaner waren die ersten, die die Kunst erfanden, das Meer zu befahren mithilfe des Magneten und nach ihm zu steuern, sowohl bei Tag als auch bei Nacht." Zu dieser Zeit waren Amalfi und einige italienische Hafenstädte stark auf die Seefahrt angewiesen, weil sich ihr Hinterland in Feindeshand befand. So besteht die Möglichkeit, dass ein Flavio Gioja (er könnte auch Joannes Goya geheißen haben) in Amalfi „nur" die Kompassrose erfunden hat.

Die Kompassrose war ein kreisrundes Blatt Papier mit einer sternförmigen Darstellung der Himmelsrichtungen auf der Oberseite. An die Unterseite der Rose wurde ein magnetisiertes Stück Weicheisen geklebt, das die unter-

A. Schück, Der Kompass, Das Blatt der Kompassrose, Tafel 26: Eine kleine Auswahl von Kompassrosen aus unterschiedlichen nordischen Ländern und Städten. Mit der Zeit wurde die verschwenderische Ausschmückung reduziert, was der Lesbarkeit für den Steuermann an Bord zugute kam

A. Schück hat vor zirka 100 Jahren in einem umfangreichen Werk Kompassrosen, technische Details und Besonderheiten von Kompassrosen dokumentiert. Es handelt sich dabei um eine Loseblattsammlung im DIN A 3-Format, von der nur noch wenige Exemplare erhalten sind

500 Jahre Navigation

schiedlichsten Formen haben konnte. In das Zentrum der Rose fügte man ein Hütchen aus Messing als Lager ein. Darin ruhte die Rose waagerecht drehbar auf einem spitzen Bronze- oder Stahlstift (*pin*). In späteren Jahren erhielt das Messinghütchen ein Lager aus Achat oder Rubin, um die Reibung zu verringern. Den untergeklebten Drähten, Stäbchen oder Rhomben aus Weicheisen musste durch Bestreichen mit dem Magnetstein immer wieder neue Kraft eingeflößt werden. Erst im 18. Jahrhundert wurde eine permanente Magnetisierung durch die Einführung von Stahlnadeln möglich.

Bei den Niederländern bestanden die Kompassmagnete vom 16. bis zum Beginn des 18. Jahrhunderts aus zwei ein bis zwei Millimeter starken Eisendrähten, die rautenförmig oder oval gebogen waren. An den äußeren Enden waren die Drähte mit kleinen Nieten unter der aus starkem Papier hergestellten Kompassrose befestigt. An alten Kompassen kann man heutzutage diese meist etwas rostigen Nietstellen gut erkennen. Manchmal wurden die Drähte auch zwischen zwei Lagen festes Papier geklebt. In der Mitte des 17. Jahrhunderts experimentierten der Niederländer Cornelis Jansz Lastmann (Examinator für Steuerleute in Amsterdam) und zwei Kompassmacher mit parallel gelegten Kompassnadeln. Sie verwendeten zwei gleich lange Nadeln, die parallel zur Nord-Süd-Linie der Rose mit gleichem Abstand von der Mitte befestigt wurden. Vergleiche mit den bisher verwendeten Kompassen zeigten, dass Lastmanns Erfindung präziser war. Daraufhin wurden die Schiffe der VOC mit solchen Kompassen ausgestattet. Diese Anordnung von zwei oder mehreren Stabmagneten fand man noch bis weit in das 20. Jahrhundert hinein. Mitte des 18. Jahrhunderts gab es noch eine Entwicklung von Dr. Gowin Knight, der künstliche Magnete verwendete und breitere und schwerere Stahlstreifen unter den Kompassrosen befestigte.

Die Einteilung der Rose bestand bis zum Beginn des 20. Jahrhunderts meistens aus „32 Strich", von denen jeder 11¼ Grad des 360-Grad-Kreises umfasste. Diese Systematik beruhte auf der Unterteilung der durch die vier Wind- oder Himmelsrichtungen gegebenen Kardinalpunkte in vier Quadranten. Diese Quadranten wurden halbiert. Weitere Halbierungen der entstandenen

Dr. Gowin Knight (1713 bis 1772) setzte in seinen Kompassen künstliche Magnete ein, eine Bauweise, die 1752 von der Royal Navy übernommen wurde

A. Schück, Der Kompass, Das Blatt der Kompassrose mit Magnet, Tafel 15: Diese Auswahl vom Kompassrosen zeigt einige Beispiele aus Frankreich und Südeuropa

500 Jahre Navigation

Kreisausschnitte führten dann zu der „32-Strich-Rose". Vermessungskompasse und Sonnenuhren hatten ab dem 16. Jahrhundert neben der umlaufenden 360-Grad-Einteilung auch die Einteilung in Quadranten mit viermal 90 Grad.

Für die Richtung Nord gab es auch die Bezeichnungen „Septentrion" (nach den sieben Sternen des kleinen Bären) oder „Tramontana" (Wind im Mittelmeer). Für Ost fand man ein Kreuz (Heiliges Land), die Windrichtung „Levante" oder die Bezeichnung „Oriens" (Morgenland). Für Süd verwendete man die Namen „Ostra" (nach dem Wind) und „Meridies" (Mittagszeit). Die Himmelsrichtung West konnte auch „Ponante" (Abend) oder „Occidens" (Abendland) heißen. Auf alten deutschen Kompassen fand man gelegentlich die Bezeichnungen „Kalt Wetter" (Nord), „Schön Wetter" (Ost), „Warm Wetter" (Süd) und „Regenwetter" (West).

Jahrhundertelang wurde die Richtung Nord auf der „32-Strich-Rose" der Seeleute mit der französischen Lilie (fleur-de-lys) gekennzeichnet. Waren die Rosen anfangs vielfarbig und phantasievoll gestaltet, ging man später auf eine schlichtere Schwarzweißzeichnung der 32-Strich-Rose über. Das hatte den Vorteil, dass sich bei der nächtlichen Kerzenbeleuchtung die Konturen besser abhoben. Nun blieb nur noch die Lilie als Schmuck und manchmal eine graphische Gestaltung der Richtung Ost. Wer ein Schiff steuern wollte, musste die 32-Strich auswendig können. So hieß es beispielsweise für den seemännischen Nachwuchs in England „to box the compass".

Das begann dann (übersetzt) so:
Nord, Nord zu Ost, Nordnordost, Nordost zu Nord, Nordost – und man hatte 45 Grad auf der Kompassrose geschafft. Nun mussten „nur" noch 27 Himmelsrichtungen aufgesagt werden.

Der meist runde Kompasskessel bestand lange Zeit aus Holz oder Elfenbein, in dem die Rose auf dem am Boden befestigten Pin frei drehen konnte. Oft wurde der Kessel zum Schutz in ein Holzgehäuse gesetzt und konnte dann überall an Deck des Schiffes oder auch an Land verwendet werden. Erst ab 1747 ließ die VOC die Kompasskessel aus Kupfer bauen, weil es sich nicht verzog und weniger anfällig gegen Feuchtigkeit war. Aus dem gleichen Grund wurden in anderen Ländern Messingkessel verwendet. Der Kessel schloss oben über der Rose mit

Die Nordrichtung wurde mit viel Phantasie gestaltet, wie diese Abbildung einer Rose aus dem Jahre 1587 zeigt. Als Krone wurde noch zusätzlich die Lilie „aufgesetzt"

Kajütkompass für Kauffahrteischiffe, Messingkessel, kardanisch aufgehängt, Durchmesser zirka 14 Zentimeter, schwarz-weiße 32-Strich-Rose, wohl England, 1. Hälfte des 19. Jahrhunderts. Im Gegensatz zu den stark verzierten Kronenkompassen des 18. Jahrhunderts sind die Kajütkompasse des 19. Jahrhunderts sehr schlicht und mehr auf ihren Verwendungszweck ausgerichtet. Während die Kronenkompasse häufig nachgebaut und auch gefälscht wurden, ist dieses Problem bei den Kajütkompassen irrelevant. Man kann sie noch ab und zu im Handel finden. Dieser Kajütkompass befand sich bei einem Händler in der Spiegelstraat in Amsterdam. Für jemanden, der klare Linien mag, ist auch dieser umgestülpte „Pott" ein interessantes Instrument
Links: Das Instrument „gespiegelt", also von unten gesehen

500 Jahre Navigation

Größenvergleich einiger Kompasse. Der obere hat 7,5, der mittlere 5 und der untere 3,5 Zentimeter Durchmesser

einer Glasscheibe ab, die mit Kitt gegen Umwelteinflüsse und überkommendes Wasser abgedichtet wurde.

Durch einen Steuerstrich im Gehäuse war es dem Rudergänger möglich, den befohlenen Kurs möglichst genau einzuhalten. Von 1550 bis 1850 blieb der Kompass in dieser Form fast unverändert im Einsatz. Im Laufe der Jahre wurde es üblich, den Kompass in Schiffslängsachse mittig vor dem Rudergänger fest aufzustellen. Er erhielt ein Nachthaus mit Beleuchtung. Dieses Nachthaus bestand entweder aus einer Säule mit einer Haube oder aus einem Kasten mit einem Backbord- und einem Steuerbordkompass und einer Lampe in der Mitte. So hatte der Rudergänger, selbst wenn er seitwärts vom Steuerrad stand, immer einen der Kompasse vor Augen.

Man merkte erst 1730, dass sich die beiden Kompasse gegenseitig beeinflussten. Um 1760 wurde diese Beeinflussung mit fünf bis sechs Grad angegeben. Die häufig hübsch verzierten Kompasskästen mit der Beleuchtung in der Mitte sind heute noch auf einigen Traditionsseglern zu finden, enthalten aber in der Regel nur noch einen Kompass.

Ab der ersten Hälfte des 16. Jahrhunderts wurden die Kompasse frei schwingend aufgehängt, damit sie bei jeder Bewegung des Schiffes ihre waagerechte Lage behielten. Diese Erfindung wird Hieronimus Cardano zugeschrieben, der die Kardanik 1545 als Aufhängung für Schiffslampen erfunden haben soll. Für die Kardanik benötigte der Kompasskessel oben in Höhe der Pinnenspitze an der Außenseite zwei vorspringende, sich exakt gegenüberliegende Zapfen, die in die entsprechenden Lager eines starken Ringes eingriffen. Dieser Ring umgab den Kessel in geringem Abstand. Lagen diese Zapfen beispielsweise parallel zum Kiel, behielt der Kompass beim Rollen (seitliche Schwankung) des Schiffes seine waagerechte Lage bei. Der Ring hatte in derselben Höhe wie die beiden ersten Zapfen zwei weitere, sich wieder gegenüberliegende Zapfen an der Außenseite. Diese Zapfen standen dann rechtwinklig zur Kiellinie und waren in zwei Lager des Kompasshauses eingepasst. Beim Stampfen (Bewegung in der Längsrichtung) des Schiffes blieb der Kompass so nahezu waagerecht. Die Kardanik war auch für Schlinger- und Stoßbewegungen von Vorteil.

Während langer Entdeckungsreisen in der Zeit von 1492 bis 1500 nach Indien und Amerika wurde zum

Taschenkompass für Seefahrer, Messingdose mit Deckel, Reste von Vergoldung, Durchmesser fünf Zentimeter, schwarz-weiße, schön verzierte 32-Strich-Rose mit einem Achatstein, hergestellt von Johan Weilbach, Kopenhagen Ende des 18. Jahrhunderts, Unterseite der Rose mit zwei parallelen Stabmagneten und Siegellackklecks versehen, Reparaturzeichen von „Brodersen, Kiöbenhavn, 1810 Fec"
Diese nicht mehr häufig zu findenden kleinen Kompasse aus dem 18. Jahrhundert wurden auf Seereisen beispielsweise auf Yachten verwendet. Möglicherweise hat auch ein Schiffsführer gelegentlich einen solchen Kompass zur Kontrolle seines Rudergängers benutzt. Bei diesem Kompass von der bekannten Firma Weilbach hat ein Vorbesitzer den Nachnamen des Herstellers in der Rose geschwärzt, sodass nur noch „Johan" zu lesen ist. Soll man hier vermuten, dass er Johan hieß und damit sein Eigentum dokumentieren wollte?

Detailfoto vom Azimut-Kompass. Der Messingkessel ist in einer phantastischen Präzision gearbeitet

Eines der beiden ausklappbaren Diopter

Schrecken der einfachen Seeleute die Missweisung (Variation) des Kompasses offenbar. Während die Erdachse auf den Polarstern zeigt, liegt der magnetische Nordpol im Norden von Kanada. Ständige Aufzeichnungen während der langen Seereisen verdeutlichten die Missweisung und verunsicherten die Seeleute, die bis dahin dem Kompass blind vertraut hatten. Columbus musste diese Erkenntnisse sogar vor seinen Offizieren geheimhalten.

Konnte bei diesem gefährlichen Problem vielleicht der „Segen des Kapitäns" helfen? Dieser Segen war den Seeleuten des 16. Jahrhunderts vertraut. Sie sahen den Kapitän mit einer himmelwärts ausgestreckten Hand auf dem Achterdeck stehen, als ob er das Schiff segnen wollte. In Wirklichkeit zeigte er auf den Polarstern und ließ ein Lot auf den Kompass sinken, um die Missweisung festzustellen. Pedro de Medina berichtete, dass die Seeleute die Kompassnadel um einen halben Viertelwind nach Osten verschoben, um die Missweisung zu korrigieren.

Von 1493 an wurde die Variation in Abhängigkeit von der Distanz, die in westlicher Richtung gesegelt wur-

Einteilung der Rose des Azimut-Kompasses:

- *eine innere Gradskala mit viermal 90 Grad,*
- *eine zirka in der Mitte umlaufende 360-Grad-Einteilung in Spiegelschrift*
- *eine Nonius-Feinteilung auf einem am Rand der Rose verlaufenden schmalen Silberring*

**Azimut-Kompass mit Kardanik im großen Mahagoniholzkasten, Kantenlängen zirka 28 Zentimeter, Messingkessel mit zwei Dioptern und einem Spiegel, Durchmesser zirka 18 Zentimeter, grüne Rose mit mehreren Skalen, hergestellt für die englische „Ostindien-Kompanie" (Buchstaben „EIC" in einem Herz), signiert: Crichton, London 88. Nach seiner Bauart ist er dem Ende des 18. Jahrhunderts zuzuordnen.
Die Rose hat eine mehrfache Unterteilung: eine innere Gradskala mit viermal 90 Grad, eine zirka in der Mitte umlaufende 360-Grad-Einteilung in Spiegelschrift und eine Nonius-Feinteilung auf einem am Rand der Rose verlaufenden schmalen Silberring.
Dieser Azimut-Kompass ist ein Spezial-Kompass mit mehreren Verwendungsmöglichkeiten und dadurch sehr flexibel einsetzbar. Sein stabiler, aufwendig mit Schwalbenschwänzen verzapfter Mahagonikasten erlaubt es, ihn an verschiedenen Stellen an Bord zu platzieren oder ihn beispielsweise für Vermessungszwecke an Land zu transportieren. Er wurde auf Verlangen der Auftraggeberin „East India Company" mit großer Präzision gefertigt und war dadurch dementsprechend teuer. Heutzutage ist er, vor allen Dingen, wenn er noch aus dem 18. Jahrhundert stammt, sehr selten**

de, festgestellt. Man verwendete diese Erkenntnis dann auch bald für Versuche, den Längengrad zu berechnen. Allerdings gab es in dieser Zeit auch Meinungen, dass dieser Kompassfehler durch den Magnetstein entstanden sein könnte.

Die Navigatoren waren dank ihrer astronomischen Kenntnisse in der Lage, bei sichtigem Wetter am jeweiligen Standort die genaue Nordrichtung zu ermitteln und so die Missweisung zu bestimmen. Dafür benutzte man einen Azimut-Kompass, der nun als zweiter Kompass an Bord kam. Er blieb transportabel, damit er frei von optischen Hindernissen und entfernt von Eisenteilen aufgestellt werden konnte. Der Azimut-Kompass erlaubte aufgrund seiner Bauart astronomische und terrestrische Peilungen.

Zur Zeit Kapitän Cooks war der Azimut-Kompass mit zwei über der Rose drehbar angeordneten Absehen und einem Spiegel für astronomische Peilungen ausgestattet. Der Spiegel lenkte das Licht der Himmelskörper horizontal zum Auge. Bei manchen dieser Kompasse war eine der Absehen beträchtlich länger als die andere, damit der Kompass bei der Peilung von Himmelskörpern in der horizontalen Lage bleiben konnte. Man hatte vorher versucht, den Kompass in Richtung Himmelskörper schräg zu halten, dabei jedoch fehlerhafte Peilungen erhalten. Mit dem Spiegel und den Absehen konnte man das Azimut des Nordsterns oder der Sonne ermitteln und die Differenz zur Anzeige der Kompassnadel feststellen. Die Rose war für die genaue Ablesung mit einer besonders feinen Gradeinteilung versehen. Der Kompass wurde ebenfalls kardanisch aufgehängt und in einem größeren Holzkasten mit einem Deckel geschützt aufbewahrt.

Außerdem hatten die Seeleute für die Feststellung der Missweisung ungefähr ab dem Jahr 1600 eine Tabelle, die die wirkliche tägliche Richtung des Sonnenaufgangs und Sonnenuntergangs im Osten und Westen angab. Für ihre Anwendung mussten der Breitengrad und das Datum bekannt sein. Diese Angaben verglichen sie dann mit den Richtungen, die ihr Kompass anzeigte. Die Schwierigkeit bei dieser einfachen Methode bestand darin, dass zum einen der Horizont selten ganz klar ist und zum anderen

Kapitän Cook (1728 bis 1779) führte auf seinen Reisen einen Azimut-Kompass mit, um das Azimut der Sonne zu bestimmen. Im Jahre 1769 brach er mit einer Reihe von Wissenschaftlern auf, um den Durchgang der Venus vor der Sonne zu beobachten und den Ozean um den 40. Breitengrad zu erforschen. Cook wurde auf seiner dritten Reise in den Pazifischen Ozean auf Hawaii ermordet

Taschenkompass für Vermessungszwecke, Messingdose mit Deckel, mit der für die Seefahrt üblichen drehbaren Rose, Durchmesser zirka 7,5 Zentimeter, schwarz-weiße 32-Strich-Rose, leicht auf einem Achatstein drehend, signiert „David Filby, Hamburg, Vorsetzen 28".

Filby verwendete diesen Kompass in der Fußplatte eines Ständers aus Mahagoni für einen Ebenholz-Sextanten (siehe Kapitel „Sextanten"). Die gesamte Vorrichtung kann für Vermessungszwecke verwendet werden, wodurch der Kompass dann seine Funktion erhält. Möglich ist aber auch, dass diese „Komposition" sein Schaufenster zierte, um Werbung für seine Instrumente zu machen

500 Jahre Navigation

die Refraktion die Sonne schon sichtbar werden lässt, bevor sie tatsächlich den Horizont erreicht hat.

Besser geeignet war die Azimut-Methode. Sie war aber schwieriger und erforderte mehr Zeit. Daher sagten sich damals viele Seeleute, dass bei den schon vorhandenen Unsicherheiten der Navigation – wie Strömung, Seegang und unsicherem Längengrad – Präzision in diesem Fall reine Zeitverschwendung wäre und verwendeten die einfache Methode.

Eine besondere Form der Lösung des „Missweisungsproblems" fand man bei niederländischen Kompassen. Die Missweisung wurde gleich bei der Herstellung des Kompasses mit berücksichtigt. Die Rose zeigte immer zum wahren Nordpol. Fast immer. Bei einem mittleren Wert der Missweisung für ein Fahrtgebiet in Nord- und Ostsee funktionierte das noch einigermaßen. Verließen die Schiffe aber dieses Gebiet, führte die Kompassanzeige zu großen Irrtümern und gefährlichen Situationen für die Schiffe. Man verwendete daher ab 1600 sogenannte „rutschende Rosen". Die Rose und ein magnetisierter Weicheisenstab konnten gegeneinander verschoben werden, sodass man die jeweilige Missweisung „einstellen" und den Nordpunkt der Rose nach „geographisch" Nord zeigen lassen konnte.

Im Jahr 1576 wurde die Inklination entdeckt. Dabei handelte es sich um die Feststellung, dass der kürzeste Weg zum Magnetpol durch die Erdoberfläche geht. Die Inklination wirkt sich so aus, dass bei den Kompassrosen ein Neigungselement zum magnetischen Nordpol entsteht. Dem versuchte man durch etwas Siegellack unter dem Südpunkt der Rose entgegenzuwirken. Dieser kleine Siegellackklecks ist heute noch unter vielen alten Kompassrosen zu finden.

Während der Forschungsreisen des 18. Jahrhunderts, auf denen umfangreiche und sorgfältige Aufzeichnungen gemacht wurden, wie beispielsweise von James Cook, fiel auf, dass es innerhalb der kontinuierlichen Aufzeichnungen stellenweise größere Abweichungen gab, für die man keine Erklärung hatte. Man war auf das Problem des schiffseigenen Magnetismus (Deviation) gestoßen. Es besteht allerdings auch die Möglichkeit, dass die Deviation schon im 16. und 17. Jahrhundert bekannt war,

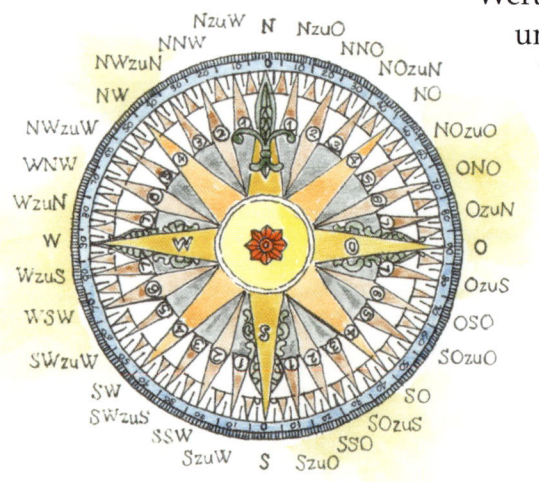

Richtungen, die ein Steuermann kennen und aufsagen musste, um an Bord eines Schiffes arbeiten zu können

Der Siegellackklecks unter dem Südpunkt. Diese Unterseite der Kompassrose gehört zum Taschenkompass von Weilbach, Seite 21. Für die Unterseite der Kompassrosen wurden die unterschiedlichsten Materialien verwendet. Häufig findet man hier Ausschnitte von Zeitungen, sodass gelegentlich eine Zeitbestimmung möglich wird. Bei dieser Rose sind besonders die parallelen Stabmagnete von Interesse. Die handschriftliche Reparaturkennzeichnung von Brodersen aus dem Jahr 1810 erlaubt die Feststellung, dass dieser kleine Kompass dem Ende des 18. Jahrhunderts zugerechnet werden kann denn man baute gute Kompassgehäuse ausschließlich mit Holzzapfen, also ohne eiserne Nägel oder Schrauben. Verbrieft ist auch, dass auf den Schiffen der VOC in der Nähe des Kompasses nur Bronzekanonen aufgestellt werden durften.

Eine weitere Gefahr bei der Verwendung von Kompassen in alter Zeit bestand in dem Einfluss von Blitzen auf die Kompassnadeln. So konnte das bei einem Blitzeinschlag entstehende elektromagnetische Feld den Magnetismus der Nadel umkehren, sodass der Nordpunkt der Rose nach Süden zeigte. Man stelle sich die daraus wachsende Gefahr einmal bei unsichtigem Wetter mit Sturm und starker Bewölkung vor.

Im 19. Jahrhundert gab es eine Entwicklung, die scheinbar auf den Ur-Kompass zurückging. Man entwickelte einen Fluid-Kompass. Auf einer Flüssigkeit – beispielsweise Alkohol mit Wasser – schwamm eine Rose auf einem Schwimmkörper. Hütchen und Pin hatten nur noch die Aufgabe, die Rose zu zentrieren. Dadurch wurde ihre Reibung stark vermindert. Bei schwerem Wetter verhielt sich die Rose ruhiger und war besser ablesbar. Man konnte einen guten Kompass daran erkennen, dass er sauber, aber träge jeder Bewegung des Schiffes folgte. Auf Schiffen mit Maschinenantrieb wurde dadurch die Übertragung der Vibration des Schiffes auf den Kompass verhindert.

Einer alten Überlieferung zufolge wurden während einer Seereise aus den Fluidkompassen manchmal Trockenkompasse, weil die knapp gehaltenen Seeleute für den Alkohol eine „bessere" Verwendung hatten.

Kapitäne und Schiffsführer legten aus Gründen der Sicherheit für Schiff, Ladung und Besatzung größten Wert auf die präzise Einhaltung des befohlenen Kurses. Die Rudergänger mussten sich voll auf ihre Aufgabe konzentrieren. Manch ein Leser weiß aus eigener Erfahrung, wie schwer es ist, unter Segeln einen genauen Kurs zu halten. Zur Überwachung des Kurses hatten die Kapitäne auf Segelschiffen des 18. und 19. Jahrhunderts einen besonderen Kompass über ihrer Koje hängen: den Spion.

Der Engländer William Gilbert (1544 bis 1603), Leibarzt seiner Majestät Elisabeth I., gilt als Pionier der Forschung. Im 16. Jahrhundert kam er durch Messungen und Studien von Logbüchern zu dem Schluss, dass die Erde wie ein riesiger Magnet wirke und die Pole den magnetischen Polen entsprächen

Diesen Kompass nannte man auch „Geschichtenerzähler (aus dem Englischen tell-tale) oder „Klatschkompass" (aus dem Dänischen sladrekompass). Im 18. Jahrhundert war es – vornehmlich auf Kriegsschiffen – ein Kronenkompass. Er war mit einer Krone geschmückt, unter der eine häufig mit Gravuren verzierte Glaskuppel hing. In der Mitte der Glaskuppel war der Pin befestigt, der an seiner oberen Spitze die meistens bunte Rose mit ihrem Hütchen trug.

Da der Kapitän von seiner Koje aus von unten auf den Kompass guckte, waren die Himmelsrichtungen Ost und West vertauscht. Daran kann man heute noch bei alten Kompassrosen erkennen, für welchen Verwendungszweck sie gebaut wurden.

Man findet heute noch die „Spione" aus dem 19. Jahrhundert, die man als „Kajütkompass" bezeichnete. Sie wurden aus Messing hergestellt, kardanisch aufgehängt, schlichter gestaltet und bekamen eine schwarz-weiße Rose. Der an einer Kette mit Kardanik hängende „Pott" sieht ulkig aus. Man muss erst einen Spiegel darunter halten, um seine Aufgabe zu verstehen. Da der einfache Seemann niemals in die Kapitänskajüte kam, empfand er es als Phänomen, dass der „Alte" sogar noch aus der Koje den Kurs kontrollieren konnte. Mit dem Aufkommen von Stahlschiffen verschwand dieser Kompass wieder wegen des Problems der Deviation.

Ende des 19. Jahrhunderts entstanden große hölzerne Kompassäulen, viele davon aus Mahagoni, mit Kompasshäusern, an denen meistens zwei Lampenhäuschen befestigt waren. Die Beleuchtung erfolgte jetzt durch Öllampen. Das Kompasshaus und die Lampen wurden aus Messing hergestellt und von den Seeleuten sorgfältig gepflegt und poliert.

Backbord und Steuerbord neben dem Kompasshaus saß je eine Eisenkugel. An der Säule konnten noch Messingbehälter sitzen, die beispielsweise den Flindersstab und den Krängungsmesser aufnahmen. Die Eisenkugeln und der Flindersstab waren auf Eisenschiffen von großer Bedeutung, weil durch sie unter anderem die Deviation kompensiert werden konnte.

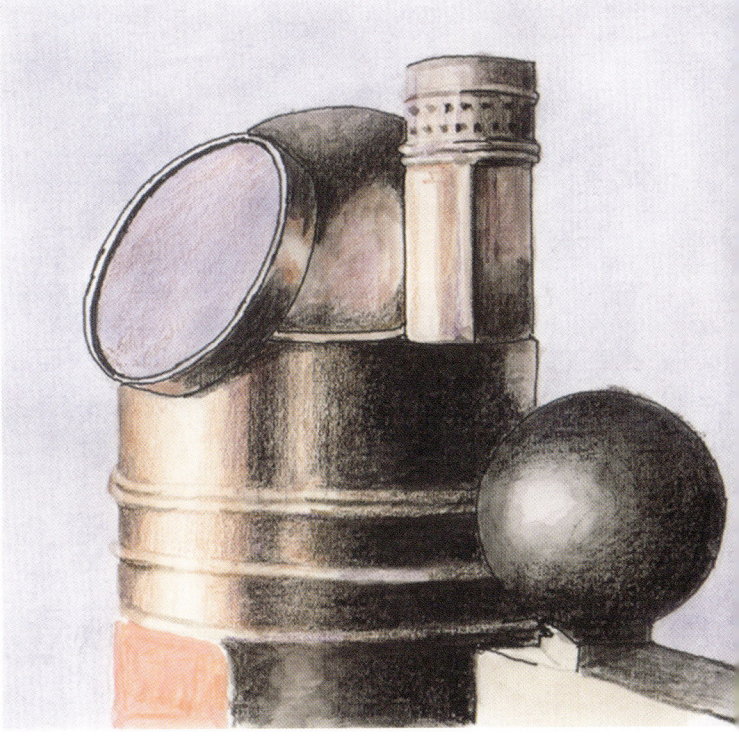

Kompasshaus aus Messing mit einem Lampenhäuschen. Durch die Eisenkugeln konnte die Deviation begrenzt werden

500 Jahre Navigation

Häufig baute man in diese Kompasshäuser auch wieder Trockenkompasse ein, die der Engländer Sir William Thomson 1876 entwickelt hatte. Die ringförmigen Rosen bestanden aus ganz dünnem – auf Seidenfäden aufgezogenem – Papier. Zur Mitte hin wurden sechs bis acht durch Fäden gehaltene Stabmagnete in Nord-Süd-Richtung angeordnet.

Die Form, die der Kompass schon zur Zeit der großen Entdeckungsreisen hatte, hat die Navigatoren und Kapitäne dermaßen zufriedengestellt, dass 300 Jahre (1550 bis 1850) vergehen sollten, bevor nennenswerte Verbesserungen an diesem wichtigen Instrument vorgenommen wurden.

Dazu haben wir hier eine Meinung aus einer der ersten deutschen Seefahrtschulen, die vor 200 Jahren in Tönningen, Schleswig-Holstein, einem für heutige Verhältnisse winzigen Hafen, Seeleute ausbildete. Dort unterrichtete der „Königlich autorisierte Navigationslehrer und Examinator" H. Brarens. 1818 gab er zusammen mit seinem Sohn die dritte verbesserte Auflage seines Hand- und Lehrbuches „System der praktischen Steuermannskunde" heraus.

Er schrieb über den Kompass: „Auf einem sehr einfachen Mittel beruht die Möglichkeit der großen Seereisen. Der Magnet, dieser unansehnliche graue Stein, ist der treue Wegweiser durch den großen Ozean, durch Nebel und Nacht geworden. Seine unerklärliche Kraft suchet einen, seiner Natur angemessenen, uns Menschen verborgenen Ruhepunct, den er findet und festhält, das Schiff drehe sich, wie es immer wolle. Die magnetische Kraft ist demnach das Wesentliche des Compasses, und die Einrichtung dieses Instrumentes ist so gemacht, dass diese Kraft möglichst frey wirken könne."

Man könnte fast glauben, dass zu dieser Zeit der Magnetstein noch in seinem Schilfrohr steckte und in der Wasserschale schwamm und sich nach Norden ausrichtete.

**Im Jahr 1749 machte der französische Biologe und Geologe Georges Louis Leclerc, später Comte de Buffon, den ersten wissenschaftlichen Versuch, das Alter der Erde zu berechnen. Er kam auf mindestens 70.000 Jahre. In unveröffentlichten Notizen hatte er 500.000 Jahre vermerkt.
So falsch die Berechnungen auch sind, sie widersprachen erstmals der bisher geltenden Rechnung von Bischof Usher, der im 17. Jahrhundert zu dem Ergebnis kam, die Welt sei im Jahre 4004 vor Christus erschaffen worden**

Exkurs: Das Magnetfeld der Erde ist nicht stabil. Da man Magnetismus nicht hören, schmecken oder fühlen kann, wurde die Wissenschaft erst sehr spät auf dieses Phänomen aufmerksam. Der Engländer William Gilbert, Leibarzt seiner Majestät Elisabeth I., gilt als Pionier der Forschung. Im 16. Jahrhundert kam er durch Messungen und Studien von Logbüchern zu dem Schluss, dass die Erde wie ein riesiger Magnet wirke und die Pole den magnetischen Polen entsprechen. Dem ist nicht ganz so, aber selbst für Physiker ist es schwer zu erklären, wie das Magnetfeld arbeitet und warum es sich ständig verschiebt. Die heute allgemein anerkannte Theorie schreibt es den Konvektionsströmen im Erdkern zu. Die Ströme wirken wie ein Dynamo und bauen ein elektrisches Feld auf. Ein Magnetfeld kann nur entstehen, da der innere Erdkern aus festem Eisen, der äußere Erdkern flüssig ist.

Dass Magnetismus und Elektrizität miteinander verzahnt sind, macht die Erklärung so schwierig. Wie wir gelesen haben, kann die elektrische Überspannung eines Blitzes das lokale Magnetfeld sogar umpolen. Lokale Abweichungen kennen aber auch Eigner von Schiffen. Nach einer längeren Liegezeit muss der Kompass durch Anbringen und Justieren von kleinen Magneten wieder kompensiert werden.

Wir messen zur Zeit den stärksten Rückgang des Magnetfeldes seit über 150 Jahren. Als die Saurier auf der Erde spazierten, war die magnetische Kraft zirka dreimal stärker. Es kann sein, dass es die ersten Anzeichen einer Polumkehr sind. Diese erfolgt im Mittel alle 500.000 Jahre und ist längst überfällig, da seit der letzten Umkehr fast 750.000 Jahre vergangen sind. Im letzten Jahrhundert hat sich der magnetische Pol im Norden um 1.100 Kilometer verschoben. Und er bewegt sich weiter. Jährlich etwa 40 Kilometer in Richtung Sibirien. Bevor sich die Pole nach einer Umpolung wieder einpendeln – ein Prozess von mehrenden tausend Jahren – bilden sich diverse Nebenpole. Eine große Verwirrung für alles, was sich am Magnetfeld orientiert: Zugvögel, Schildkröten, GPS-Satelliten und Seeleute. Und gefährlich, denn das magnetische Feld schützt uns auch vor schädlicher kosmischer Strahlung. Sollte sich dieser Schutz verringern, könnte die Strahlung unsere Körper durchdringen und die DNA durcheinanderwürfeln.

Gute Navigationskenntnisse und präzise Instrumente, wagemutige Seeleute und neue Schiffstypen ermöglichen die weltweite Seefahrt

Navigationskunst

Eine sich entwickelnde „Navigationskunst" mit auf die Seefahrt abgestimmten Instrumenten und hochseetüchtigen Schiffen versetzte die europäischen Nationen in die Lage, im Gefolge der Entdecker, neue Handelswege zu erkunden. Das war auch bitter nötig, denn der Westteil des Mittelmeers war muslimisch und nur noch befahrbar, wenn die Kaufleute bereitwillig hohe Abgaben zahlten. Das christliche Europa verarmte.

Die Kapitäne europäischer Nationen begannen, in Südostasien und in der Karibik Handel zu treiben. Neu gegründete Handelsgesellschaften eroberten Land und bauten Stützpunkte entlang der Reiserouten und in ihren Zielländern, um die Ausbeutung zu erleichtern und den Handel zu sichern. Die Navigationskunst zu dieser Zeit kannte drei Verfahren, die miteinander kombiniert wurden:

1. Das Segeln auf dem Meridian
2. Das Segeln nach der Breite
3. Das Segeln nach Gissung (Besteckrechnung)

Segeln auf dem Meridian

Man orientierte sich in der Navigation an dem Polarstern, der zuverlässig und recht genau die Nordrichtung anzeigte. Wenn aber, auf einer Fahrt nach Süden, der Polarstern auf acht Grad nördlicher Breite am Horizont versank, verloren einige Seefahrer die Orientierung und kehrten lieber wieder um.

Segeln nach der Breite

Eine relativ sichere Navigationsmöglichkeit bestand in der Methode des „Segelns nach der Breite". Man segelte nach Süden bis zu einem markanten Punkt, beispielsweise einer Insel, deren Breitengrad bekannt war, und von dort aus auf dem Breitengrad nach Westen. Mit dieser Methode gelangten die Entdecker, wie beispielsweise Kolumbus für die Spanier nach Mittelamerika und Cabral für die Portugiesen nach Brasilien. Es gibt allerdings Quellen, nach denen Kolumbus nur der Besteckrechnung vertraut haben soll und Cabral nur durch Zufall nach Brasilien gelangte.

Die Berechnung der geographischen Breite beruhte auf der Messung des Winkels zwischen dem Horizont des Beobachters und beispielsweise dem Polarstern oder der Sonne im Zenit. Um die gemessene Höhe der Sonne in die Breite des Beobachters umzuwandeln, musste man ihre Deklination kennen. Um 1509 war diese Deklination, die sich mit dem Datum ändert, für portugiesische Navigatoren in gedruckter Form verfügbar. Bei dem fast über dem Nordpol stehenden Polarstern war die Feststellung der Breite noch einfacher, da seine Höhe bis auf geringe Abweichungen dem Breitengrad entsprach.

Der portugiesische Seefahrer Pedro Alvarez Cabral (1467/68 bis 1526) segelte, wie zu seiner Zeit üblich, auf den sicheren Breitengraden. Er steckte auf der Umseglung Afrikas einen westlichen Kurs und entdeckte im April 1500 Brasilien

Kannte man die Höhe und die Deklination des beobachteten Himmelskörpers, benutzte man die Formel:

Breite = Deklination + Zenit-Distanz

Zenit-Distanz = 90 Grad - gemessene Höhe des Himmelkörpers

500 Jahre Navigation

Die Karracke, die Nachfolgerin der Karavelle, war die Kogge des Mittelmeers. Dieser Schiffstyp wurde in der ersten Hälfte des 14. Jahrhunderts erstmals als „carraca" in Genua erwähnt. Vom 15. bis zum Anfang des 17. Jahrhunderts wurden sie als Handels- und Kriegsschiffe eingesetzt. Sie waren schwer gebaut und hatten einen kastellartigen Aufbau auf dem Vorschiff und einen relativ langen Heckaufbau. Die Takelung war meistens dreimastig, aber es sind auch Abbildungen mit vier Masten überliefert. Wahrscheinlich handelte es sich bei den Karracken um den größten Schiffstyp dieser Zeit

Bei ruhiger See und genauer Messung war der Breitengrad so relativ exakt zu ermitteln. Nur wie weit man nach Osten oder Westen gesegelt war, wusste man nicht genau, sondern war auf Erfahrung und Schätzungen angewiesen. Eine verlässliche Methode zur Bestimmung des Längengrades lag noch in weiter Ferne.

Segeln nach Gissung

Eine andere Navigationsmethode dieser Zeit (und noch 250 Jahre danach) war das Gissen. Es war eine Methode, die man wegen ihrer Imponderabilien auch als Schätzung bezeichnen könnte. Man hielt die gesegelten Kurse und zurückgelegten Distanzen fest und versuchte, den Rückweg über diese Aufzeichnungen zu finden.

Die hochseetüchtigen Schiffe

Eines der ersten hochseetüchtigen Schiffe, die „Karavelle der Entdeckungen", war in der ersten Hälfte des 15. Jahrhunderts ein 60 bis 80 Tonnen schweres Schiff mit zwei bis drei Masten und Lateinerbesegelung. Im Laufe des 16. Jahrhunderts wurde die Karavelle auf 130 bis 180 Tonnen vergrößert und erhielt eine kombinierte Besegelung aus Lateiner- und Rahsegeln. Die Tragfähigkeit der

kraweelbeplankten Schiffe mit dem langgezogenen Kastell am Heck wurde später bis auf 400 Tonnen erhöht.

Auch die katalanische Nao wurde im 15. Jahrhundert ständig vergrößert und führte an zwei Masten Rahsegel und am achteren Mast ein Lateinersegel. Eine Weiterentwicklung aus diesen Schiffstypen und ein Gegenstück zur Kogge war wahrscheinlich die Karracke, die erheblich schwerer, länger und breiter war als die Karavelle und dadurch noch mehr Besatzung und Ladung aufnehmen konnte. Typisch für die dreimastigen Karracken waren ihre bauchige Form mit den hohen Seiten sowie das Bug- und das Heckkastell.

Die Niederländer segelten mit einem neuentwickelten Schiff, der Fleute. Dieses Schiff hatte den niederländischen Gegebenheiten entsprechend wenig Tiefgang und erhielt eine neuartige und effiziente Rahbesegelung, die das Schiff schnell und besser manövrierfähig machte. Auf dem bauchigen Schiff mit dem nach achtern steil ansteigenden Deck fand man nur noch ein kleines Heckkastell und ein rundes Heck.

Die bis zu 42 Meter lange Fleute begründete im 17. Jahrhundert den guten Ruf der Niederländer als „Fuhrleute zur See". Wenn man heute Modelle oder Nachbauten dieser Schiffe betrachtet, fragt man sich wegen ihrer hohen Aufbauten allerdings, wie es um ihren Schwerpunkt bestellt war.

Die Fleute (Fluite, Fliete, Vliete) war eine niederländische Konstruktion mit wenig Tiefgang, die in Hoorn, im nördlichen Holland, entwickelt wurde. Die Namensgebung erfolgte aufgrund der neuen Takelung, die die Segeleigenschaften verbesserte und die Schiffe „fliegen" ließ. Wegen der Segelleistungen verbreitete sich dieser Schiffstyp rasant in der Handelschiffahrt und nahm bis zum 18. Jahrhundert eine führende Stellung ein. Im Jahre 1660 schätzte man den Bestand an Fleuten auf unglaubliche 14.000 Einheiten

Loggen und Lot

Schon das Kurshalten war für die Seeleute vergangener Jahrhunderte keine einfache Aufgabe. Um vieles schwieriger war es aber, die Geschwindigkeit eines Schiffes zu bestimmen. So sagte der Navigationslehrer Brarens im Jahr 1818: „Das Gissen der segelnden Distanz nach Pulsschlägen oder Zählen nach dem vorbeyfließenden Wasserschaume und nach über Bord geworfenen Holzstücken ist manchem Seemanne durch Übung und Erfahrung so eigen geworden, dass er selten darin fehlen wird."

Das Wort „Gissen" kommt vermutlich von dem englischen Wort to guess, was man mit schätzen, aber auch mit raten übersetzen kann. Seit dem 16. Jahrhundert entstanden zwei Verfahren, um diese Aufgabe systematischer zu lösen.

Bis zu einer Schiffsgeschwindigkeit von fünf Knoten empfahl sich das Dutchmans- oder Relingslog. Holländische Navigationslehrbücher des 16. Jahrhunderts bezeichneten dieses Log als praktische Methode. Man markierte an beiden Relingen jeweils eine bestimmte Strecke vom Bug bis zum Heck, warf auf der Leeseite beispielsweise ein Stück Holz ins Wasser und maß die Zeit, in der das Holz diese Strecke zurücklegte. Anhand von Tabellen konnte man dann die Fahrt durchs Wasser ermitteln. Die Einteilung der Messstrecke erfolgte zu dieser Zeit in Meridiantertien.

Eine Meridiantertie ist der 3.600ste Teil einer Seemeile (eine Seemeile = 1.852 Meter), das entspricht 0,514 Metern. Man vereinfachte das Verfahren dann noch dadurch, dass man nur mit 0,5 Metern rechnete. Die Fahrt durchs Wasser (Fw) in Knoten (kn) errechnete sich wie folgt:

$$\text{Fahrt durchs Wasser (Fw) in Knoten (kn)} = \frac{\text{Strecke in Meridiantertien}}{\text{Sekundenzahl}}$$

Noch heute kann diese Methode sinnvoll angewendet werden, wenn man beispielsweise bei schlechter Sicht vor Anker liegend die Strömung messen will.

Logtabelle und Kalender auf Tabaksdosen

In vielen Museen und Sammlungen findet man hübsch verzierte, längliche Tabaksdosen aus Messing und Kupfer, sehr selten auch aus Silber oder Zinn. Diese Dosen zeigen auf der Vorderseite einen ewigen Kalender mit dem Bildnis Caesars und der Jahreszahl 45 auf der linken Seite als Hinweis auf den Julianischen Kalender. Rechts ist Papst Gregor XIII. abgebildet, wobei die Jahreszahl 1482 oder 1582 für die Einführung des Gregorianischen Kalenders steht. Die meisten Dosen zeigen merkwürdigerweise die falsche Jahreszahl 1482. Man kann hier vermuten, dass der Hersteller das korrekte Einführungsdatum 1582 nicht gekannt hat. Sind demnach die Dosen mit dem richtigen Datum spätere Kopien? Der ewige Kalender war an Bord unter anderem zur Feststellung des Datums, zur Tidenberechnung und zur korrekten Führung und zeitlichen Terminierung des Logbuches von großer Bedeutung.

Wenn der Seemann wusste, auf welchen Tag der 1. Januar fiel, hatte er mit der Tabaksdose den Kalender für

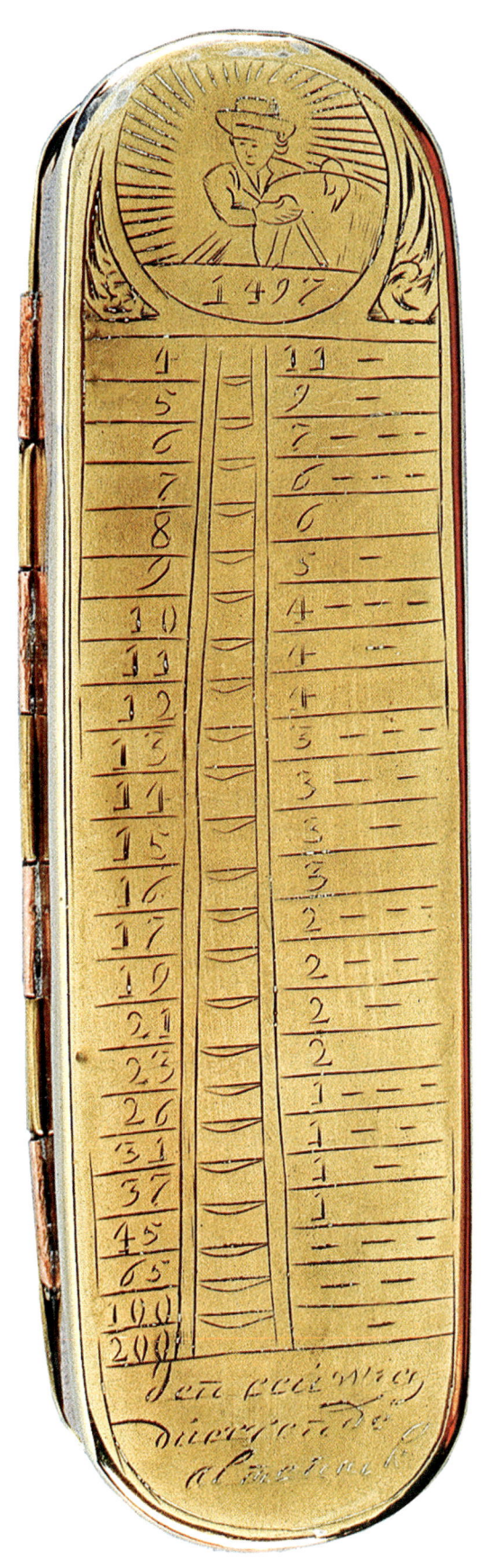

Rückseite einer Tabaksdose aus Messing und Kupfer, zirka 16,5 Zentimeter lang und zirka 5 Zentimeter breit, Herstellungsjahr 1729

Der italienische Seefahrer Amerigo Vespucci (1451 bis 1512) könnte der Seefahrer auf der Rückseite über der Logtabelle sein. Amerigo Vespucci segelte viermal nach Südamerika, was von einigen Historikern bestritten wird. Da er als Erster Amerika als eigenständigen Kontinent erkannte, wurde dieser auf den Seekarten von Waldseemüller nach ihm benannt

Hier ein Ausschnitt aus der Logtabelle:

12 ∧ ∧   4
13 ∧ ∧   3 * * *
14 ∧ ∧   3 * *
15 ∧ ∧   3 *
16 ∧ ∧   3
17 ∧ ∧   2 * * *

das ganze Jahr. Gleichzeitig war der ewige Kalender auch noch Mondkalender. An den Monatsnamen gaben kleine Zahlen das Mondalter für den Ersten des Monats an, was für die Berechnung von Hoch- und Niedrigwasser erforderlich war. Der Einfachheit halber gehen wir davon aus, dass am 1. Januar Vollmond war. Diese Tatsache musste sich der Navigator merken. Die Tabelle auf der Dose hatte für den Monat August eine 6 vermerkt. Das sagte unserem Navigator, dass der Mond am 1. August ein Alter von sieben Tagen nach Vollmond hatte.

In den letzten vier Feldern des ewigen Kalenders findet man das Herstellungsjahr der Tabaksdose. Auf der Rückseite der Tabaksdosen ist eine graphisch interessant gestaltete Logtabelle abgebildet, die dem Kapitän eine einfache Umrechnung und ein schnelles Ablesen des Relingslogs erlaubte.

Sie basiert wahrscheinlich auf einer Strecke von 48 Meridiantertien (etwa 24 bis 25 Meter), die auf den damaligen – meistens zirka 35 Meter langen – Großseglern gut an der Reling abzumessen war. Zur Anwendung der Logtabelle war eine Methode zur Sekundentaktung erforderlich.

Da es die ersten Taschenuhren mit Sekundenzeiger aber erst Ende des 18. Jahrhunderts gab, maß man zu der Zeit die Sekunden mithilfe von Sanduhren, durch das Zählen von Pulsschlägen oder das rhythmische Aufsagen von Silben oder Zaubersprüchen. Brauchte ein Stück Holz für die 48 Meridiantertien 15 Sekunden, lief das Schiff zirka dreieinviertel Knoten.

Auf der Rückseite der Tabaksdosen befindet sich über der Logtabelle eine figürliche Darstellung. Ein Seemann hält einen Zirkel an einen stilisierten Globus, darunter liest man die Jahreszahl 1497. Es wird vermutet, dass das Bild Amerigo Vespucci darstellt. Es könnte aber auch ein anderer Seefahrer wie beispielsweise Vasco da Gama sein. Genauso wie die Sache mit den Jahreszahlen bei Papst Gregor XIII. ist diese Darstellung noch nicht eindeutig geklärt. Unter der Tabelle kann man ein Wappen oder Texte, die auf „de eeuwigdurende almanak" (den ewigen Kalender) hinweisen, finden. An der Schmalseite der Dose ist gelegentlich noch ein Sinnspruch eingraviert.

Diese schönen Tabaksdosen mit Mehrfachnutzen (wir haben die Tabakfüllung noch nicht erwähnt) werden dem Schweden Pieter Holm zugeschrieben, der in Amster-

Tabaksdose aus Messing, zirka 17,5 Zentimeter lang und zirka 5 Zentimeter breit, Herstellungsjahr 1771, Vorderseite

Die beiden von Pieter Holm, Amsterdam, kreierten Tabaksdosen sind hier noch einmal in ihrer Seitenansicht abgebildet. Auf der Seite der Dose steht jeweils der Wahlspruch der Holmschen Seefahrtschule „Regt door Zee". Die Tabaksdose aus reinem Messing hat auf der anderen Dosenseite noch einen Sinnspruch. Da diese Dosen aber fleißig geputzt wurden, ist der Spruch nicht mehr zu entziffern. Beide Dosen wurden in Apenrade, Dänemark, aufgespürt und stammen aus dänischen Seefahrerfamilien. Auf den ersten Blick sind diese Dosen mit den berühmten Iserlohner Tabakdosen zu verwechseln, die besonders schön gestaltet sind. Allerdings zeigen der ewige Kalender und die Logtabelle dem Eingeweihten schnell den Bezug zur Seefahrt

dam eine Navigationsschule betrieb und dort auch Navigationsinstrumente baute. Der Wahlspruch seiner Schule „Regt door Zee" steht immer an der schmalen Seite der Dosen. Man weiß, dass Pieter Holm im Jahr 1729 seinen ewigen Kalender aufstellte und dass daher die ältesten Dosen aus diesem Jahr stammen. Es ist weiterhin eine ganze Anzahl von Tabaksdosen mit dem Herstellungsjahr aus dem Verlauf des 18. Jahrhunderts bekannt. Er hat wahrscheinlich allen seinen Schülern eine solche Dose verkauft, da sie im 18. Jahrhundert groß in Mode kamen.

500 Jahre Navigation

Noch heute sind sie ab und zu im Antiquitätenhandel zu kaufen. Man muss dabei darauf achten, sie nicht mit den Iserlohner Tabaksdosen zu verwechseln. Diese Tabaksdosen sind ebenfalls aufwendig graviert, enthalten aber keine Hinweise auf die Seefahrt.

Viel Volk für eine Messung

Für höhere Segelgeschwindigkeiten war das gewöhnliche Handlog sinnvoller. Es wurde 1574 von William Bourne in „A regiment for the sea" zum ersten Mal beschrieben und bis in das 20. Jahrhundert verwendet. Dieses Log bestand aus einem Holzscheit in Form eines rechtwinkligen Kreisausschnittes mit einem Radius von zirka 20 Zentimetern. Rund um die Bogenkante lief ein schmaler Bleistreifen, der das zirka 1,5 Zentimeter dicke Logscheit im Wasser aufrecht stehen ließ. Die ungeteerte Logleine selber wurde in der Spitze des Kreisausschnittes befestigt. Von den beiden Ecken des Kreisbogens lief ein Hahnepot bis zu einem Zapfen. Dieser Zapfen wurde für die Messung nicht allzu fest in einen Hohlkegel gesteckt, der an die Logleine gebändselt war. Außerdem brauchte man eine drehbare Rolle für die Logleine und ein Logglas (eine kleine Sanduhr mit 14 oder 15 Sekunden Laufzeit). Eine neue Logleine musste gut gereckt und einige Zeit im Wasser nachgeschleppt werden, um sie zu „enttörnen".

Für die Messung wurde das Logscheit in Lee über das Heck ins Wasser geworfen und schwamm als Endpunkt der von Bord her ablaufenden Leine aufrecht im Wasser. Um das Logscheit frei vom Kielwasser schwimmen zu lassen, wurde ein Leinenvorlauf von etwa der Schiffslänge berücksichtigt, dessen Endpunkt mit einem Leder- oder Tuchstreifen gekennzeichnet war. Danach waren auf der Leine in regelmäßigen Abständen Knoten angebracht. Die Knotenabstände konnten wieder auf Meridiantertien basieren. Weil das Logscheit immer etwas nachgeschleppt wurde, rechnete man abgerundet mit 0,5 Metern. Für ein 14-Sekunden-Glas wurde dann alle sieben Meter ein Knoten gemacht, bei einem 15-Sekunden-Glas alle 7,5 Meter. Oft hatte man auch in der Mitte zweier Knoten eine Markierung für den halben Knoten.

Die Messung mussten drei Seeleute durchführen.

Der portugiesische Seefahrer Fernao de Magellan (1480 bis 1521) suchte in spanischen Diensten den Seeweg zu den Gewürzinseln (Molukken) und entdeckte die nach ihm benannte Magellanstraße. Überliefert ist, dass er versucht haben soll, anhand des Winkels einer geschleppten Kette die Geschwindigkeit seines Schiffes zu bestimmen. Der in Spanien Magallanes genannte Seefahrer wurde auf den Philippinen von Eingeborenen erschlagen

Einer hielt die Rolle hoch, der zweite zählte die auslaufenden Knoten und der dritte bediente die Sanduhr. War der Leinenvorlauf beendet, ertönte das Kommando „Turn", woraufhin das Logglas umgedreht wurde. Nach Ablauf der Sanduhr wurde auf das Kommando „Stop" die Logleine plötzlich festgehalten. Dabei löste sich in der Regel der Zapfen aus dem Hohlkegel, sodass man die Logleine mit dem Scheit leicht einholen konnte. Hatte das nicht geklappt, war nur ein kräftiger Ruck dafür erforderlich. Waren nach Ablauf der Sanduhr beispielsweise sechs Knoten durchgelaufen, betrug die Fahrtgeschwindigkeit des Schiffes sechs Knoten (Seemeilen/Stunde). Damit hatte man auch gleichzeitig die Maßeinheit für die Schiffsgeschwindigkeit „erfunden".

Es empfahl sich, jede Stunde zu loggen, bei unbeständiger Witterung sogar noch öfter. Die Logleinen mussten regelmäßig in nassem Zustand nachgemessen werden, weil sich durch den Gebrauch ihre Länge veränderte. Dafür hatte man Markierungen an Deck.

Die Loggläser waren auf den korrekten Durchlauf zu

Nachbau eines Handlogs mit alter Sanduhr. Wie bei vielen Navigationsinstrumenten, die aus Holz gefertigt wurden, sind auch von diesen Loggen nur wenige Exemplare erhalten. Das abgebildete Exemplar gehört dem Schiffahrtsmuseum Brake

prüfen, weil sie feuchtigkeitsempfindlich waren und nach längerem Gebrauch ungenau wurden. Außerdem waren Wind, Seegang und das Kurshalten des Schiffes beim Loggen für die Ermittlung der Schiffsgeschwindigkeit zu berücksichtigen.

Allerhand Kurioses

Vom 16. bis zum 18. Jahrhundert bemühten sich viele Erfinder, ein praktisches mechanisches Log zu entwickeln. So pflegte der Entdecker Magellan im 16. Jahrhundert eine Kette hinter seinem Schiff her zu schleppen. Er war der Meinung, dass er aus dem Winkel der Kette zum Kielwasser die jeweilige Geschwindigkeit des Schiffes feststellen konnte.

Ein Engländer von der Insel Guernsey, Henry de Saumarez, erfand 1725 das „rotierende Y", das als Vorläufer der Schlepploggen gilt. Im Wasser rotierte eine nachgeschleppte Y-förmige Vorrichtung, die über eine Leine ein Zählgerät an Bord betätigte. Probleme gab es mit der Übermittlung der Umdrehungen an den Registrator und mit unterschiedlichen Wassertiefen. Im Jahr 1750 erfand der Franzose Pierre Bouguer einen Geschwindigkeitsmesser. Eine nachgeschleppte Kugel war an Bord mit einem federgelagerten Zeiger verbunden. Je höher die Fahrt, desto größer war der Zeigerausschlag.

Henry de Saumarez soll der Erfinder des rotierenden Y's sein und damit der Wegbereiter für die Schlepplogs

Das Patentlog

1802 erfand Edward Massey, ein Instrumentenbauer aus Newcastle, das Patentlog. Hierbei wurde die Schiffsgeschwindigkeit aus der Umdrehungszahl eines mit einem Zählwerk verbundenen Propellers ermittelt.

Der Propeller und das Zählwerk wurden an einer geklöppelten Hanfleine von zirka 70 Meter Länge vom Schiff nachgeschleppt. Zum Ablesen der gesegelten Distanz musste Massey's Log eingeholt werden. Ein zeitgenössisches Buch über praktische Navigation beschrieb das Log als „einfach und genau".

Thomas Walker, Massey's Neffe, verbesserte das System und war bis zur Erfindung der elektrischen Logge

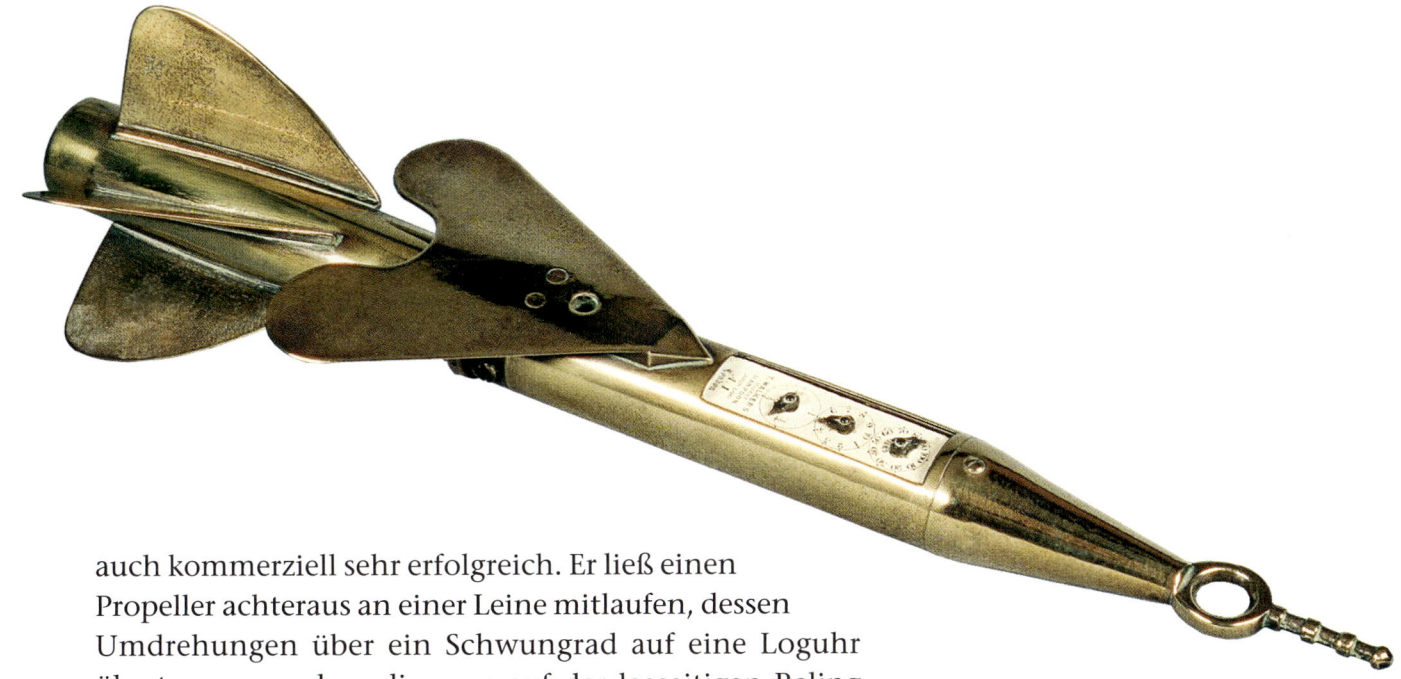

auch kommerziell sehr erfolgreich. Er ließ einen Propeller achteraus an einer Leine mitlaufen, dessen Umdrehungen über ein Schwungrad auf eine Loguhr übertragen wurden, die man auf der leeseitigen Reling befestigte. Dadurch wurde die Handhabung einfacher, und man konnte zudem jederzeit die abgelaufenen Seemeilen auf Zifferblättern ablesen. Wenn eine solche Loguhr heutzutage auf einem Antikmarkt zu sehen ist, hört man häufig: „Guck mal, eine alte Wasseruhr!" So verkehrt ist diese Aussage ja auch gar nicht.

Die Messungen mit dem Patentlog waren in dem Bereich von 5 bis 16 Knoten relativ zuverlässig. Es war jedoch erforderlich, die Loguhren laufend zu reinigen und zu ölen. Ständiger Gebrauch führte zur schnellen Abnutzung. Während der Messungen verfingen sich gerne treibende Gegenstände sowie Tang und Seegras im Patentlog. Daher musste man sie laufend kontrollieren.

Logge oder Haifischköder?

1861 erhielt Walker ein Patent auf das Harpoon Ship Log (Harpunen-Schiffslog), das bis zum Ende des 19. Jahrhunderts auf Segelschiffen gebräuchlich war. Es hatte die Form eines langen Zylinders mit zirka vier Zentimetern Durchmesser, der an der Spitze konisch zulief und in einer Öse endete. Im vorderen Teil des Zylinders befanden sich drei Meilenzählwerke (bis 1, 10 und 100 Seemeilen), die im Wasser durch eine drehbare Messinghülse geschützt wurden. In der Mitte des Logs war häufig ein herzförmiger Stabilisatorflügel befestigt.

Großes „Harpoon Ship Log", Messing, Zifferblatt in Emaille, 51 Zentimeter lang, Durchmesser zirka vier Zentimeter, mit herzförmigem Stabilisator, signiert „T. Walkers Patent Harpoon Ship Log A 1 London", hergestellt im Jahr 1861, aufgefunden in Hamburg. Ähnliche Loggen existieren auch ohne den herzförmigen Stabilisator. Sie lagen aber wahrscheinlich nicht so gut im Wasser und waren dadurch schwerer zu handhaben

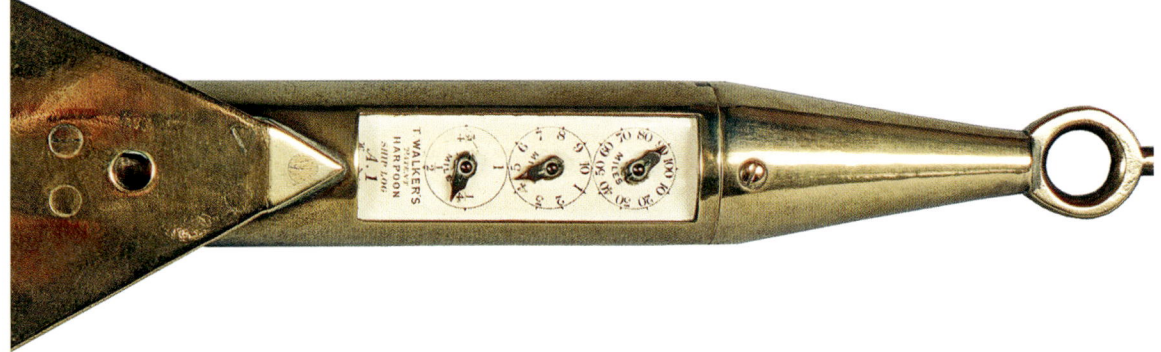

Zifferblatt eines „Harpoon Ship Log", signiert „T. Walkers Patent Harpoon Ship Log A 1 London", hergestellt im Jahr 1861

Der fünfflügelige Antriebspropeller für das Zählwerk beanspruchte das letzte Drittel des Logs. Zur Ablesung musste man dieses Log wieder einholen. Obwohl die Haie viele dieser blinkenden Loggen mit leckeren Fischen verwechselt haben sollen, findet man das Harpoon Log heute noch im Handel. Es ist ein hübsches Sammlerstück, allerdings in dieser Ausführung mit 51 Zentimetern Länge etwas groß. Bei kleineren und kürzeren Ausführungen dieses Typs fehlt der Stabilisator.

Modernere Patentloggen, wie sie auch in Deutschland von C. Plath in Hamburg und W. Ludolph in Bremerhaven gebaut wurden, übertrugen die Stellung des Zählwerks elektrisch auf die Brücke, sodass die Schiffsführung das Log ständig ablesen konnte.

Als im 19. Jahrhundert maschinengetriebene Schiffe aufkamen, konnte die Fahrt des Schiffes nach den Umdrehungen der Schraube bestimmt werden. In Probefahrten wurden die entsprechenden Geschwindigkeiten ermittelt und in einer Fahrttabelle festgehalten.

Immer genug Wasser unter dem Kiel?

Das zur Messung der Wassertiefe verwendete Lot ist das älteste Navigationsinstrument. Man konnte damit bei der Annäherung an eine unbekannte Küste die Wassertiefe feststellen und sich so relativ sicher einen Landeplatz suchen. In bereits kartierten Seegebieten gab es die Möglichkeit, entlang von Linien gleicher Wassertiefe (isobathischen Linien) zu navigieren. Anfänglich verwendete man Steine zur Beschwerung der Lotleine, später ging man zu dem schwereren Blei über. Als Maß-

Beispiel für die Systematik einer Lotleine

zwei Faden	=	zwei Lederstreifen
drei Faden	=	drei Lederstreifen
fünf Faden	=	ein Stück weißes Tuch,
sieben Faden	=	ein Stück rotes Flaggentuch,
zehn Faden	=	ein Stück Leder mit einem Loch

und so weiter.

stab für die Wassertiefe dienten Faden (englisch: fathom) oder Klafter.

Faden und Klafter entsprachen der Strecke zwischen den ausgestreckten Armen eines erwachsenen Menschen. Dieses Maß hatte sich von selbst beim Einholen der Lotleine ergeben. Der Faden erhielt später das genaue Maß von 1/1.000 Seemeile = 1,852 Meter.

Für eine schnelle Information über die Wassertiefe war die Lotleine mit Tuch- und Lederstreifen gekennzeichnet und hatte beispielsweise folgende Systematik:
Bei deutschen Lotleinen kennt man ein Vierfarbensystem (Schwarz, Weiß, Rot und Gelb alle zwei Meter) und Lederstreifen mit Lochungen für jeweils zehn Meter.

Dazu musste die Höhe des Lotstandes über der Wasserfläche genau bekannt sein, damit man auch nachts beim Ablesen mit der Lampe die richtige Tiefe angeben konnte. Auf diese Weise konnte der lotende Seemann die jeweils gemessene Wassertiefe sofort „aussingen" und dem Steuermann wichtige Informationen für seinen Kurs liefern.

Die verwendeten Gewichte waren abhängig von der Wassertiefe. Bis 20 Faden wurde die Leine mit bis zu

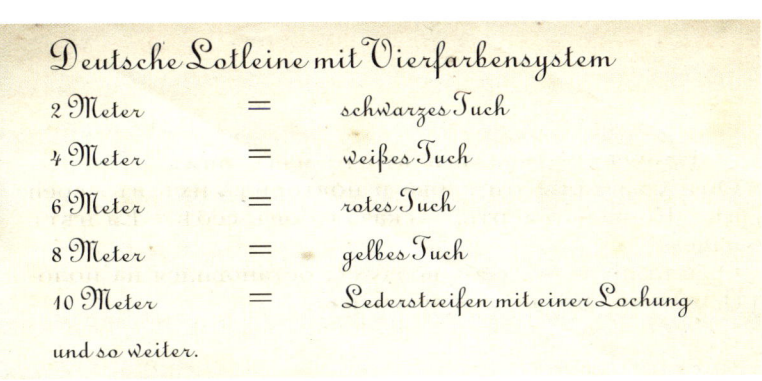

Carl Christian Plath (1825 bis 1908) begann 1857 in Hamburg mit dem Bau von Navigationsinstrumenten. Durch die hohe Präzision seiner Instrumente wurde er vielfach mit Gold- und Silbermedaillen ausgezeichnet und zum Lieferanten der Marine und Handelsschiffahrt bestellt

Deutsche Lotleine mit Vierfarbensystem

2 Meter	=	schwarzes Tuch
4 Meter	=	weißes Tuch
6 Meter	=	rotes Tuch
8 Meter	=	gelbes Tuch
10 Meter	=	Lederstreifen mit einer Lochung

und so weiter.

Eine amerikanische Lotleine mit einem Nummern- und Farbsystem für die Einteilung in Faden und einem kleineren achteckigen Lotgewicht mit der eingeschlagenen Zahl 3 für 3 pound. Das entspricht einem Gewicht von 1,36 Kilogramm. Am unteren Ende des Lotgewichts befindet sich eine große Aussparung für die Lotspeise. Das Lot fand in der kleineren Schiffahrt Verwendung und stammt von der Ostküste Amerikas

sieben Pfund und für mehr als 20 Faden mit bis zu 25 Pfund Blei beschwert. Als Lotleine verwendete man eine ungeteerte Hanfleine von zirka zwei Zentimetern Durchmesser. Sie durfte nicht zu dünn sein, weil sie sonst in die Hand schnitt. Erschwert wurde das Loten durch die Fahrt des Schiffes, eine mögliche Strömung und die schweren Gewichte. Außerdem ließ weicher Untergrund das Auftreffen des Lotes nur schwer erkennen.

Eine Lotung hatte nicht viel Zweck, man musste mehrere Male hintereinander loten. Am sichersten war die Lotung von einem aufgestoppten Schiff. Wenn das Schiff vor Anker lag, war ein auf Grund gelassenes schweres Lot ein gutes Mittel, um festzustellen, ob der Anker hielt.

Die Bleigewichte hatten an ihrem unteren Ende eine Aussparung zur Aufnahme der Lotspeise (Talg). Nach dem Einholen des Lots gab diese Lotspeise Auskunft über die Beschaffenheit des Meeresbodens.

Man konnte beispielsweise kleine Muscheln oder die Abdrücke eines felsigen Untergrunds finden. Es gibt Geschichten, dass Kapitäne, die natürlich ihr Fahrtgebiet gut kennen mussten, bei Nebel oder schlechter Sicht nur mit Lotung und Lotspeise ihre Position bestimmten. So konnten Schiff und Mannschaft den rettenden Hafen doch noch erreichen.

Erst Anfang des 19. Jahrhunderts vereinfachte eine Erfindung des Engländers Massey das Loten. An einem langen Bleigewicht wurde ein Zählwerk befestigt. Beim Ablassen betätigte ein rotierender Propeller über eine Schnecke eine Zählscheibe, die die Tiefe in Faden zählte. Beim Einholen des Lots blockierte ein Klappwinkel den

Ein großes achteckiges Lotgewicht von zirka 30 pound (knapp 14 Kilogramm), das an der Küste Australiens gefunden wurde. Vermutlich war es lange im Einsatz, denn es ist etwas krumm und angeschlagen. Spaßeshalber wurde mit der australischen Finderin darüber spekuliert, ob das Lot wohl von Cook stammen könne.
Auch dieses Lotgewicht hat eine große Aussparung mit einem Durchmesser von zirka 5,2 Zentimeter für die Lotspeise am unteren Ende. Das Lotgewicht ist zirka 35 Zentimeter hoch, hat einen unteren Durchmesser von zirka neun Zentimetern, der sich zum oberen Ende hin auf zirka sechs Zentimeter verjüngt. Dieses Lot ist für größere Schiffe geeignet und schon relativ unhandlich

Propeller. Dieses Verfahren erlaubte recht genaue Messungen. In Frankreich gab es eine ähnliche Technik, mit der die Wassertiefe allerdings beim Einholen des Lotes gemessen wurde.

Eine weitere Methode des 19. Jahrhunderts, die Thomsonsche Lotmaschine, maß die Wassertiefe mithilfe des Wasserdrucks. Ein mit einer chemischen Substanz (roter Belag von chromsaurem Silber) gefülltes Glasröhrchen (Druckmessersäule) wurde mit der Öffnung nach unten und zusammen mit dem Lotgewicht versenkt. Dieser Belag wurde durch das salzige Seewasser so weit gelb gefärbt, wie Wasser durch den Druck im Verhältnis zur Wassertiefe in das Röhrchen eindrang. Aus der Höhe der Entfärbung konnte mit einem beigegebenen Maßstab die Wassertiefe in Faden oder Metern abgelesen werden.

Wenn man selber gerade mit einem kritischen Blick auf das Echolot in einem engen Fahrwasser kreuzt, kann man ermessen, wie viel schwieriger das Loten auf einem 35-Meter-Segelschiff des 18. Jahrhunderts gewesen sein muss.

„Brug lodet, og brug det i tide." Übersetzt: „Gebrauche das Lot, und gebrauche es beizeiten", war damals in allen dänischen Kartenhäusern als Mahnung zu lesen.

Seekarten

Die neue Geographie

Mit der Wiederentdeckung und Verbreitung der Cosmographia (oder auch Geographia) des Claudius Ptolemäus, der im 2. Jahrhundert nach Christus als Mathematiker und Astronom in Alexandria gelebt hatte, begann Anfang des 15. Jahrhunderts eine „neue" Geographie. In dem System des Ptolemäus stand die Erde als Kugelgestalt im Mittelpunkt des sich drehenden Himmelsgewölbes. Ptolemäus systematisierte das zu seiner Zeit bekannte Wissen über die Erde. Er entwickelte durch trigonometrische und astronomische Messungen sowie anhand von recht genauen Informationen von Seefahrern und Reisenden neue Grundlagen für die Geographie.

Man nimmt an, dass er sich bereits Gedanken darüber gemacht hatte, wie die Erdkugel auf eine Ebene zu projizieren sei. Ptolemäus unterschied dabei bereits zwischen Länge und Breite.

Die ihm zugeschriebenen 27 Karten zeigten die damals bekannte Welt (Europa, Asien und Afrika), waren aber keine Seekarten. Sie vermittelten jedoch den Gelehrten des 15. Jahrhunderts Erkenntnisse, mit denen die durch die Kirche beeinflusste Betrachtung der Welt überwunden werden konnte.

Die theologisch ausgerichteten und von Mönchen gezeichneten „Mappae Mundi" (Weltkarten) wurden zu Beginn des 15. Jahrhunderts verdrängt. Diese sogenannten T-Karten stellten eine aus der Bibel abgeleitete Dreiteilung der Welt in Asien, Afrika und Europa mit einer Trennung durch Meere dar.

Euklid von Alexandria (griechisch Eukleides) lebte im dritten Jahrhundert vor unserer Zeitrechnung und hat in seinem Werk „Elemente" in dreizehn Bänden das mathematische Wissen seiner Zeit gesammelt und systematisiert. Das Werk war bis ins 20. Jahrhundert vielfach Grundlage im Geometrieunterricht

Wesentlich für die Verbreitung der Cosmographia war die Erfindung und Entwicklung der Buchdruckerkunst im 15. Jahrhundert. Bereits 1482 gab es in Deutschland die erste in Latein gedruckte Ptolemäus-Ausgabe. Schon in der ersten Hälfte des 15. Jahrhunderts ergänzten „Tabula Moderna" (moderne Karten) das Werk des Ptolemäus und korrigierten damit vorwiegend Fehler in der Darstellung des nördlichen Europas. Ende des 15. Jahrhunderts wurden mallorquinische Karten noch genauer und vermieden die teilweise erfundenen und falschen Umrisse der ptolemäischen Welt.

Eine von dem Deutschen Martin Waldseemüller 1507 gefertigte Weltkarte hatte ebenfalls starken Einfluss auf die Entwicklung der Kartographie. Auf ihr erscheint zum ersten Mal der Name „Amerika" für den südlichen Teil der Neuen Welt.

Ein aus heutiger Sicht kurioses Bild der Welt zeichnete 1493 die Weltchronik des Arztes Hartmann Schedel. Man meinte zu der Zeit, dass die unbekannte überseeische Welt von Fabelwesen und Ungeheuern bewohnt sei. Dem Zeitgeist folgend berichtete Schedel von Einäugigen, Menschen mit Hundsköpfen sowie Mischformen zwischen Mensch und Tier. Ein besonderes Fabelwesen mit menschlicher Gestalt, aber ohne Kopf wurde mit Augen, Nase und Mund auf dem Oberkörper abgebildet. Diese kopflosen „Menschen" kamen im übrigen auch in einem Reisebericht des königlichen Seeräubers Sir Walter Raleigh vor.

Solche und ähnliche Fabelgestalten fand man auch auf Seekarten, wo sie beispielsweise einen Erdteil bevölkerten. Im 15. und 16. Jahrhundert waren besonders im Nordatlantik merkwürdige und übertrieben gezeichnete Tiere wie Wale, Seelöwen und Eisbären zu sehen. Auch die Nordsee muss nach einem Zitat von Christopher Wood ein schrecklicher Ort gewesen sein, in der es, dem Kartenbild zufolge, vor Ungeheuern nur so wimmelte.

Portolane und Periplus

Seit den Anfängen der Seefahrt gab es Berichte über die Seereisen. Sie wurden in allen Nationen zunächst mündlich überliefert. Später hielten die Seefahrer sie

Der Mathematiker, Geograph und Astronom Claudius Ptolemäus (griechisch Klaudios Ptolemaios) hat die Erde in den Mittelpunkt eines sich drehenden Gewölbes gestellt. Dieses Modell ist als Ptolemäisches Weltbild bekannt. Er verwarf das heliozentrische Weltbild, welches erst 1.300 Jahre später durch Nikolaus Kopernikus, Johannes Kepler und Galileo Galilei wieder anerkannt werden sollte. Er soll schon versucht haben, die Kugelform auf eine Ebene zu projizieren. Seine „Almagest" genannte Abhandlung zur Mathematik und Astronomie in 13 Bänden war im Mittelalter ein Standardwerk. Ptolemäus lebte von 87 bis 150 nach unserer Zeitrechnung

Seekarte mit Ansteuerung von New York, 1666, kolorierter Kupferstich aus „De Zee-Atlas ofte Water-Wereld", Maße: 51,5 x 43 Zentimeter, Pieter Goos, Amsterdam, 1672, Johannes a Lasco Bibliothek, Emden

schriftlich fest und ergänzten sie mit graphischen Darstellungen. Eine Seewegbeschreibung des karthagischen Seefahrers und Feldherrn Hanno (um 500 v.u.Z.) gilt als der älteste erhaltene Bericht. Hanno beschreibt eine Reise von Gibraltar längs der afrikanischen Westküste nach Süden bis zum heutigen Kamerun. Aus diesen Berichten – auch „Periplus" (griechisch für Umsegelung) genannt – entwickelten sich die „Portolane" als Segelanweisungen. Das aus dem Italienischen stammende Wort „Portolani" könnte man mit „Hafenbeschreibungen" übersetzen. Es waren Handbücher mit Hinweisen zu Fahrtrichtungen, Anweisungen für die Navigation und Informationen über den Gebrauch von Kompass und anderen nautischen Instrumenten. Man fand in ihnen auch Zeichnungen von Küstenlinien und Informationen über die Bewohner und ihre Städte. Diese Portolane waren besonders im überschaubaren Mittelmeer für das Segeln von Hafen zu Hafen geeignet. Das älteste Handbuch des Mittelalters ist das bereits im Kapitel „Kompasse" erwähnte „Compasso del Navigare".

Auch die Schiffahrt an der Nord- und Ostseeküste kam bis zum Ende des 16. Jahrhunderts mit diesen Segelanweisungen aus. Im Laufe der Zeit wurden die Portolane durch „Vertoonungen" (Seitenansichten von Küstenabschnitten) ergänzt, die den Seeleuten mehr Sicherheit bei der Ansteuerung von Küsten gaben.

Das Seemannsgarn der Seeleute kannte keine Grenzen. Von Schiffe verschlingenden Ungeheuern bis zu Monstern auf Landgängen war alles im Gruselkabinett der Erzählungen vertreten

Die Schaffellsegler

Diese wenig schmeichelhafte Bezeichnung erfanden die Nordeuropäer des 15. Jahrhunderts für ihre südeuropäischen Seefahrerkollegen. Der Grund dafür waren die „Portolankarten", die auf Schaf- oder Ziegenfelle gemalt wurden. Die älteste erhaltene Portolankarte ist die „Carta Pisana", so genannt nach ihrem Fundort Pisa. Sie stammt aus der Zeit um 1275 und zeigt das Mittelmeer, das Schwarze Meer und das europäische Festland bis zum Englischen Kanal. Damit hatte man die damaligen Handelswege der mediterranen Seefahrer kartiert. Wegen ihrer relativen Genauigkeit basiert sie wahrscheinlich auf älteren und erprobten Erfahrungen.

Man stellte die „Fellkarten" in einigen Regionen Italiens (vorwiegend in den Städten Genua, Venedig und Ancona) und Kataloniens (Mallorca und Barcelona) her. In dem heute so beliebten Touristenparadies Mallorca gab es in der zweiten Hälfte des 14. Jahrhunderts eine berühmte Kartographenschule. Die Portolankarten waren die Seekarten des 14. und 15. Jahrhunderts und die einzige relativ genaue Navigationsinformation. Sie waren nach Norden orientiert, wobei der Nacken des Fells in der Regel nach Westen zeigte. Im 13. und 14. Jahrhundert blieb er unbeschriftet. Ab dem 15. Jahrhundert fand sich auf portugiesischen Karten an dieser Stelle der Name „Christi", die Initialen „JHUS" oder „Chis". Die vier Himmelsrichtungen wurden oft durch einfache Symbole dargestellt. Der Polarstern stand für Nord, die halbbeschattete Erde für Süden, das Kreuz für Osten und eine Rosette für Westen.

Die Portolankarten waren projektionslos, das heißt, sie enthielten keine Einteilungen in Längen- und Breitengrade. Allerdings waren die Karten mit sogenannten „Rumblinien" netzartig überzogen. Diese Rumblinien gingen von einem oder mehreren Punkten auf der Karte aus. Sie markierten – ausgehend von einer Windrose – in 16 oder 32 Strahlen die wichtigsten Kompasskurse. Damit wurde dem erfahrenen Navigator, ausgehend von seinem Standort, das Bestimmen des zu steuernden Kurses erleichtert.

An den detailliert gezeichneten Küstenlinien waren auf diesen Karten besondere Merkmale wie beispielsweise Häfen, Ankerplätze, Buchten, Inseln, Ortschaften, Türme und Berge aufgeführt. Die Namen waren in schwarzer Schrift senkrecht zur Küstenlinie eingetragen, bedeutende Häfen wurden durch eine rote Schrift besonders hervorgehoben. Im 14. Jahrhundert bestand für Galeeren die Vorschrift, solche Portolankarten mitzuführen.

Ein Jahrhundert später wurden die Karten zur leichteren Handhabung zusätzlich mit schriftlichen Gebrauchsanweisungen versehen. Im Mittelmeer konnten die Nautiker den Kurs vom Ausgangs- zum Zielhafen azimutal dadurch festlegen, dass sie sich auf den Portolankarten die nächstliegende parallele Rumblinie suchten und diesen Kurs beibehielten.

Die Weltkarte aus dem Jahre 1507 des Deutschen Martin Waldseemüller (1475 bis 1522) zeigt erstmalig den Namen Amerika für den von Christoph Kolumbus entdeckten neuen Kontinent im südlichen Teil der Neuen Welt. Diese Interpretation wurde in der nächsten Kartenausgabe von 1513 in „terra incognita" umbenannt, doch war „America" schon soweit verbreitet, dass es der Name des neuentdeckten Kontinentes blieb. Die Waldseemüllerkarte von 1507 wurde 2005 von der UNESCO zum Weltdokumentenerbe erklärt

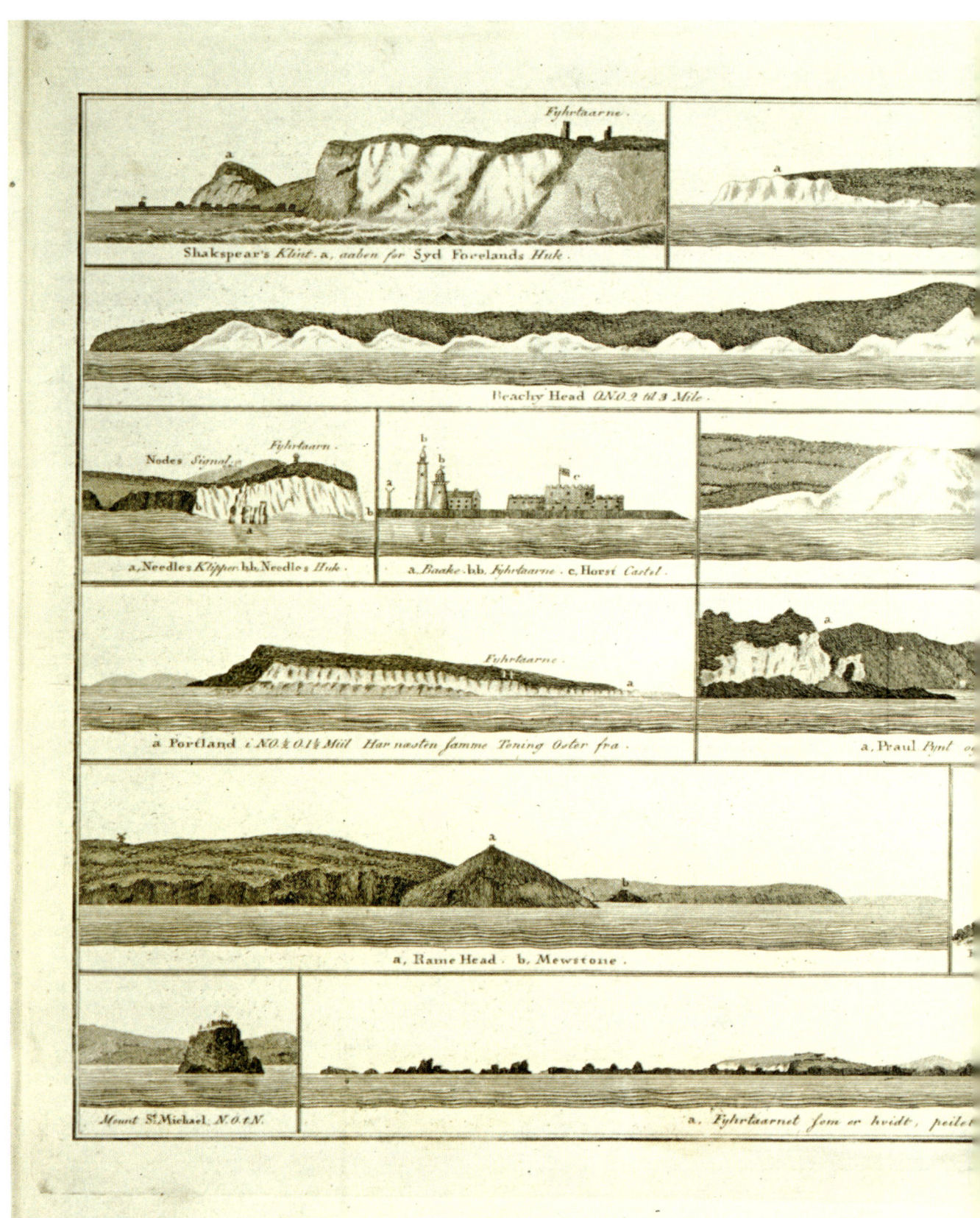

Vertoonungen von der englischen Kanalküste bei Dover, 1817 aus „Beschreibung zu der wachsenden Karte von dem Kanale zwischen England und Frankreich" von Paul de

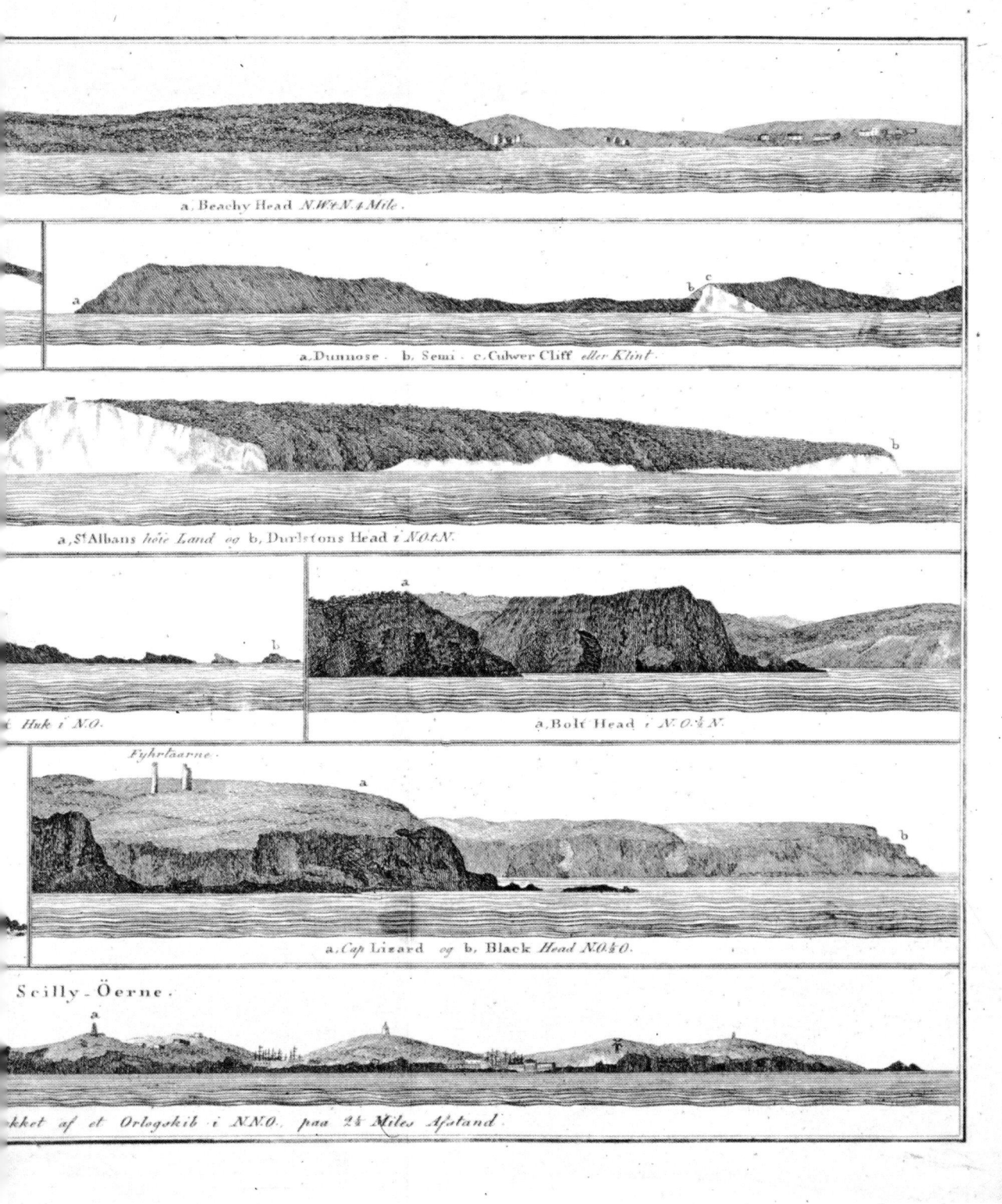

Løwenørn, Hrsg. Möller, Kopenhagen Möller, Kopenhagen, 1817, Johann a Lasco Bibliothek, Emden

Die auf Tierhäute gezeichneten Portolankarten hatten eine lange Lebensdauer. Nachdem sie aus der Mode gekommen waren, fanden sie oft eine andere Verwendung. Viele ausgediente Seekarten wurden im 16. und frühen 17. Jahrhundert gerne als Bucheinbände verwendet. Der Sammler alter Bücher möge darauf achten.

Etwas Geometrie für Fortgeschrittene

Durch die Erkenntnis, dass die Erde keine Scheibe ist, ergab sich für die Kartographen das Problem der Projektion. Wie konnte man die Kugelgestalt der Erde auf eine ebene Fläche übertragen? Ein auf dem Globus gerade verlaufender Kurs, der nicht auf einem Breiten- oder Längengrad gesegelt wurde, musste auf den damals üblichen Plattkarten (Karten mit einem Netz von Längen- und Breitenkreisen in gleichem Abstand) als Kurve eingezeichnet werden. Bei einem mehrfachen Umsegeln der Erde hätte sich daraus eine Spirale ergeben.

Wenn die Karte nur ein kleines Gebiet abdeckte, war die Verzerrung sehr gering. Auf Plattkarten, die ein größeres Gebiet darstellten, konnte die Einzeichnung einer geraden Kurslinie zu großen Irrtümern führen. So ergab sich bei den Westindienfahrern eine Differenz zwischen der astronomisch ermittelten Breite und der aus Kurs und gesegelter Strecke berechneten Breite auf der Plattkarte.

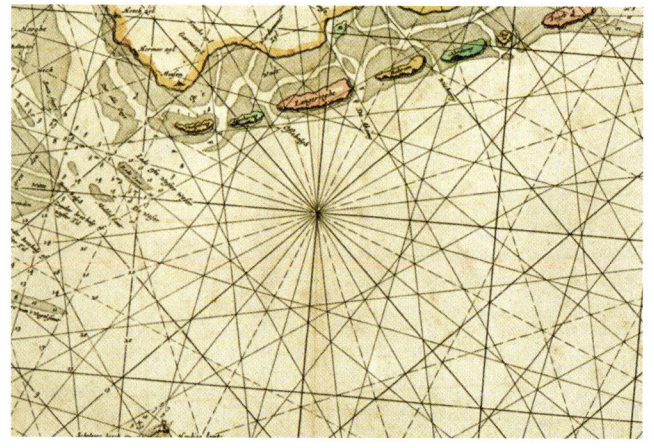

Die netzartig angelegten Rumblinien zeigten den Navigatoren an Bord die wichtigsten Kompasskurse

Den entscheidenden Schritt zur Lösung dieses Problems tat Gerhard Mercator. Er schuf im Jahre 1569 seine „Weltkarte zum Gebrauch der Seefahrer". In dieser Karte verliefen die Meridiane (die Längengrade) parallel, und die Abstände der Breitengrade wurden vom Äquator aus gesehen zum Pol hin größer. Man sprach auch von einer „wachsenden Karte".

Die Karte war ein winkeltreuer Entwurf, in dem die Loxodrome (Kurslinien, die alle Meridiane in demselben Winkel schneiden) als gerade Linien erscheinen. Der Kurswinkel auf der Karte war derselbe wie auf der Erdoberfläche, und die Distanzen in der Karte ließen sich leicht messen und absetzen. Obwohl diese Darstellungsform eine große Erleichterung der Kartenarbeit bedeutete, setzten sich die Mercatorkarten nur langsam durch. Die Kapitäne taten sich schwer, sich auf die neue Methode – die zudem schlecht und in Latein dokumentiert war – umzustellen. Bis heute ist die Mercatorprojektion jedoch die vorherrschende Projektionsart für alle Seekarten.

Seekartographie der einzelnen Länder

Im 16. Jahrhundert gab es immer mehr Informationen über bis dahin unentdeckte Gebiete der Welt. Entdecker, Kaper- und Handelsfahrer brachten mündliche und schriftliche Berichte sowie Karten und Skizzen mit nach Europa. Dadurch konnten in vielen Fällen Vermutungen und Erzählungen durch Fakten ersetzt werden.

Allerdings waren die konkurrierenden Nationen, anfangs Portugal und Spanien, später England und Frankreich, darauf bedacht, ihr Wissen und ihre Karten geheimzuhalten. Da half dann nur noch Spionage, wie im Fall des italienischen Herzogs von Ferrara, der von einem Agenten eine Seekarte aus Portugal herausschmuggeln ließ. Die Seekarten wurden in dieser Zeit in Lissabon, Dieppe, La Rochelle und London hergestellt. Einen besonderen Schub erhielt Ende des 16. Jahrhunderts die niederländische Kartographie, die verkaufs- und nicht geheimhaltungsorientiert war.

Niederlande

Die erstarkende Seemacht der Niederlande benötigte gute Seekarten für ihr Kolonialreich, das sie zum guten Teil von den Portugiesen erobert hatten. Die wichtigsten Kartographen dieser Zeit in den Niederlanden waren Gerhard Mercator, Abraham Ortelius, Lukas Janszoon Waghenaer und die Familie Blaeu.

Mercator (eigentlich hieß er Kremer) arbeitete in Duisburg, später in Löwen und gilt als Begründer der niederländischen Kartographie. Da die Niederlande zu dieser Zeit noch von den Spaniern beherrscht wurden, erhielten sie wahrscheinlich auch die für die Kartenherstellung relevanten Informationen. Auch die exponierte

Der Mathematiker und Kartograph Gerhard Mercator, Gerard De Kremer, (1512 bis 1594) schuf das erste Kartensammelwerk „Atlas". Auf den Karten verliefen die Längengrade parallel und die Entfernungen konnten auf dem Kartenrand abgegriffen werden. Mercator war der Erste, der die Kursivschrift auf Landkarten verwendete. Diese Darstellung verbesserte die Optik dermaßen, dass es bis in das 19. Jahrhundert hinein üblich blieb, Namen auf Karten in kursiver Schrift zu schreiben. Im Jahr 1541 setzte er seine Arbeit mit einem Erdenglobus fort. Mercator hatte Probleme mit den Behörden und der katholischen Kirche und wurde unter anderem der Ketzerei beschuldigt, durch die Heilige Inquisition verfolgt und 1544 sogar für mehrere Monate eingekerkert. Erst 1551 folgte eine neue Ausgabe, ein Himmelsglobus, als Gegenstück zum Erdenglobus

Seekarte der ostfriesischen Küste, 1658, kolorierter Kupferstich aus dem Seeatlas „Nieuw Groot Stuermanns See-Spieghel", Maße: 42 x 53 Zentimeter, Hendrick Donker, Amsterdam, 1664, Sammlung Michael Recke, Emden

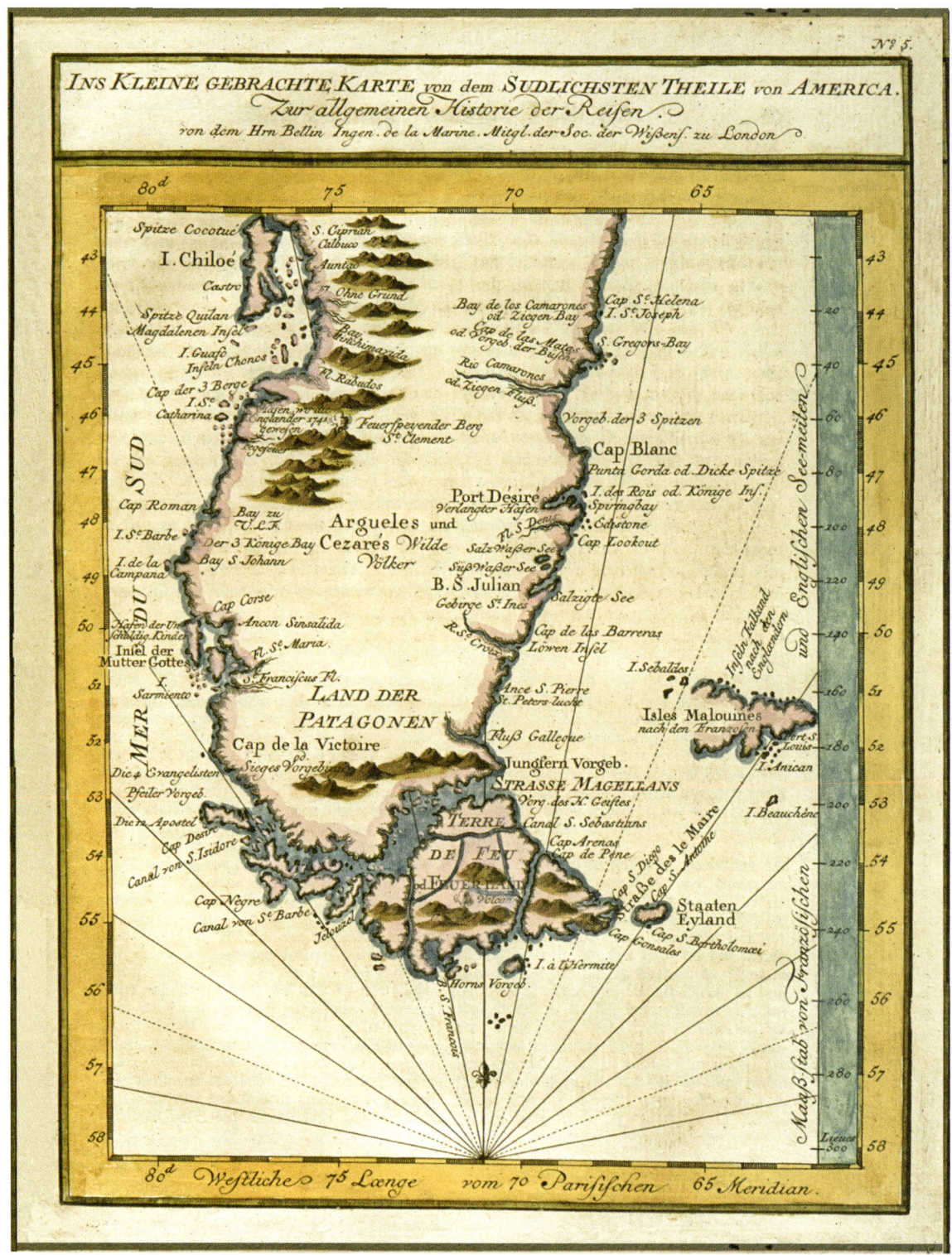

Oben: Karte von der Südspitze Südamerikas mit Feuerland, 1754, kolorierter Kupferstich aus „Allgemeine Historie der Reisen zu Wasser und zu Lande...". Maße: 18,6 x 14 Zentimeter, Arkstee und Merkus, Leipzig, 1754, Sammlung Janssen in der Johannes a Lasco Bibliothek

Rechts: Kolorierte Manuskriptkarte aus „Der Weltatlas des Antonio Millo von 1586", Maße: 70 x 45,5 Zentimeter, Faksimileausgabe – Süssen: Ed. Deutschle u.a. 1988, Johannes a Lasco Bibliothek

Lage für den gesamten Schiffsverkehr zwischen Nordsee und Atlantik und das schwierige Fahrwasser verlangte gute Seekarten.

Waghenaer, ein erfahrener Seemann und Navigator aus Enkhuizen, veröffentlichte 1584 seine Kartensammlung im „Spieghel der Zeevaerdt" (Spiegel der Seefahrt). Teil I bestand aus 23 Karten und Teil II aus 21 Karten. Dieser „Almanach" (Seehandbuch) enthielt außerdem eine Reihe von Küstenansichten („Vertoonungen") sowie detaillierte Segelanweisungen. Die in dem Almanach verwendeten Plattkarten enthielten ein Netz von Längen- und Breitengraden in gleichem Abstand, Kompasslinien, Tiefenangaben, Landmarken, Ankerplätze und Untiefen. Besonders bemerkenswert war die künstlerische Ausgestaltung.

Von Anfang an hatte Whagenaer mit seinem Almanach großen Erfolg. So gab es 1585 bereits eine Ausgabe in Latein, 1588 eine in Englisch, 1589 eine in Deutsch und 1590 eine in Französisch. Mit dem Blick auf seine Konkurrenz in Amsterdam gab er erstmals 1592 den „Thresoor der Zeevaerdt" mit detaillierteren Karten und einem kleineren Format heraus. Man fand darin die europäischen Küsten bis Norwegen, aber auch Trinidad und Südostasien. Dieser Atlas ist wegen seiner hohen Qualität heute für Sammler sehr wertvoll.

Der niederländische Kartograph Willem Janszoon Blaeu (1571 bis 1638) ließ sich um 1603 in Amsterdam nieder, wo er anfing, Erdgloben, Land- und Seekarten herzustellen, darunter 1605 eine Weltkarte. Im Jahr 1633 ernannte ihn die Niederländische Ostindien-Kompanie (VOC) zu ihrem offiziellen Kartographen

In der ersten Hälfte des 17. Jahrhunderts wurden in Amsterdam sehr viele Seekarten gedruckt, unter anderem die sehr bekannten Karten von Willem Janszoon Blaeu. Außerdem erhielt die Stadt ihre herausragende und vorbildliche Position bei den Seekarten durch Herausgeber wie beispielsweise Hendrick Donker, Pieter Goos, Antonie Jacobsz Lootsmann und für über 100 Jahre durch die Familie van Keulen. Das Haus van Keulen hatte mit seinem großen Seeatlas, der „Zee-Fakkel", in der die Mercator-Projektion verwendet wurde, eine detaillierte, aktuelle und umfassende Kartensammlung vorgelegt.

1714 erhielt das Haus van Keulen eine besondere Bedeutung als Gerard van Keulen Hydrographer der „VOC" wurde. Von nun an hatte man den Vorteil des direkten Zugriffs auf alle Informationen und Nachrichten, die aus Ostindien kamen. Gleichzeitig gab es natürlich auch die Verpflichtung, die Ostindienfahrer mit den bestmöglichen Seekarten auszustatten.

Ein Engländer in Italien

Eine interessante Publikation – noch dazu von hoher Qualität in der graphischen Darstellung – war 1646 der weltumfassende Seeatlas „Arcano del Mare" (Geheimnis des Meeres) des in Italien lebenden Engländers Sir Robert Dudley.

Er war als unehelicher Sohn des Earl of Leicester nur von niederem Adel. Durch seinen Vater hatte er viele führende Seeleute dieser Zeit wie beispielsweise Thomas Cavendish (Kaperfahrer im Pazifik und dritter Weltumsegler) kennengelernt und von ihnen viele Informationen für den Atlas erhalten. Außerdem war er 1695 selbst nach Westindien gesegelt, hatte dort die Küste von Guyana erkundet und nebenbei einige spanische Schiffe ausgeraubt.

Nachdem er 1605 am englischen Hof in Ungnade gefallen war, ging er nach Florenz. Dort begann er ab 1620 an seinem Seeatlas zu arbeiten. Die 146 Karten des Atlasses wurde in 12 Jahren von dem Italiener Antonio Francesco Lucini in der Mercatorprojektion auf Kupferplatten graviert. Die Karten enthalten Lotungen, Sandbänke, Strömungen, Ankerplätze und weisen auf sichere Durchfahrten hin. Bemerkenswert sind die schwungvollen Beschriftungen und wundervoll detaillierten Zeichnungen von Kompassrosen und Schiffen.

Dänemark

Für die dänischen Gewässer, die als Zugangsfahrwasser in die Ostsee von Bedeutung waren, gab es ein starkes Interesse an guten Karten. 1568 gab Laurentz Benedikt mit dem „Lesekartenbuch" die ersten Seekarten nach niederländischem Vorbild heraus. „Vater der dänischen Hydrographie" wurde jedoch Jens Sørensen, der das Land von ausländischen Seekarten unabhängig machen wollte. Als gelernter Seefahrer zeichnete er 1682 nach eigenen Notizen eine Seekarte der „Blekinges-Küste". Das Gebiet war durch den schwedischen Flottenhafen „Karlskrona" interessant geworden. 1689 übertrug der König ihm die gesamte dänische Seevermessung und verlieh ihm dazu den Titel „Seekartendirektor".

Sir Robert Dudley (1573 bis 1649) hatte ein bewegtes Leben. Er segelte, raubte und er zeichnete – zum Beispiel ab 1620 an einem Seeatlas

500 Jahre Navigation

In den zehn Jahren seiner Amtszeit produzierte er eine Menge schöner Karten, die leider nicht der Handelsschiffahrt zugute kamen, sondern in den Schubladen der Admiralität verschwanden. Interessen der Landesverteidigung waren der Grund dafür, denn die schwierigen Fahrwasser waren ohne Karten schwer zu besegeln.

Im 18. Jahrhundert waren die Brüder Andreas und Chr. Carl Lous für die dänische Kartographie von Bedeutung. Sie kartierten unter anderem den Sund, den Fehmarnbelt und das Kattegat. Auf ihre Initiative hin wurde 1770 ein Leuchtfeuer auf Kronborg entzündet. Der König verlieh ihnen das Privileg zur Herstellung und zum Handel mit Seekarten. Ihre Karten waren nicht so genau wie die von Sørensen, konnten aber zur Freude der Seeleute gekauft werden.

Bekannt ist außerdem noch eine Seekarte von Poul Løvenørn, dem ersten Leiter des 1784 gegründeten „Königlichen Seekartenarchivs". Es dauerte jedoch noch fast bis zur Mitte des 19. Jahrhunderts, bis unter C. Zahrtmann, einem späteren Direktor des Archivs, genaue Seekarten der dänischen Gewässer erschienen.

Frankreich

Im 16. Jahrhundert begann man auch in Frankreich mit einer eigenständigen, allerdings staatlichen Kartenproduktion, für die Breiten- und Längengrade durch astronomische Messungen genau bestimmt wurden. Man verwendete Triangulationspunkte und vermaß das ganze Land. Zum Ärger König Ludwig XIV. erwies sich Frankreich als kleiner als bisher angenommen. Daraufhin soll er den berühmten Ausruf getan haben, dass die Landvermesser ihm mehr Land geraubt hätten als seine Feinde.

Ein bekannter französischer Seekartenhersteller war Alexis Hubert Jaillot, der 1693 in Zusammenarbeit mit Pieter Martier das Werk „Neptune Francoise" mit 29 großen Küstenkarten in Paris und Amsterdam herausbrachte. Es war ein vorbildlicher Atlas in Mercatorprojektion. Frankreich kartierte nicht nur die eigenen Küsten, sondern schickte auch Expeditionen aus, die andere Erdteile aufnahmen und beschrieben. Zu Beginn des 18. Jahrhun-

König Ludwig XIV. (1638 bis 1715), bekannt als der Sonnenkönig, regierte ab dem Jahre 1643 und war mit 72 Jahren Regentschaft der am längsten regierende Herrscher der Neuzeit. Seinen Beinamen bekam er durch prunkvolles Auftreten, die Förderung der Künste und Wissenschaften. Seine Außenpolitik war aggressiv. Als er sein Königreich vermessen ließ, musste er zu seinem Ärger feststellen, dass es erheblich kleiner war als angenommen

derts erschien ein neues „Neptune Francoise". Es war ein elfteiliges Werk, das zirka 400 Karten umfasste und die ganze besegelte Erde darstellte. Zu dieser Zeit begannen auch die Bestrebungen, das Kartenwesen auf streng wissenschaftlicher Grundlage zu reformieren.

Später wurden französische Entdecker, die auf Cook's Spuren im Atlantik segelten, durch das 1720 gegründete staatliche „Dépôt des cartes et plans de la Marine" mit Seekarten versorgt. Die Reisen von Louis de Bougainville in den südlichen Pazifik und J.-F. de Galaup, Comte de La Pérouse, in den nördlichen Pazifik führten zu einer entscheidenden Verbesserung der Kartographie.

De Bougainville begründete außerdem mit seiner Reise Französisch Polynesien, und eine der Inseln trägt noch heute seinen Namen. Nach La Pérouse, der mit seinen Schiffen und Seeleuten in einem Sturm in Melanesien unterging, wurde eine Seestraße bei Japan benannt. Um 1800 kartierte Charles Frédéric Beautemps-Beaupré im Auftrag Napoleons unter Verwendung des Reflexionskreises (siehe Kapitel „Winkelmessinstrumente") mit großer Genauigkeit die Kanal- und Nordseeküste. Diese Karten wurden zu einer gefährlichen Waffe in den Händen von Napoleons Streitkräften.

Napoléon Bonaparte (1769 bis 1821) wusste als General der französischen Revolutionsarmee um die Bedeutung guter Karten und deren Informationsgehalt. Vor Entscheidungsschlachten ließ er Landschaften exakt vermessen, um aus Geländeformationen Vorteile zu ziehen. Er stieg zum fähigsten militärischen Führer aller Zeiten auf, dem es in kurzer Zeit gelang, fast ganz Europa unter seine direkte oder indirekte Kontrolle zu bringen

England

Die erste englische Seekarte stammt von W. Borough, der um 1580 eine Karte über den Seeweg zum estländischen Narva veröffentlichte. Um 1600 war man jedoch von niederländischen Karten abhängig. Zu dieser Zeit hatte der englische Lord Howard bereits ein Exemplar von Waghenaers „Spieghel der Zeevaerdt", das ihm der holländische Botschafter 1584 geschenkt hatte, übersetzen lassen. Das Werk wurde sehr bekannt, führte allerdings zu einer Sprachverwirrung, da man ähnliche Karten in England als „Waggoners" bezeichnete.

Handschriftliche Karten der „Themse-Schule" wurden seit dem frühen 17. Jahrhundert von den Seefahrern anerkannt und verwendet. Unter der „Themse-Schule" verstand man Werkstätten, die in Dörfern rund um die Nähe des Towers Karten zeichneten. Um 1670 fanden dann die gedruckten Karten und Seeatlanten von John

Der englische Astronom und Mathematiker Edmund Halley (1656 bis 1742) reiste zwischen 1698 und 1700 zweimal nach Nordamerika, um die Richtung der Magnetnadel an verschiedenen Punkten der Erdoberfläche zu bestimmen. Als Ergebnis dieser Reisen konnte er 1701 die erste größere Karte der magnetischen Deklination veröffentlichen. 1705 berechnete er mit einer neuen Methode die Bahnelemente der Kometen und vermutete, dass diese Erscheinungen immer derselbe Komet sei, der gegen Anfang 1759 zurückkehren werde. Da sich die Voraussage bestätigte, wurde der Komet als Halleyscher Komet bezeichnet. Neben seinen Berechnungen erforschte er auch den Erdmagnetismus und entdeckte die Eigenbewegung von Sternen. Er machte sich aber auch um die Verbesserung der Taucherglocke und die Erfindung des Spiegeloktanten verdient

Seller aus Wapping an der Themse und später von John Thornton weite Verbreitung.

Mit Seller, der in den siebziger Jahren des 16. Jahrhunderts „The English Pilot" und seinen „Atlas Maritimus" herausgab, begann eine jahrhundertlange Ära des Nachdrucks vorhandener Karten. Er verwendete für die meisten Karten niederländische Kupferplatten oder kopierte die Karten auch direkt.

Interessant waren jedoch einige der „neuen" Karten von Sellers, weil sie die Entwicklung der englischen Kolonien an der Nordostküste Amerikas zeigten. Man erhielt neue und genaue Informationen von den langen Reisen der eigenen Seefahrer und kopierte außerdem auch die streng geheim gehaltenen Seekarten Spaniens, die man auf den gekaperten Schiffen fand.

„The English Pilot", dessen erste Ausgabe 1671 erschien, war eines der wichtigsten Kartenbücher des 18. Jahrhunderts. Es bestand aus sechs Teilen mit jeweils 20 bis 36 Karten, die eine weltweite Navigation ermöglichten. Das englische Kartenhaus „Mount and Page" veröffentlichte im 18. Jahrhundert zahlreiche Ausgaben dieses Werkes.

1693 erfolgte die erste Vermessung der britischen Küsten durch Captain Greenville Collins. Der von ihm herausgegebene „Great Britain Coasting Pilot" enthielt viele ausführliche Informationen und war künstlerisch schön ausgeführt. Eine kurze Zeit später – von 1699 bis 1700 – führte der königliche Astronom Edmund Halley eine lange Seereise durch, um die magnetische Missweisung zu erfassen. Nach dieser Reise veröffentlichte Halley eine bahnbrechende Isogonenkarte. Halley war nicht nur königlicher Astronom, sondern unter anderem auch Professor für Geometrie an der Universität Oxford und Erfinder der Tiefsee-Taucherglocke. Den nach ihm benannten Kometen hat er nicht entdeckt. Aber er erkannte, dass es sich um den Kometen handelte, den andere bereits 1456, 1531 und 1604 gesehen hatten. Die Namensgebung zum Halleyschen Kometen erfolgte erst im Jahre 1758, also 16 Jahre nach seinem Tod.

Ungefähr ab 1750 erschien eine wachsende Zahl guter Karten des Chinesischen Meeres und der nordamerikanischen Küsten. Alexander Dalrymple, erster Leiter des 1795 gegründeten „Hydrographical Office of the British Admiralty" und der berühmte Entdecker und Kartograph Captain James Cook sind in diesem Zusammenhang zu erwähnen. Das Hydrographical Office übernahm zirka 400 Karten der East India Company (EIC). Die britischen „Admiralty Charts" wurden daraufhin bald zu den besten Seekarten der Welt, auf denen die meisten Seegebiete erfasst wurden.

Wozu aktuelle Seekarten?

Der britische Marinemaler Norman Wilkinson erzählte die Geschichte eines Fischdampferkapitäns, der 1915 im Dienst der Marine stehend sein Schiff aus dem östlichen Mittelmeer nach Malta überführt hatte. „Sie erhielten die Admiralitätskarten vor dem Auslaufen?", erkundigte sich ein Offizier bei ihm. „Nein, Sir, Karten haben wir nicht bekommen!" – „Großer Gott, Mann, wie sind Sie denn da durch die griechischen Inseln gelangt?" – „Na ja, Sir, der Steuermann hatte noch eine alte Bibel mit ein paar recht guten Karten im Anhang."

Amerika

Im Laufe des 18. Jahrhunderts veröffentlichte William Popple 1733 seine „Map of the British Empire in America". Es folgte Thomas Jeffery's „American Atlas" von 1776 und ein Jahr später William Faden's „North American Atlas". Bis dahin hatte die amerikanische Kartographie europäische Grundlagen. 1809 wurde in Amerika ein „Survey of Coasts" gegründet, das allerdings erst 1832 als „United States Coasts and Survey" seine Kartenproduktion begann. Die wichtigste Aufgabe dieses Instituts war die genaue Vermessung der amerikanischen Küsten. Um die Navigation in höheren nördlichen Breiten zu erleichtern, entwickelte das spätere „Hydrographic Office" in Washington Ende des 19. Jahrhunderts Seekarten mit einer anderen Projektionsart als der Mercatorprojektion.

Der schottische Geograph Alexander Dalrymple (1737 bis 1808) war erster Leiter des 1795 gegründeten „Hydrographical Office of the British Admiralty". Historisch bedeutsam wurde Dalrymple vor allem in seiner Rolle als unbeirrbarer Verfechter der Theorie eines bisher unentdeckten Südkontinents, was bekanntlich ein Irrtum war. Durch seine Sturheit entwickelte sich Dalrymples zum Rivalen des Navigators und Kartographen James Cook, der der Existenz eines solchen Kontinents eher skeptisch gegenüberstand

Deutschland

Im Auftrag der Preußischen Akademie der Wissenschaften erschien 1749 der „Nouvel Atlas de Marine" von

Seekarte des Indischen Ozeans, zirka 1690, kolorierter Kupferstich aus „De Groote Nieuwe Vermeerderde Zee-Atlas ofte Water-Wereld", Maße: 59,5 x 52 Zentimeter, Johannes van Keulen, Amsterdam, Johannes a Lasco Bibliothek, Emden

Samuel Schmettau, eine als „Schreibtischarbeit" bezeichnete Ausgabe, die für Praktiker nicht besonders nützlich gewesen sein soll. So ist davon auszugehen, dass in dieser Zeit ausländische Karten neben den eigenen Handbüchern der Kapitäne Verwendung fanden. 1868 gründete Wilhelm von Freeden die privat betriebene „Norddeutsche Seewarte", die unter anderem Segelanweisungen für ausgehende Schiffe anfertigte. 1870 gab es für die dann als „Deutsche Seewarte" bezeichnete Organisation eine staatliche Finanzierung. 1875 wurde die „Deutsche Seewarte" zum Reichsinstitut ernannt, das der Marine unterstellt war. Parallel dazu gab es ab 1861 beim Marineministerium ein „Hydrographisches Büro", das bis 1882 44 Karten der deutschen Küsten aufnahm. Erst ab 1900 kartierte man auch Gewässer außerhalb Deutschlands.

Papier und Druck

In Europa wurde das Papier in der Mitte des 14. Jahrhunderts eingeführt. Im Jahr 1390 entstand die erste Papiermühle in Nürnberg. Bis zur Erfindung der Druckkunst wurden Karten und Almanache gezeichnet und von Hand kopiert. Diese wenigen Unikate waren nicht für den Gebrauch an Bord bestimmt. Meistens kauften Bibliotheken, reiche Kaufleute, Reeder oder Landesfürsten die wertvollen Karten. Der Kapitän und der Navigator mussten sich vor Beginn einer Reise die notwendigen Informationen abschreiben. Mit der Einführung der Druckkunst ab der zweiten Hälfte des 15. Jahrhunderts konnten die Karten preiswerter und schneller hergestellt werden. Als es im 16. Jahrhundert immer mehr üblich wurde, die Karten in Holz oder auf Kupferplatten zu gravieren und dann zu drucken, waren die Karten auch für Kapitäne und Navigatoren erschwinglich, aber immer noch kostbar. Die Kurse wurden nicht direkt eingezeichnet, sondern auf dünnes Pergamentpapier, dass man über die Karte legte. Ein Nachteil aus der Druckkunst ergab sich dadurch, dass auf den Druckplatten eingravierte Fehler weit verbreitet wurden und häufig für längere Zeit Bestand hatten, weil die Kupferplatten wiederverwendet oder verkauft wurden. Gegen Ende des 16. Jahrhunderts kam aus den Niederlanden eine weitere Neuheit. Lucas Janszoon Waghenaer veröffentlichte im Jahr 1584 mit

Feldmarschall Samuel Reichsgraf von Schmettau (1684 bis 1751) strebte nach einer zuverlässigen, zum Teil auch wissenschaftlich fundierten kartographischen Darstellung. Er hatte sich als Kartograph und Kurator der Akademie der Wissenschaften bereits einen Namen erworben. Seine Triangulationen zur Bestimmung einer Längengraddistanz nach dem Vorbild der 1718 abgeschlossenen französischen Erdbogenmessung mussten wegen des ablehnend reagierenden Königs Friedrich II. von Preußen im Geheimen erfolgen. Die Karten galten für Praktiker allerdings als nicht besonders nützlich

seinem „Spiegel der Seefahrt" ein gedrucktes Buch mit Seekarten, das beispielgebend wurde.

Kunst und Wissen

Schon in der Antike waren Illustrationen in Karten üblich. Die mittelalterlichen Seekartographen übernahmen diese Tradition. Auf den Karten des 15. Jahrhunderts fanden sich Szenen aus dem Leben Jesu ebenso wie kleine Stadtansichten, Flaggen oder Wappen. Auch die Berichte der Seefahrer schlugen sich in den Seekarten sowohl in sachlicher als auch in phantasievoller Form nieder.

Die exakte Darstellung der Küste wurde immer wichtiger. Kartographen übertrugen Ankerplätze und Hafeneinfahrten möglichst detailliert. Diese „Hafenansichten" verlegte man an den Rand der Karte. Nun wurde das Kartenbild zwar übersichtlicher, dafür beanspruchte die Kartusche (ein Zierrahmen für Inschriften) immer mehr Raum. Die Kartusche wurde künstlerisch beschrieben und mit Szenen gefüllt. Ende des 17. Jahrhunderts führte der Konkurrenzdruck dazu, dass man begann, die Karten immer mehr auszuschmücken, besonders wenn alte Druckplatten Verwendung fanden. Außerdem versuchte man durch einen möglichst blumigen Titel den Verkauf zu fördern. Da gab es beispielsweise „Het Ligt der Zeevaert" von Blaeu, „De Lichtende Columne ofte Zee-Spiegel" von verschiedenen Herausgebern, den „Nieuwe en Grote Lootsmanns Zee-Spiegel" und „De nieuwe grote en ligtende Zee-Fakkel" aus dem Hause van Keulen.

Im 18. Jahrhundert begann Frankreich, die Kartenherstellung auf wissenschaftliche Grundlagen zu stellen. Diese Entwicklung wurde unter anderem dadurch begünstigt, dass nun präzise Winkel- und Zeitmessinstrumente zur Verfügung standen. Diese Instrumente und neue astronomische sowie terrestrische Berechnungsverfahren erlaubten es, genaue Positionen nach Längengraden und Breitenparallelen festzulegen. Damit konnten beispielsweise Küstenverläufe als Ausgangsbasis für Seekarten exakt kartiert werden. Um 1800 einigte man sich auf die Verwendung einheitlicher Zeichen und Symbole sowie auf eine einheitliche Form für die Seekartierung. Von dieser Zeit an sind die Seekarten nach streng wissenschaftlichen Maßstäben gestaltet und verzichten auf farbliche Effekte und graphischen Zierrat.

Die Seekarten wurden schmuckloser und damit übersichtlicher. Statt bunter Ränder voller Geschichten wurden sachliche Informationen in ein Ornament gekleidet

Globen

Himmel und Erde

Im Altertum gelang es den nach Wahrheit strebenden Griechen, sich die Erde als drehende Kugel – frei im Weltraum schwebend – vorzustellen. Andere Völker jedoch bewohnten die Erde „als Scheibe" und huldigten dem Sternenglauben, der Astrologie. Dieses „närrische Töchterlein der Astronomie" wurde erst im 16. Jahrhundert von der Wissenschaft der Astronomie überlagert. Während der erste Erdglobus um 1500 entstand, ist der Himmelsglobus zirka 2.000 Jahre älter. Der Mensch des Altertums sah einen halbkugelförmigen Himmel über sich, an dem Sterne auf- und untergingen. Aus dieser Vorstellung entstand seine Himmelskugel.

1492 baute der Nürnberger Martin Behaim den ersten Erdglobus nachdem er mit dem Portugiesen Cao eine Entdeckungsfahrt an die Küste Südwestafrikas unternommen hatte. 1541 entwarf Gerhard Mercator einen Globus für den Gebrauch auf Schiffen. In praktischer Größe und genau gezeichnet, wies er Längengrade und Breitenparallele auf sowie Windrosen und Rumblinien. Das war der erste Schritt zur Mercatorprojektion, bei der eine Karte so nützlich wie ein Globus war.

Der Kern eines Globus konnte aus Pappe mit einem Gipsüberzug bestehen. Darauf wurden zwölf Segmente (eiförmige Zwickel) aus Pergament mit zwei Scheiben als Polkappen geklebt. Später nahm man dafür Papier und Pappmaché. Der Aufdruck erfolgte wie bei den Seekarten anfangs in Holzschnitt- und später in Kupferstichtechnik. Es gab auch Globen aus Holz oder Metall beispielsweise Bronze, auf denen die Gravuren direkt angebracht wurden.

Die Globen wurden als Taschengloben mit einem Durchmesser von sieben bis zehn Zentimetern und als so-

Details aus den Taschengloben, die die hohe Kunstfertigkeit der Hersteller beweisen. Selbst kleinste Darstellungen wurden mit viel Liebe und Sorgfalt ausgeführt

Taschenglobus, Papier und Gips auf Pappe, Hülle aus Rochenhaut, signiert „J.W. Cary London 1791", Durchmesser zirka 7,5 Zentimeter. Der Globus zeigt die Erdkugel, die Hülle den nördlichen und südlichen Sternenhimmel. Auf dem Globus sind die Entdeckungsreisen von James Cook eingezeichnet

Der nördliche Sternenhimmel, 1730, kolorierter Kupferstich aus „Atlas maior cum generales omnium totibus orbis", Durchmesser 45,7 Zentimeter, Reiner & Joshua Ottens, Amsterdam, Johannes a Lasco Bibliothek, Emden

Der Kartograph, Astronom und Kosmograph Martin Behaim (1459 bis 1507) soll die Ephemeriden (Sterntafeln) und den Jakobsstab nach Lissabon gebracht haben, wo er 1480 Christoph Kolumbus begegnete. Später wurde er vom König Johann II. in eine Kommission berufen, die ein Astrolabium für die Entdecker konstruieren sollte. Nach einer Entdeckungsfahrt entlang der Westküste Afrikas wurde er zum Ritter geschlagen. Später, zurück in Nürnberg, schuf er mit dem Maler Georg Albrecht Glockenthon anhand einer Weltkarte seinen Globus (Martin Behaims Erdapfel), der heute im Germanischen Nationalmuseum zu besichtigen ist, aber selbst für die damalige Zeit starke Fehler enthält

genannte Bibliotheksgloben mit Durchmessern von 30 bis 130 Zentimetern gebaut. Der Franziskaner Coronelli baute für Ludwig XIV. wahre Meisterstücke – Globen mit einem Durchmesser bis zu vier Metern.

Eine Erfolgsstory

Vom 15. bis zur Mitte des 19. Jahrhunderts setzte eine große Nachfrage nach Globen ein, die zumeist paarweise in gleicher Größe und Ausführung gebaut wurden. Sie sollten die Ansicht des Himmels und der Erde verbildlichen. Eine Anweisung zum Bau eines Himmelsglobus befand sich auch in dem Buch „Almagest" von Ptolemäus. In seinem Sternenkatalog wurde neben den Himmelskoordinaten auch die Stellung des Sterns in seinem Sternbild beschrieben wie beispielsweise „der Stern in der rechten Schulter".

Der Besitz eines Globus galt als Zeichen von Gelehrsamkeit und Weltkenntnis. Ausgelöst durch die Erfolge der Seefahrer auf ihren Entdeckungsreisen (beispielsweise die Weltreisen von James Cook) machte die Geographie große Fortschritte. Durch das Auswechseln der einzelnen Segmente konnte man die Globen aktualisieren. Sie wurden so zu Übermittlern der neuesten geographischen Entdeckungen. Neben Deutschland und den Niederlanden waren Italien, Frankreich und England führend in der Herstellung von Globen. Einige bekannte Hersteller waren Doppelmayr (Doppelmeiero) in Nürnberg (Norimbergae), Blaeu in Amsterdam, Adams und Cary in London sowie Coronelli, dessen Globen noch heute berühmt sind. Er war sogar Venedigs offizieller „Cosmograph".

Bei den Taschengloben kann man davon ausgehen, dass sie von See- und Landreisenden mitgeführt wurden, die sich eine Vorstellung von ihrem Vorhaben verschaffen wollten. Über die Verwendung von Bibliotheksgloben auf Schiffen gibt es nur wenig Informationen. Manchmal sieht man auf Bildern, wie ein Navigator in einer Kapitänskajüte mit einem Dreifach-Zirkel von einem solchen Globus eine Position abnimmt.

Zwischenruf

Der Beginn der Kolonisierung in Südostasien, Amerika und der Karibik

1494 teilten die katholischen Länder Spanien und Portugal die Welt im dem vom Papst garantierten „Vertrag von Tordesillas" unter sich auf. Portugal sollte östlich eines 370 Leguas (zirka 1.770 Kilometer) vor den Kapverdischen Inseln verlaufenden Meridians tätig werden, also im Bereich der Ostroute nach Indien. Spanien konnte das Gebiet westlich davon, im Bereich der Westroute nach Indien (1520 von Magellan entdeckt) und in den gerade von Kolumbus entdeckten Ländern für sich beanspruchen. Da die Küstenlinien von Nord- und Südamerika noch nicht bekannt waren, gehörte dadurch der östliche Teil des brasilianischen Festlandes noch zu Portugal. Man stritt sich später darüber, ob die östliche oder westliche Grenze der Kapverden gemeint war, was einen Unterschied von 60 Leguas (zirka 290 Kilometer)

Zeitgenössische Darstellung der Landung spanischer Seefahrer in Südamerika

bedeutete. Oder war möglicherweise auch das Kap Verde in Afrika gemeint? Außerdem gab es Streit um die anzuwendende Legua, deren Länge in Spanien, Portugal, England und Frankreich unterschiedlich war.

Aufmarsch in Südostasien

Als erste Europäer gründeten die Portugiesen in Indien und Südostasien Faktoreien, nachdem sie 1509 Goa und 1511 Malakka (das Tor zum Osten auf der malaiischen Halbinsel) erobert hatten. Sie errichteten einige Festungen, um den Handel auf See kontrollieren zu können. Die Handelsgesellschaft „Casa da India", mitfinanziert von den deutschen Fuggern, Venezianern und Genuesen, organisierte den Handel. Mit den Spaniern stritten sie sich um die Gewürzinseln, die Molukken. Als meisterhafte Diplomaten spielten sie die örtlichen Fürsten so gegeneinander aus, dass sie ein Handelsmonopol errichten konnten. Sie führten das Selbstverwaltungsrecht für Städte ein und setzten kulturelle und religiöse Akzente, die sich zum Teil bis heute erhalten haben. Jedes Jahr kam ein Schiff mit königlichem Monopol zu den Faktoreien, an dessen Ladung die Krone und der Kapitän Tausende von „Cruzados" verdienten. Da auch der Mannschaft eine steuerbegünstigte Freifracht eingeräumt wurde, waren die Schiffe manchmal so mit Waren überladen, dass sie auf der Heimfahrt gekentert sein sollen. Die portugiesische Ära währte nur knapp hundert Jahre, bereits um 1600 wurden die Portugiesen immer stärker von den Niederländern verdrängt.

Die niederländische „Vereenigde Oost-Indische Compagnie" (VOC) wurde 1602 gegründet. Jeder Niederländer konnte Anteile erwerben, aber auch Engländer und Deutsche gehörten zu den Anteilseignern. In Konkurrenz mit den Engländern eroberten die Niederländer Teile Indonesiens und gründeten 1619 das berühmte Batavia (heute Djakarta) auf Java. Schließlich löste die Seemacht der halbstaatlichen VOC die Portugiesen Anfang des 17. Jahrhunderts völlig ab. Die VOC war bis zu ihrer Auflösung im Jahr 1799 geschäftlich sehr erfolgreich. Viele prunkvolle Kaufmannshäuser in den Niederlanden erinnern an diese Zeit.

Neben den erfolgreichen Portugiesen hatten noch im 16. Jahrhundert spanische Seefahrer aus Mexiko eine

Kolonie auf den Philippinen gegründet. Im spanischen Weltreich erhielten die Philippinen den Status einer Subkolonie von Mexiko. Allerdings wurde Mexiko damals als „Vizekönigreich Neu-Spanien" bezeichnet. Von hier aus betrieb man den Gewürz- und den Chinahandel. Jedes Jahr segelten Galeonen mit chinesischer Seide über den Pazifik von Manila nach Acapulco und kamen mit einer Ladung Silbergeld zurück. Die Galeonen waren größer und schlanker als die Karracken, bis zu 50 Meter lang mit einer Wasserverdrängung von bis zu 1.600 Tonnen und mit Kanonen bestückt.

Die englische „East India Company" (EIC) war ab 1600 als Aktiengesellschaft mit dem staatlichen Monopol-Privileg tätig. Sie errichtete Faktoreien auf Sumatra, Celebes, Borneo und Java. Wegen ihrer schlechten Kapitalausstattung und weil die meisten englischen Schiffe auf der Nordamerikaroute fuhren, behielt die niederländische „Vereenigde Oost-Indische Kompagnie" die Oberhand über die Gewürzinseln.

In Indien hatte die EIC bis zu ihrer Auflösung im Jahr 1858 mehr Erfolg. Mitte des 18. Jahrhunderts hatte sie befestigte Residenzen in Bombay, Madras und Kalkutta sowie 170 zum Teil befestigte Stationen. Kriegsschiffe und Truppen der Krone sicherten die englischen Interessen. Damit hatte die EIC einen großen Anteil an der Eingliederung Indiens in das Britische Empire.

Die französische „Compagnie des Indes Orientales" existierte von 1664 bis 1770. Sie wurde unter dem Patronat Ludwig XIV. als Aktiengesellschaft gegründet, bei der Zwangsanleihen vom Hofadel, von vermögenden Bürgern und von reichen Städten gezeichnet wurden. Die geringe Kapitalausstattung führte 1720 zum Zusammenbruch der Gesellschaft, die dann durch die Zuweisung des Tabakmonopols gerettet wurde. So mussten schon damals die Raucher staatliche Projekte mitfinanzieren.

Stützpunkte der Franzosen waren Pondichéry, Chandanagor und Mahé im Süden Indiens. Ständige dirigistische Eingriffe des Staates waren aber den Geschäften abträglich, sodass die „Compagnie" nur wenig Erfolg hatte.

Weiterhin gab es von 1719 bis 1731 die österreichische „Ostende-Gesellschaft", von 1745 bis 1765 die brandenburgische „Asiatische Kompanie" und den Ver-

Jan Pietersz Coen (1587 bis 1629), in Hoorn geboren, gründete das niederländische Kolonialreich in Ostindien, war Gouverneur der Ostindischen Kompanie, darüber hinaus 1619 Gründer der heutigen indonesischen Hauptstadt Djakarta, die bis 1950 Batavia hieß

500 Jahre Navigation

Der Rechtswissenschaftler Hernán (Hernando) Cortés (1485 bis 1547) war der wohl bekannteste spanische Konquistador. Aus niedrigem Adel stammend arbeitete er als Sekretär in Kuba und kam dort durch die Ausbeutung von Goldminen zu einem beträchtlichen Vermögen. Um sich vom Statthalter unabhängig zu machen, gründete er eine Kolonie im Namen des Königs und ließ seine Schiffe verbrennen um seinen Leuten die Möglichkeit zur Rückreise zu nehmen. 1519 erhielt er den Auftrag nach Mexiko zu segeln, wo es zu einem der blutigsten Feldzüge in der Geschichte der Entdeckungen kam. Für das spanische Königshaus löschte er mit einer kleinen Truppe von 500 Fußsoldaten und 16 Reitern das Aztekenreich aus und ebnete den Weg für das Kolonialimperium

such, eine dänische Kompanie zu gründen. Außerdem versuchten sich von Emden aus polnische und preußische Gesellschaften.

In dieser Zeit gewann ein weiterer Schiffstyp an Bedeutung, der Ostindienfahrer. Dabei handelte es sich um eine Weiterentwicklung aus Galeonen und Fleuten. Es waren Zweidecker mit Rahbesegelung und einem fast ebenen Deck. Damit diese völligen Schiffe ihre Waren im Schiffsbauch möglichst sicher nach Hause brachten, waren sie mit zahlreichen Waffen zur Verteidigung bestückt.

Die Währung

Die gängige Währung in diesen Handelsgebieten waren spanische Silbermünzen, die durch Sklavenhandel, Verkauf von Waren oder Kaperung spanischer Schiffe beschafft wurden. Die Gold- und Silbertransporte der Spanier, die im 16. Jahrhundert durch die Karibik in das Mutterland segelten, waren eine begehrte Beute vieler anderer Staaten wie beispielsweise der Engländer und der Niederländer, aber auch der Flibustier. Das begehrte Zahlungsmittel kam allerdings durch den Handel auch auf direktem Weg von Neu-Spanien (Mexiko) nach Südostasien. So beruhte die Entwicklung des Handels zwischen Europa und Südostasien auch auf der Ausbeutung Lateinamerikas.

Handel und Piraterie

Mexiko wurde nach der Eroberung durch Cortés (1519 bis 1522) für zirka 300 Jahre spanischer Kolonialstaat und Spanien behielt damit lange den Löwenanteil, und die Übermacht in dieser Region. Allerdings kämpften Spanier, Engländer, Niederländer und Franzosen jeder gegen jeden um die Karibik. Die Insel Santa Lucia wechselte vierzehnmal den Besitzer zwischen Frankreich und Großbritannien. Den Dänen gelang die Eroberung der Jungferninseln, was aber die Weltgeschichte nicht sonderlich beeinflusste. Die Engländer und Franzosen sowie auch die Niederländer bedienten sich bei diesem Kampf privater Investoren, indem sie wieder Handelskompanien gründeten. Ein weiteres probates Mittel im Kampf gegen die Spanier war die staatlich lizenzierte Seeräuberei.

Der niederländische Admiral Piet Hein überfiel 1628 vor der Nordküste Kubas eine spanische Silberflotte. Mit den dabei erbeuteten elf Millionen Gulden konnte die noch schwache niederländische „West-Indische Compagnie" überleben.

Der Engländer Sir Francis Drake war für die Seeräuberei auch ein berühmt-berüchtigtes Beispiel. Im Auftrag seiner Königin Elisabeth I. überfiel er als Freibeuter zehn Jahre lang die Spanier in Westindien und an der Nordostküste Südamerikas, bis er die Erlaubnis erhielt, eine Südseeexpedition auszurüsten. Daraus wurde dann eine Weltumsegelung, bei der er die freie Durchfahrt südlich von Kap Hoorn entdeckte. Kein Grund, sein einträgliches Geschäft zu beenden. Also raubte er weiterhin spanische Schiffe an der Ostküste Süd- und Nordamerikas aus. Reich mit Schätzen beladen kehrte er nach England zurück, wo er von Elisabeth I. in den Adelsstand erhoben wurde.

Aus dem England dieser Zeit stammte noch eine weitere schillernde Persönlichkeit, die nicht soviel „Fortune" hatte wie Sir Francis Drake. Es war Sir Walter Raleigh, Soldat, Seeräuber, Höfling, Dichter und Verführer einer Ehrendame der Königin. Für die Verführung wurde er in den Tower geworfen. Um dem Tower zu entgehen, finanzierte er eine Expedition nach Amerika und erreichte im Juli 1584 die Küste von North Carolina. Hier versuchte er 14 Jahre lang eine Kolonie zu gründen, die er mit Erlaubnis der unverheirateten Königin Elisabeth I. Virginia (Virgin Queen) nannte. Durch die steten Angriffe der Indianer waren die Siedler froh, wieder nach England reisen zu können. Der Plan einer Kolonie wurde begraben.

Ebenso erfolglos waren auch seine Versuche, auf Expeditionen nach Guayana Gold für die Krone zu finden. Auf seiner Suche nach dem sagenhaften El Dorado fuhr er 1595 sogar zirka 800 Flusskilometer den Orinoco hinauf, musste aber umkehren, da die Regenzeit den Fluss zum reißenden Strom verwandelte. Obwohl er 1617 eine zweite Reise zum Orinoco unternahm, blieb sein Traum von einer Kolonie eine Utopie. Er hatte wirklich viel Pech, sogar bis zum Ende: Der katholische König Jakob I., der Nachfolger Elisabeth I., stellte Sir Walter Raleigh schließlich eine Falle und ließ ihn wegen einer angeblichen Verschwörung gegen die Krone hinrichten.

Der englische Entdecker Sir Walter Raleigh (1554 bis 1618) war Günstling der Königin Elisabeth I. und segelte 1585 mit seinem Halbbruder Sir Humphrey Gilbert nach Amerika und gründete dort die erste englische Kolonie, die schnell wieder aufgegeben wurde. Auch seine Suche nach El Dorado, der sagenhaften Goldstadt, war erfolglos. Elisabeth schlug ihn zum Ritter, aber ihr Nachfolger Jakob I. verurteilte ihn wegen Hochverrats zum Tode. Seine im Gefängnis verfassten Bücher machten ihn zum bedeutendsten Schriftsteller seiner Zeit. Durch sein Versprechen, nun wirklich die Goldstadt El Dorado zu finden, kam er frei. Nach seiner erfolglosen Mission und Rückkehr in England wurde das Todesurteil bestätigt und im Oktober 1618 vollstreckt

500 Jahre Navigation

Blick in die Ferne

Fernrohre verändern das Sehen, aber auch die Einstellung

Schon den Menschen im Mittelalter war die Vergrößerungskraft von Linsen bekannt. So glaubten sie die Geschichte, Julius Cäsar hätte bereits ein Fernrohr gehabt, mit dem er in der Lage war, über den Kanal hinweg nach England zu gucken. Er wollte dort angeblich den Aufmarsch der englischen Armee beobachten, die seine Invasion verhindern sollte. Außerdem konnte man in bebilderten alten Büchern sehen, wie Mönche durch lange Rohre (Seerohre ohne Linsen) in den Himmel sahen.

Mit der Brille fing es an

Ende des 16. Jahrhunderts waren die Niederländer Meister in der Kunst der Glasschleiferei für Brillen. Daraus entwickelten sie dann weitere Anwendungsmöglichkeiten wie beispielsweise Vergrößerungsgläser (Lupen). Es waren Johannes und Zacharias Janzoons, Brillenmacher aus Middelburg in den Niederlanden, die 1590 das Mikroskop erfanden. Der Unterschied des Mikroskops zum Fernrohr lag nun nur noch in der Entfernung der Linsen voneinander. Um 1600 wurden an etlichen Orten in Europa bereits Linsen hintereinander in einem Rohr angebracht, um ferne Gegenstände näher und deutlicher zu sehen. Damit hatte man eigentlich schon das Fernrohr erfunden.

Der deutsche Brillenmacher Hans Libbershey, auch Lippersheim (1570 bis 1619), erfand in Holland, wo er sich in jungen Jahren niedergelassen hatte, das Fernrohr, welches aufrecht stehende Bilder „lieferte". Als Objektiv verwendete er eine Sammel-, als Okular eine Streulinse. Als Libbershey seinen „kijker" auf der Frankfurter Messe präsentierte, hatte er wenig Resonanz, da dem Hofastronomen Simon Marius das Gerät zu teuer war. Auch später gelang es ihm nicht, ein Patent auf seine Erfindung zu bekommen

Der Erfinder?

Die Erfindung selber wurde jedoch 1608 dem in der Stadt Wesel geborenen und in dem niederländischen Middelburg ansässigen Brillenmacher Hans Lippershey zugeschrieben. Zwischen dem 25. September und dem 2. Oktober 1608 zeigte Lippershey dem Statthalter Moritz von Oranien ein Linsenfernrohr. Am 2. Oktober wandte er sich an die niederländischen Generalstaaten mit der Bitte, ihm für seine Erfindung ein jährliches Gehalt auszusetzen. Seine Bitte wurde abgelehnt, weil die leicht nachzuahmende Erfindung schon bekannt geworden war. Er erhielt jedoch einen lukrativen Auftrag für die Herstellung einiger Fernrohre. Man kann daher davon ausgehen, dass er der Erfinder der ersten verwendbaren Fernrohre war, in denen er eine Konvex- und eine Konkavlinse in einem Rohr (Tubus) vereinigte. Aber auch Zacharias Janssen und Jakob Adriaanszoon wurden in diesem Zusammenhang als mögliche Erfinder erwähnt, wobei Adriaanszoon ebenfalls ein Angebot an die Generalstaaten richtete.

Oben ein Seefernrohr aus der Mitte des 19. Jahrhunderts. In der Mitte ein 58 Zentimeter langes Fernrohr aus der zweiten Hälfte des 18. Jahrhunderts. Unten ein Fernrohr um 1700 mit 48 Zentimeter Länge

Die Erfindung

Die Erfindung verbreitete sich sehr schnell. Bereits im Herbst 1608 wurde ein Fernrohr auf der Frankfurter Messe angeboten. Noch im Dezember wurden zwei von Lippershey's Instrumenten an Heinrich VI. von Frankreich geschickt, und im Frühjahr 1609 wurden in Paris Fernrohre zum Kauf angeboten.

Bei dieser Erfindung handelte es sich um ein Linsenfernrohr (auch Refraktor genannt). Die Konvexlinse sammelte und bündelte das Licht. In der Brennebene entstand ein umgekehrtes Bild, das durch die Konkavlinse wieder aufgerichtet wurde. Dieses Linsenfernrohr war für Beobachtungen auf See recht gut geeignet, weil das Bild hell und klar war. Ein Nachteil war nur das kleine Blickfeld, durch das man ein anvisiertes Ziel sehr schwer festhalten konnte.

Der Astronom Johannes Kepler hatte 1611 in seiner „Dioptrik" ein Konstruktionsprinzip für ein Fernrohr aus zwei Konvexlinsen veröffentlicht, wodurch ein umgekehrtes Bild erzeugt wurde, was aber bei astronomischen Beobachtungen keine Rolle spielte. Ein solches Fernrohr erhielt die Bezeichnung Astronomisches oder Keplersches Fernrohr.

Man verwendete in dieser Zeit möglichst Konkavlinsen aus Regensburg und Konvexlinsen aus Venedig. Viele berühmte Instrumentenmacher wie beispielsweise Johannes Hevelius in Danzig und der Niederländer Christian Huygens schliffen sich aber ihre Linsen selbst. Allen gemeinsam blieb jedoch das Problem der optischen Abbildungsfehler.

Huygens versuchte zur Vermeidung des Öffnungsfehlers, die Brennweite des Objektivs so groß wie möglich zu machen und arbeitete daher mit Brennweiten von bis zu 22 Fuß. Wenn man die Brennweite noch weiter vergrößern wollte, stieß man auf das Problem, einen immer längeren Tubus bauen zu müssen. Dabei wurde die Krümmung der Linsen zwar wesentlich reduziert, leider verstärkte sich aber der Farbfehler. Ein anderer Wissenschaftler, Isaac Newton, bewies, dass der Farbfehler bei der Vergrößerung der Brennweiten keine Verbesserung der Bilder ermöglichte.

Mini-Glossar

konvex:
nach außen gewölbt

konkav:
nach innen gewölbt

Öffnungsfehler
(sphärische Aberration)
= unscharfes Bild

Farbfehler
(chromatische Aberration)
= farbiger Saum

Objektiv:
dem betrachteten Gegenstand zugewandte Linse

Brennweite:
...von der Linse bis zum Brennpunkt

Okular:
dem Auge zugewandte Linse

Diaphragmen:
Streulichtblenden in Form von Lochscheiben mit unterschiedlichen Innendurchmessern

Brennebene:
Ebene (Bild) auf dem Brennpunkt

... ein Luftfernrohr

Hevelius baute für astronomische Beobachtungen ein besonderes Linsenfernrohr von 140 Fuß (über 40 Meter) Länge. Um Gewicht zu sparen, ließ er nur in der Nähe des Objektivs und des Okulars jeweils ein Stückchen des rechteckigen Tubus stehen und ersetzte den Rest der langen Röhre durch eine Reihe rechteckiger Platten mit runden Löchern. Seine Konstruktion erhielt den Spitznamen „Luftfernrohr". Es wurde an einem Turm aufgehängt und funktionierte nur bei völliger Dunkelheit. Man fragt sich heute, was mit dieser phantasievollen Konstruktion wohl zu sehen war.

Ein Schlitzohr am Werk

Zur gleichen Zeit wirkte der berühmte Galileo Galilei als Professor für Mathematik an der Universität Padua. Er hörte im Juni 1609 von den Fortschritten der holländischen Glaskünstler und ließ bereits einen Monat später ein Linsenfernrohr nach dem Prinzip der Holländer bauen. Es bestand aus einem Bleirohr mit einer plankonvexen Linse an dem einen Ende und einer plankonkaven Linse an dem anderen. Es lieferte ein aufrechtes Bild mit drei-

Fernrohr um 1700, Pappe mit grünem und schwarzem Leder bezogen, Goldaufdruck, Fassungen für Objektiv, Okular und Diaphragmen in Ebenholz, Länge ausgezogen zirka 48 Zentimeter und eingeschoben zirka 16 Zentimeter, Durchmesser am Objektiv zirka 3 Zentimeter und am Okular zirka 2 Zentimeter, Optik: eine Objektivlinse, zwei Okularlinsen und zwei Diaphragmen, gute Vergrößerung, Bild etwas unscharf

facher Vergrößerung. Bei seinen weiteren Experimenten mit Linsen erreichte er eine acht- bis dreißigfache Vergrößerung. Noch in demselben Jahr führte er venezianischen Patriziern die Handhabung des neuen Instrumentes vor. Sie sahen nun selbst, was vorher nur als Gerücht herumgeisterte, dass nämlich weit entfernte Gegenstände deutlich wahrnehmbar wurden.

Nur kurze Zeit später schenkte Galileo Galilei der Regierung (Signoria) von Venedig seine „Erfindung" und pries sie unter anderem mit den Worten an: „... auf dem Meer werden wir die Fahrzeuge und Segel des Feindes zwei Stunden früher entdecken, als er unser ansichtig wird; indem wir auf diese Weise die Zahl und Art seiner Schiffe unterscheiden, können wir seine Stärke beurteilen, um uns zur Verfolgung, zum Kampf oder zur Flucht zu entschließen." Die Signoria reagierte – wie erhofft – auf dieses Angebot, indem sie ihn bei Verdoppelung seines Gehaltes zum Professor für Mathematik auf Lebenszeit ernannte. Vorher hatte er nur einen Vertrag auf sechs Jahre innegehabt. Der Senat seiner Universität Padua reagierte nicht ganz so begeistert auf diese Bevorzugung.

Da noch im gleichen Jahr preiswerte Fernrohre aus Holland und Frankreich nach Venedig kamen, begegnete dem hervorragenden Wissenschaftler, aber auch Schlitzohr Galilei, eine Welle von Kritik, die man sogar noch heute bei Bertolt Brecht im „Leben des Galilei" wiederfindet.

Galileis Verdienste

Nach der eher „handwerklichen Erfindung" des Linsenfernrohrs in den Niederlanden begann mit Galilei die Nutzung für die Wissenschaft. 1610 entdeckte er mit

Der Holländer Christiaan Huygens (1629 bis 1695) studierte Mathematik und Naturwissenschaften. Mittels seiner Theorie zur Wellennatur des Lichts konnte er die Lichtbrechung berechnen. Huygens entdeckte 1655 den Saturnmond Titan und gilt durch die Veröffentlichung von mathematischen Studien über das Würfelspiel als Begründer der Wahrscheinlichkeitsrechnung. Er entwickelte außerdem Uhren, die durch ihre von der Schwingungsauslenkung unabhängige Periodendauer eine genaue Zeitmessung ermöglichten und damit zur genaueren Bestimmung des Längengrades dienen konnten

seinem eigenen 1,23 Meter langen Linsenfernrohr die vier Jupitermonde als kleines Planetensystem, nannte sie „Mediceische Sterne" und unterschied 40 Sterne in den Plejaden. Er gab ein sensationelles Buch „Sidereus Nuntius" (Der Sternenbote) heraus, in dem er seine mit dem Fernrohr gemachten Entdeckungen beschrieb. Mit dieser Schrift begründete er die moderne Astronomie.

Während seiner vielseitigen wissenschaftlichen Forschungen befasste er sich auch mit der Navigation, indem er einen „Navigationshelm" konstruierte, bei dem man mit bloßem Auge auf den Jupiter und mit einem kleinen Fernrohr auf seine Monde sah. Damit wollte er eine Möglichkeit zur Berechnung des Längengrades schaffen. Man vermutete, dass die geographische Länge beispielsweise durch die Beobachtung der Finsternisse der Jupitermonde zu bestimmen war.

Ein Meilenstein

Seeleute erkannten sofort die Bedeutung der Erfindung. Die Kapitäne benutzten die Linsenfernrohre sofort nachdem sie auf den Markt gekommen waren. Küstenlinien, Häfen, sich nähernde Schiffe, Sterne und Wolkengebilde rückten näher. Die Lagebeurteilung verbesserte sich. Es war ein Meilenstein auf dem Weg zu mehr Sicherheit in der Navigation.

Bleischwere Röhren

Frühe Fernrohre des 17. Jahrhunderts hatten runde oder trompetenförmige Tuben aus Pappe, waren oft mit Leder überzogen und mit einem Goldaufdruck versehen.

Der Astronom Johannes Hevelius (1611 bis 1687) gilt als Begründer der Kartographie des Mondes, entdeckte Kometen, führte Sternbilder ein und stellte die These auf, dass die Kometen parabelförmigen Umlaufbahnen folgen. Bevor er die Häuser seiner Familie verband und zu einem Observatorium ausbaute, war er Zunftmeister der Brauergilde in Danzig. Sein Interesse galt immer der Astronomie, selbst später als Ratsherr und Bürgermeister. Nach einem großen Brand baute er im Jahre 1641 ein neues Observatorium mit einem selbst konstruierten Teleskop von 45 Metern Länge

Die Fassungen wurden aus Holz oder Elfenbein gedrechselt. Es gab auch lange astronomische Fernrohre, die aus Stabilitätsgründen viereckige Tuben aus Eichenholz oder Mahagoni erhielten. Die ersten in Frankreich hergestellten Linsenfernrohre hatten Tuben aus schwerem Metall. Galileo bezeichnete sie wie sein erstes Fernrohr als „tubum plumbeum" (bleischwere Röhren).

Um eine gute Vergrößerung zu erzielen, waren die Tuben meistens sehr lang (in der Seefahrt bis zirka 1,80 Meter). Das führte zu Problemen bei der praktischen Anwendung, da man sie bei Seegang nicht stetig vor das Auge halten konnte. Die Papptuben mussten zur Schärfeeinstellung ständig verschoben werden, was bei dem feuchten Klima auf See leicht zu Beschädigungen führte.

Ein Seefernrohr musste am besten aus einem Mahagonigehäuse bestehen und Tuben aus Messing haben. So waren die Fernrohre des 18. Jahrhunderts dann oft mit einem achteckigen äußeren Mahagonitubus und einem einschiebbaren Messingtubus versehen. Der Mahagonitubus enthielt das Objektiv und diente als Handgriff. Der Messingtubus nahm das Okular auf und wurde nach Bedarf zur Einstellung eingeschoben oder ausgezogen. Auch diese Fernrohre waren häufig noch sehr lang. Bei den langen Seefernrohren pflegte man einen Matrosen als „Stativ" zu benutzen.

Auch im 19. Jahrhundert gab es noch große und schwere Fernrohre. Sie wurden ganz aus Messing hergestellt und waren manchmal versilbert. Es gab sie mit zwei oder mehr (bis zu zirka acht) Tuben. Der äußere Tubus wurde mit Leder, Holz, Rosshaar, Leinen und manchmal Tauwerk überzogen. Kleinere Fernrohre waren eher für Reisende bestimmt. Fernrohre des 19. Jahrhunderts sind heute noch im Handel erhältlich. Es empfiehlt sich, Vorsicht vor zu schönen und goldfarben glänzenden Exemplaren walten zu lassen, da sie meistens nachgebaut sind.

Das Innenleben

Das Galileische oder holländische Fernrohr hatte zwei Linsen, und zwar eine bi-konvexe (zweifach gewölbte) Objektivlinse und eine bi-konkave (zweifach nach innen gewölbte) Okularlinse. Dieses Verfahren lieferte

Der deutsche Mathematiker und Astronom Johannes Kepler (1571 bis 1630) schrieb bereits 1596, dass die Sonne den Mittelpunkt bildet und die Planeten, einschließlich der Erde, sich in elliptischen Umlaufbahnen bewegen. Wegen der Ausweisung der Protestanten musste er Graz verlassen. 1601 war er bereits in Prag Kaiserlicher Mathematiker. 1609 schuf er die ersten beiden nach ihm benannten Gesetze (die „Keplerschen Gesetze"). 1619 teilte er in der „Harmonice mundi" den Bau des Weltalls und das dritte Keplersche Gesetz mit. Die Rudolphinischen Tafeln von 1627 waren sein letztes großes Werk und bis zum 18. Jahrhundert die Grundlagen aller astronomischen Berechnungen. Sie enthalten Angaben für Sonnen- und Mondstellungen. Auch für die Seefahrer waren die Tafeln eine vorzügliche Orientierung

ein aufrechtes Bild. Es war preiswert, aber weder die Vergrößerung noch die Schärfe waren besonders gut. Im 18. und 19. Jahrhundert verwendete man diese Technik nur noch in den Operngläsern, die dafür aber optisch besonders ansprechend gestaltet wurden.

Das astronomische Fernrohr aus dieser Zeit hatte zwei bi-konvexe Linsen und stellte das betrachtete Bild auf den Kopf. Wie bereits erwähnt, hatte das jedoch bei Himmelsbeobachtungen keine Bedeutung. Diese Art Fernrohr ist heute nur noch selten zu finden. Bereits im 17. Jahrhundert gab es jedoch Fernrohre mit Linsensystemen, die aus einer Objektivlinse und bis zu fünf Okularlinsen bestehen konnten.

Optische Probleme

Die in dieser Zeit nicht zu lösenden Hauptprobleme waren die chromatische und sphärische Aberration (die wichtigsten optischen Abbildungsfehler). Bei der chromatischen Aberration handelte es sich um einen Farbfehler.

Achromatisches Fernrohr, signiert „Gilbert London", 2. Hälfte des 18. Jahrhunderts, Messingtubus und achteckiger Mahagonitubus, Länge ausgezogen zirka 58 Zentimeter und eingeschoben zirka 34,5 Zentimeter, Durchmesser am Objektiv zirka 4 Zentimeter und am Okular zirka 2,5 Zentimeter, Optik: eine bi-konkave Objektivlinse, zwei bi-konvexe Okular-Linsen und zwei Diaphragmen aus Messing, Staubschutzkappen mit Schiebern an Objektiv und Okular

Seefernrohr, zirka Mitte 19. Jahrhundert, schwere Ausführung, Mahagonitubus mit Rosshaarbezug und Messingtubus, Länge ausgezogen zirka 61,5 Zentimeter und eingeschoben zirka 38 Zentimeter, Durchmesser am Objektiv zirka 6 Zentimeter und am Okular zirka 4 Zentimeter, Optik: eine konkave Objektivlinse und zum Okular hin ein System von vier Linsen, vier Diaphragmen, Staubschutzkappen mit Schiebern an Objektiv und Okular

Der britische Teleskopbauer John Dollond (1706 bis 1761) entwickelte auf der Grundlage der Brechnungen des Mathematikers Chester Moor Hall eine achromatische Linsenkonstruktion aus Flint- und Kronglas, für die er von der Royal Society eine Auszeichnung erhielt. 1758 bekam er ein auf 14 Jahre limitiertes Patent zur Herstellung zugesprochen. Die Linsen, die Dollond herstellte, hatten aber nur bis zu zehn Zentimeter Durchmesser. Die Teleskope konnten zwar in handlichen Größen hergestellt werden, hatten aber ein bescheidenes Auflösevermögen für weit entfernte Himmelsobjekte

Da die Brechzahl von Gläsern wellenlängenabhängig ist, variierte die Bildebene einer einfachen Linse für achsenparallele Strahlen verschiedener Farben. Das Bild im Fernrohr hatte einen farbigen Saum.

Bei der sphärischen Aberration (auch als Öffnungsfehler bezeichnet) vereinigten äußere Zonen einer kugelförmigen Linse achsenparallele Strahlen in einer kürzeren Brennweite als Strahlen aus den mittleren Zonen. Das Bild erschien unscharf. Bei einer mehr als 30-fachen Vergrößerung wurde die Krümmung der Linse so stark, dass die sphärischen Fehler kein brauchbares Bild zuließen. Wegen der schlechten Qualität der Linsen, waren damals in den Tuben zusätzlich Diaphragmen (Streulichtblenden) eingebaut.

Die Lösung

In der ersten Hälfte des 18. Jahrhunderts entdeckte Chester Moore Hall, ein Rechtsanwalt und Hobby-Optiker, die „achromatische Linse". Es handelte sich um ein Linsensystem aus Kronglas (bleifreie Glassorte mit kleiner Brechzahl) und Flintglas (Bleiglas mit starkem Lichtbrechungsvermögen). Hall verwendete dafür eine konkave Linse aus Flintglas und eine konvexe Linse aus Kronglas. Die Vereinigung verschiedener farbzerstreuender Gläser behob die chromatische Aberration. Die berühmte Optikerfamilie Dollond in London verfeinerte das Verfahren für die Herstellung „achromatischer Fernrohre" und ließ es sich in der Mitte des 18. Jahrhunderts patentieren.

Ab 1758 mussten andere Instrumentenbauer die achromatischen Linsen für ihre Fernrohre bei den Dollonds kaufen. Nur Jesse Ramsden fand einen anderen Weg. Er heiratete die Schwester von Peter Dollond.

Nach intensiven Bemühungen, das Dollondsche Patent zu ergründen, bot der berühmte deutsche Instrumentenmacher Georg Friedrich Brander ab 1783 „Achromatische Seherröhren in verschiedenen Längen und Preisen" an. Später behob man auch die sphärische Aberration der Linsen durch ein sehr aufwendiges Verfahren, in dem die Oberflächen der „asphärischen Linsen" parabelförmig geschliffen wurden.

Aber die Linsenfernrohre hatten auch noch eine Konkurrenz, die am Anfang der Entwicklung große Vorteile aufwies. Es waren die Spiegelteleskope, über die im nächsten Kapitel berichtet wird.

Jesse Ramsden (1735 bis 1800) war mit der Tochter des Instrumentenbauers John Dollond verheiratet und entwickelte Kreisteilmaschinen und Spiegelsextanten von ganz vorzüglicher Ablesegenauigkeit. Mit seinem Tod endete auch die große Zeit der englischen Instrumentenbauer

Ein Seefernrohr aus dem 19. Jahrhundert in seine Teile zerlegt; erkennbar sind Linsen, Staubschutzkappen, Tuben und ein Diaphragma

Spiegelteleskope

Spiegelteleskope von Gregory, Newton und Cassegrain

Im Jahr 1661 konstruierte der schottische Mönch und Mathematiker James Gregory ein Spiegelteleskop (Reflektor), das er 1663 in seinem „Optica promota" veröffentlichte. Dieses Teleskop hatte einen konkaven Objektivspiegel (Hohlspiegel) und einen konkaven zweiten Spiegel, der das Licht vom Objektiv durch eine kleine Öffnung in der Mitte des Objektivspiegels in das Okular reflektierte. Der später dann parabolisch geschliffene Objektivspiegel hatte die Eigenschaft, alle parallel zur Achse einfallenden Strahlen durch einmalige Reflexion im Brennpunkt zu vereinigen. Es war Gregory noch nicht bewusst, dass er damit den Farbfehler eliminiert hatte.

1671 konstruierte der berühmte Wissenschaftler Newton eine andere Form des Spiegelteleskops. Er lenkte mit einem um 45 Grad gegen die optische Achse geneigten elliptisch geformten Planspiegel (als Fangspiegel) die reflektierten Strahlen im rechten Winkel aus dem Fernrohrtubus heraus in das Okular. Hierbei konnte man dann beispielsweise bei astronomischen Beobachtungen von der Seite her in den Himmel sehen. Mit seiner Konstruktion wollte er die störenden Farbfehler der Linsenfernrohre vermeiden. Er bewies, dass Hohlkugelspiegel Bilder ohne Farbfehler lieferten.

Aus Frankreich kam in dieser Zeit die Nachricht von einem Spiegelteleskop des Monsieur Guillaume Cassegrain, das einen ähnlichen Strahlengang wie das Spiegelteleskop von Gregory aufwies. Er verwendete einen konkaven Objektivspiegel und einen konvexen zweiten Spiegel. Wie üblich, gingen die Wissenschaftler nicht zimperlich miteinander um, und so war Newtons Kritik an dieser Erfindung vernichtend. Allerdings spielte das keine besondere Rolle, denn es kamen alle drei Teleskope in Gebrauch.

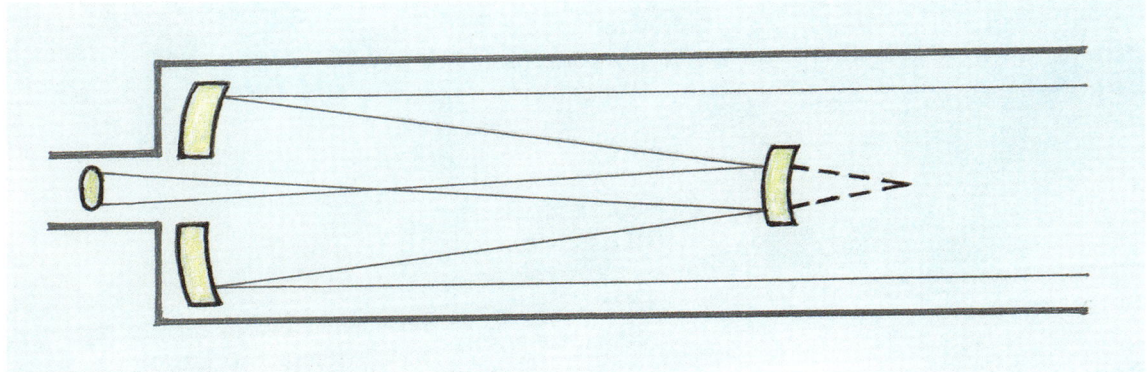

Spiegelteleskop von Cassegrain

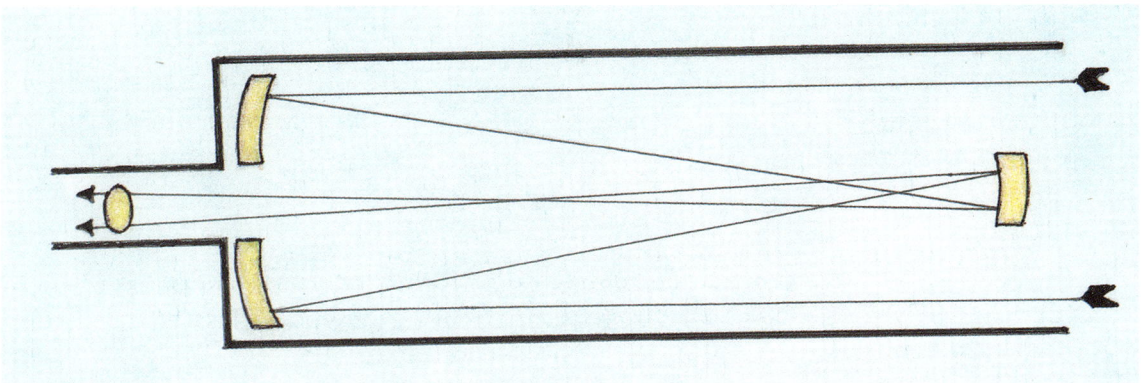

Das Prinzip des Spiegelteleskops von Gregory

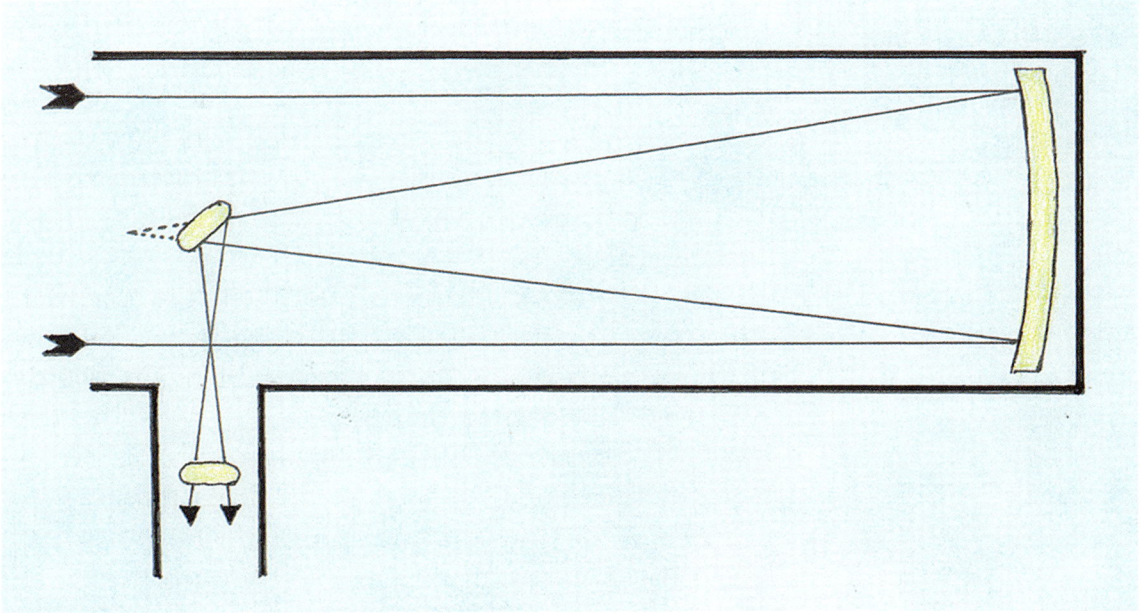

Das Prinzip des Spiegelteleskops von Newton

Die Spiegelteleskop-Systeme von Newton und Cassegrain spielen in modernen Großgeräten noch heute eine wichtige Rolle, während das System von Gregory ab der Mitte des 19. Jahrhunderts an Bedeutung verlor.

Arsen im Spiegelteleskop

Im 18. Jahrhundert waren die Spiegelteleskope die bevorzugten Teleskope, weil sie nicht unter der chromatischen Aberration (Farbsäume um das Bild) litten. Außerdem hatten sie eine starke Vergrößerung und ein helles, klares Bild. Sie waren beträchtlich kürzer als die Linsenfernrohre und konnten mit einem größeren Durchmesser gebaut werden. Mit ihrem größeren Durchmesser fingen sie mehr Licht ein.

Newtons Spiegellegierung bestand aus sechs Teilen Kupfer, zwei Teilen Zinn und einem Teil Arsen. Andere Hersteller versuchten es mit ähnlichen Bestandteilen, aber auch mit Messing und Platin. Die Spiegelteleskope waren jedoch anfangs ebenfalls eine Enttäuschung, weil die Spiegel in maritimer Atmosphäre anliefen. Erst ab 1724 kamen brauchbare Modelle auf den Markt.

Sir Isaac Newton (1642 bis 1727) entwarf die Theorie, dass Körper, die sich im Raum bewegen, durch die Kraft und Größe anderer Körper angezogen werden. Damit lieferte er das Fundament für ein allgemeines Gravitationsgesetz

Das Fernrohr und das Spiegelteleskop setzen sich durch

Die ständige Verbesserung der Linsenfernrohre und Spiegelteleskope sowie Dollonds Verbesserung der achromatischen Linsen sorgten dafür, dass diese Geräte ab zirka der Mitte des 18. Jahrhunderts zur normalen Ausrüstung eines Marine-Offiziers gehörten. So fand man beispielsweise in der Ausrüstungsliste für Kapitän Cooks dritte Reise (1776), deren Aufgabe die Suche nach der Nordwestpassage war, ein achromatisches Teleskop und ein Spiegelteleskop. Der königliche Astronom, Neville Maskelyne, hatte sie ihm ausgeliehen. In dieser Zeit beginnt auch die Verwendung von Linsenfernrohren in Messinstrumenten wie beispielsweise Oktanten und Sextanten.

Gregorianisches Spiegelteleskop, England um 1740, Benjamin Martin zugeschrieben, schweres, aus Bronze gegossenes Instrument, höhen- und seitenverstellbar, Spiegeltubus mit Kalliko-Überzug, Höhe zirka 37 Zentimeter, Länge des Spiegeltubus zirka 38 Zentimeter, Länge des Okularrohres zirka 7,5 Zentimeter, Durchmesser des Tubus zirka 7 Zentimeter und des Okularrohres zirka 2,2 Zentimeter. Optik: zwei Spiegel und zwei Okularlinsen, Fokussierung über eine lange Endlosschraube auf dem Spiegeltubus, schwere Staubschutzkappe am Spiegeltubus, abnehmbarer Ständer mit Dreifachklappfuß, als alternative Befestigung dient eine kräftige Holzschraube

Die Ausbildung der Seeleute beschränkte sich in der Regel auf die praktische Seemannschaft. Das Berechnen der Position oder das Abstecken von Kursen war die Aufgabe des Navigators und des Kapitäns

Zwischenruf

Einige Informationen zur Ausbildung von Seeleuten und Navigatoren

enn man in den Jahren vom 15. bis 19. Jahrhundert über die Ausbildung von Seeleuten forscht, begegnet man am Anfang der „Schule" von Heinrich dem Seefahrer, der selbst niemals zur See fuhr.

Dabei bleibt es diffus, ob die im portugisischen Sagres beheimatete Schule tatsächlich eine Ausbildungsstätte war oder eher eine Heimat für Diskussionsforen von

beispielsweise Astronomen, Geographen, Kartographen, Schiffsbauern und Seefahrern. Auf jeden Fall erhielten dort Kapitäne und Nautiker für ihre Reisen in unbekannte Gebiete die aktuell verfügbaren Informationen sowie eine moralische und materielle Unterstützung. Bereits vor dieser Zeit hatten die Seefahrernationen einen Erfahrungsschatz zusammengetragen, den sie am Anfang mündlich weitergaben.

Mit dem Kompass trat dann an die Stelle des sinnlich gewonnenen Erfahrungswissens erstmals die Anzeige eines technischen Instrumentes. Mit dem Astrolabium und dem Quadranten wurde diese Tendenz fortgesetzt. Spätere Instrumente und Verfahren zu Beginn des 17. Jahrhunderts wie beispielsweise das Fernrohr (Entdeckung der Jupitermonde), der Sektor (Vereinfachung von Rechnungen) sowie die Entdeckung der Logarithmen erleichterten die tägliche Praxis an Bord und die Ausbildung. Da den Seeleuten in der Regel das mathematische Wissen fehlte, begnügte man sich mit der Anwendung von Instrumenten und Rechenregeln.

Das für die Seefahrt erforderliche und zu der Zeit verfügbare Wissen wurde von den Astronomen, den Kartographen und den Landvermessern, die beispielsweise Küsten vermessen hatten, vermittelt. Dabei war die Astronomie die führende experimentelle Wissenschaft. Kapitäne und Navigatoren versuchten in ihrer Praxis und von überall her, Informationen in Form von Karten, Segelanweisungen oder persönlichen Aufzeichnungen zu sammeln. Dabei waren Spionage oder „Aneignen" von nautischen Unterlagen durch das Kapern von Schiffen anderer Nationen durchaus probate Mittel. Besonders begehrt waren Aufzeichnungen über bereits durchgeführte Entdeckungsreisen, die das zeitgenössische Wissen erheblich erweiterten.

Eine gute Ausbildungsgrundlage stellten die Portolane dar, bei denen es sich um Handbücher mit Anweisungen für die Navigation und den Gebrauch nautischer Instrumente handelte. Später wurden diese Portolane durch „Vertoonungen" ergänzt, die den Seeleuten unter anderem mit bildhaften Darstellungen von Küstenverläufen die Navigation an den Küsten erklärten.

Eine Seite aus dem Nautischen Almanach von März 1767

500 Jahre Navigation

97

Man muss aber feststellen, dass über Jahrhunderte hinweg nur spärliche Unterlagen, häufig in schlechter Qualität und noch dazu in Latein, vorhanden waren. Für die schlechte Qualität können Seekarten als Beispiel dienen, die aus kommerziellen Gründen immer wieder mit ihren Fehlern von alten Kupferplatten abgedruckt wurden. Das Problem mit der lateinischen Sprache trat besonders bei den Seekarten von Mercator auf, deren Bedeutung erst spät erkannt wurde, weil man die Anleitungen in Latein nicht lesen konnte. So brauchten die Seefahrer fast 200 Jahre, um die Karten von Mercator zu verstehen.

Im 16. Jahrhundert erst brachte der Niederländer Waghenaer mit dem „Spiegel der Zeevaerdt" ein gutes Werk auf den Markt. Es enthielt 44 Seekarten und detaillierte Segelanweisungen. Ein Problem lag nur in seinem hohen Preis, wodurch es sich für Ausbildungszwecke kaum eignete.

Im 17. Jahrhundert wird in England eine „Themse-Schule" erwähnt. Dabei handelte es sich jedoch nur um Werkstätten in der Nähe Londons, in denen Karten gezeichnet wurden. Die Schule hatte also wahrscheinlich keine direkte Ausbildungsaufgabe für die Seefahrt.

Das Kardinalproblem war und blieb lange Zeit die Ermittlung der genauen Position, die man unter anderem dafür benötigte, Geleitschiffe zu treffen, Piraten und Untiefen auszuweichen, neu entdeckte Länder und Inseln wiederzufinden. Wie bereits erzählt, wurden erst im 18. Jahrhundert zwei Methoden zur Lösung dieses Problems entwickelt, die dann in der zweiten Hälfte des Jahrhunderts anwendbar waren. Anfang des 18. Jahrhunderts waren allerdings die Franzosen schon Meister in der Vermessung und in der Kartenherstellung – allerdings zu Lande. Sie müssen also zu exakten astronomischen und terrestrischen Ortsbestimmungen in der Lage gewesen sein.

Die Seefahrt hatte immer ein enges Verhältnis zur Astronomie, denn Sterne, Sonne und Mond wiesen den Weg über die Meere. Kenntnisse der astronomischen Navigation waren spätestens seit der Zeit Heinrichs des Seefahrers eine wichtige Voraussetzung für Kapitän und Navigator. Auch Columbus bediente sich schon dieser Wissenschaft, obwohl er „nur" nach der geographischen Breite segelte. Man muss aber feststellen, dass wohl erst

im 18. Jahrhundert damit begonnen wurde, die Bildung der Seeleute zu verbessern und ihre Ausbildung zu systematisieren.

Wir wollen diese Situation am Beispiel Deutschlands beschreiben. Bevor 1749 die erste staatliche Schule für Nautiker in Deutschland errichtet wurde, gab es nur wenige Möglichkeiten sich mit dem Wissen vertraut zu machen, dass für die Navigation wichtig war.

Ein Möglichkeit war die Schulung durch einen privaten Gelehrten. Einer der ersten Privatlehrer war der Seemann Hans Tangermann, der nach einem Unfall an Land bleiben musste. Man bezeichnete ihn auch als „Leffhebber der Mathemat: Ock Schryff- und Reken Mester in Hamburg". Die Handwerksordnung kannte zu dieser Zeit den Beruf des „Schulmeisters". 1655 gab Tangermann ein Buch mit dem Titel „Wechwyser tho de Kunst der Seevaert" heraus. In niederdeutscher Sprache schrieb er darin, welches Wissen ein Steuermann haben musste: „de Hochmething der Sünne und Sterne, de Misswysinge der Cumpassen, de Längde und Brede, ock was Koers und wo wyt en begehrde Plaets van de ander licht. Im gelyken de wahre Up- unde Underganck der Sünne tho reken, syn Bestyck in de wassende graede Kaert tho setten, und thon lesten ein Journal daraver tho holden".

Am 1. Oktober 1749 wurde die erste öffentliche Navigationsschule Hamburgs gegründet. Gerlof Hiddinga, Mathematiklehrer am Johanneum, Hobby-Navigator und seit 1721 Mitglied der Mathematischen Gesellschaft,

Das Steuern der schwerfälligen Schiffe war nicht einfach und erforderte viel Erfahrung. Neben der praktischen Ausbildung mussten aber auch die theoretischen Kenntnisse erweitert werden. Schulen zur Ausbildung von Seeleuten entstanden an vielen Orten

500 Jahre Navigation

erhielt den Auftrag dafür von der Admiralität. Das Johanneum war eine Lateinschule wie beispielsweise in Lübeck das Katharineum. Diese Schulen rangierten an der Spitze des damaligen „Schulsystems", das außerdem noch aus „Schreib- und Rechenschulen" sowie „Klippschulen" bestand. Hiddinga's Nachfolger J. J. Früchtnicht schrieb 1755 einen Leitfaden für den nautischen Unterricht „De kleine Zeemanns Wegwyzer of the Kunst der Stuurlieden".

Im Jahr 1799 gründete der bereits erwähnte Heinrich Brarens mit Erlaubnis des dänischen Königs auf der Insel Föhr eine Navigationsschule. Als er Lotsenoberinspektor des Holstein Kanals wurde, verlegte er die Schule nach Tönning. Dort gab er zusammen mit seinem Sohn das Lehr- und Handbuch „System der praktischen Steuermannskunde" auf eigene Kosten heraus.

Weitere Navigationsschulen entstanden in Fischland, Flensburg, Emden, Papenburg und in Timmel am „Großen Meer" in Ostfriesland.

Von der Navigationsschule Timmel ist eine „Franzosengeschichte" überliefert. Nachdem der französische Kaiser Napoleon fast ganz Europa erobert hatte, wollte er auch noch die Seemacht England angreifen. Dazu benötigte er erfahrene Seeleute. Das von Frankreich annektierte Ostfriesland sollte 300 Mann stellen, die aus einer Gesamtzahl von etwa 2.600 Seeleuten ausgelost werden sollten. Es gab Unruhen, weil es noch nie eine Wehrpflicht für Ostfriesen gegeben hatte. Bei der Auslosung im Auricher Schloß verursachten die Schiffer aus Timmel einen Tumult, in dessen Verlauf der französische Präfekt mit einem Knüppel zwei Schläge erhielt und schließlich durch den Schlossgraben flüchtete. Ein nachfolgendes schwaches militärisches Kommando der Franzosen wurde in einem Sumpfgebiet zurückgeschlagen. Kurz darauf jedoch wurde Timmel durch 600 Mann französische Infanterie besetzt. Sie verhafteten die Anstifter und erschossen, wie es damals bei der französischen Besetzung häufiger geschah, zur Abschreckung zwei der Rädelsführer. Nur wenige Seeleute konnten auf die damals britische Insel Helgoland fliehen.

Am 10. November 1846 eröffnete Amtsmann Koppe im Fischland die „Großherzogliche Navigationsschule zu Wustrow", in der die Qualifizierung von Steuerleuten durchgeführt wurde. Es war die erste staatliche Navigationsschule in Mecklenburg. Wustrow wurde deswegen als Standort gewählt, weil Fischfang, Seeschifffahrt und maritime Ausbildung dort eine lange Tradition hatten.

1864 war W. v. Freeden „Rector der Großherzoglich Oldenburgischen Navigationsschule" in Elsfleth. Oldenburg hatte in dieser Zeit von dem benachbarten Brake an der Unterweser aus eine größere Flotte von Segelschiffen in der weltweiten Schifffahrt. Von Freeden's Vater hatte noch an Winterabenden Steuerleute in der Navigation unterrichtet. Vater und Sohn begannen zuvor ihre mathematischen Studien mit den „Grond-Beginzels der Stuurmanns-Kunst door Pybo Steenstra, Amsterdam 1799". W. v. Freeden schrieb dann für seinen Unterricht ein eigenes „Handbuch der Nautik und ihrer Hülfswissenschaften".

Zur Ausbildungssituation in der Nautik bemerkte er unter anderem: „Die noch in den ersten Seestaaten der Welt übliche Sitte, vom Kauffahrer bloß eine gewöhnlich sehr oberflächliche, äußerliche Kunde der Regeln und Rechenmethoden zu verlangen, ist in unseren Schulen längst der Forderung gewichen, dass der Steuermann durch vertrautere Bekanntschaft mit Arithmetik, Geometrie, Trigonometrie und Astronomie, zur Einsicht in die Richtigkeit, Nothwendigkeit und Zweckmäßigkeit seiner Beobachtungs- und Rechnungsmethoden geführt, und so statt Ueberladung des Gedächtnisses, Bildung des Geistes und des Urtheils erzielt werde".

Ein Problem der Seefahrtsschulen war die ungenügende Vorbildung der Seeleute, die während der Fahrenszeit in der Regel nicht verbessert werden konnte. So mussten sich die Seefahrtsschulen auf zwar willige Schüler einstellen, denen aber elementare Grundlagen fehlten. Die Ausbildung führte in dieser Zeit in fünf Monaten zum „Untersteuermann". Darauf folgte eine mindestens einjährige Fahrtzeit. Der sich daran anschließende „Obersteuermann-Kursus" dauerte wiederum fünf Monate. Wenn man sich überlegt, dass in dieser Ausbildung die von dem „Rector von Freeden" beschriebenen Fächer sowie außerdem die sphärische Trigonometrie, die gewöhnliche Schiffsrechnung und die astronomische Schiffsrechnung relativ umfassend unterrichtet wurden, muss man die Leistung von Lehrern und Schülern würdigen. Sie hatten einen großen Anteil an der Verbesserung des Schiffsverkehrs und der Schiffssicherheit im 19. Jahrhundert.

Amtsmann Koppe eröffnete im November 1846 die „Großherzogliche Navigationsschule zu Wustrow", die erste staatliche in Mecklenburg

Die Werkzeuge

Im Bau von wissenschaftlichen Instrumenten war Deutschland im 16. Jahrhundert führend. Man denke dabei nur an die schönen elfenbeinernen Reisesonnenuhren aus Nürnberg. Im 17. Jahrhundert beendete der Dreißigjährige Krieg diese Vormachtstellung und die Niederlande, Italien, Frankreich und England wurden ebenbürtig. Anspruchsvolle Instrumente wurden nun auch in Amsterdam, Dieppe, Paris oder London gebaut. Im 18. Jahrhundert übernahm England die führende Stellung im Instrumentenbau, weil es zur Aufrechterhaltung seiner Seemacht und seines Welthandels einen großen Bedarf an guten Navigations- und Vermessungsinstrumenten hatte.

Geometrie

Ende des 18. Jahrhunderts schrieb der bekannte Instrumentenbauer George Adams, der mathematische Instrumente (Zeichen-, Vermessungs- und Winkelmessinstrumente) herstellte: „Die praktische Geometrie begleitet den Seefahrer auf dem Ozean". Adams begnügte sich nicht nur mit dem Bau von Instrumenten, sondern lieferte auch sorgfältige Beschreibungen ihrer Anwendung. Dabei beschrieb er die mathematischen Instrumente von ihrer praktischen Anwendung her und verzichtete auf die wissenschaftliche Beweisführung. Diese Form kam den Seeleuten sehr entgegen. Einige grundsätzliche Elemente der Geometrie erklärte er so:

Der Instrumentenbauer Georg Adams lieferte zu seinen Instrumenten ausführliche, aber einfach gehaltene Beschreibungen, die das praktische Arbeiten an Bord zum Inhalt hatten

> Ein Punkt hat weder Teile noch Größe.
> Eine Linie heißt eine Länge ohne Breite.
> Eine gerade Linie liegt eben zwischen ihren äußeren Punkten.
> Eine Oberfläche hat nur eine Länge und Breite.
> Ein Zirkel ist eine ebene Figur, welche durch eine krumme Linie begrenzt wird, die man Umkreis nennt.

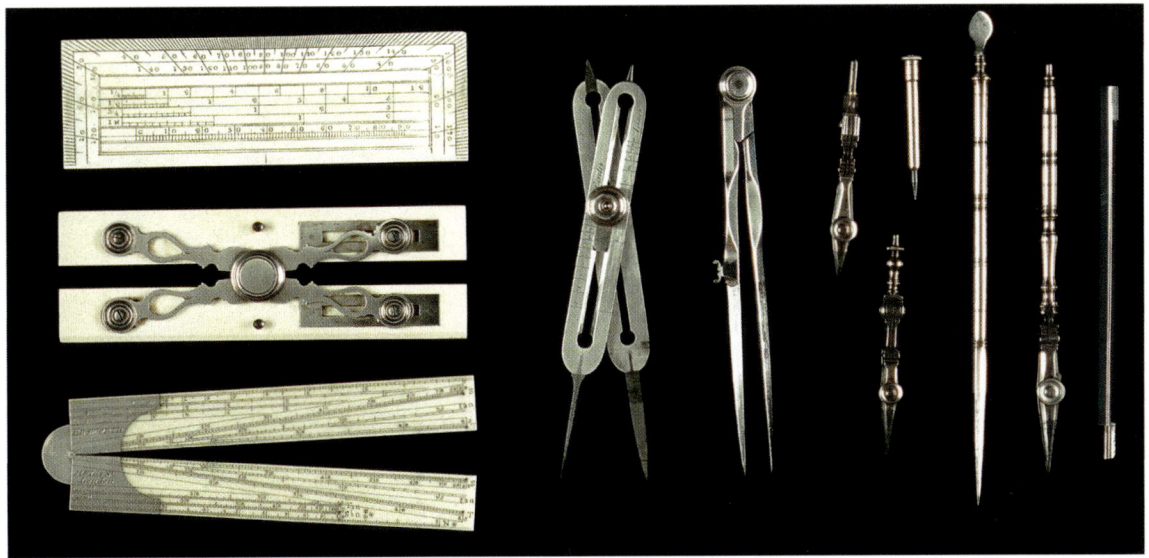

Mathematisches Besteck, Geräte aus Silber und Elfenbein, zum Teil mit Stahlspitzen, Palisanderkasten mit Samt gefüttert, signiert „Ebsworth 54 Fleet St London", um 1820

Instrumente, die traditionell für die Karten-, Zeichen- und Rechenarbeit verwendet und in Form von mathematischen Bestecken verkauft wurden, waren beispielsweise Rechenstäbe, Maßstäbe, einfache Zirkel, Haar- und Bogenzirkel, Proportionalitätszirkel (in England: Sektoren), Reduktionszirkel, Einhandzirkel, Winkelmesser (Protraktoren), Reißfedern, Reißnadeln, Tintenzubringer und Parallellineale. Die mathematischen Bestecke wurden in Palisander-, Rosenholz oder Mahagonikästchen aufbewahrt. Häufig verwendete man auch mit Rochenhaut überzogene Behälter.

Die Maßstäbe

Maßstäbe wurden wegen der Fülle der unterschiedlichen Maßeinheiten zum Umrechnen erforderlich und dienten gleichzeitig als Lineale. Man stellte sie aus Elfenbein oder Messing, mit gerader und transversaler (schräger) Einteilung her. Ein Rechen- und Verständnisproblem im 18. Jahrhundert lag in den damals verwendeten 68 Längenmaßen, die beispielsweise in Deutschland durch die Vielstaaterei entstanden waren. Einige Beispiele finden Sie auf Seite 106.

Lineal und Zirkel gehörten zu den ältesten Instrumenten, wie eine Anleitung aus dem Jahr 1571 erkennen lässt: „Ferner mustu haben ein Linial, das mag wohl von Holtz sein, ohngefehr zwey Schuhe lang, Viertelzoll breit, so dick als zwey Kartenblat ... ferner mustu haben zween Zirkel, die willig in der Hand sind."

Die Lineale

Rechenstäbe = Lineale mit Logarithmusskalen und trigonometrischen Funktionen, die meistens aus Buchbaumholz hergestellt wurden. Mit diesen Rechenstäben konnten schwierige und umfangreiche Rechenaufgaben vereinfacht werden.

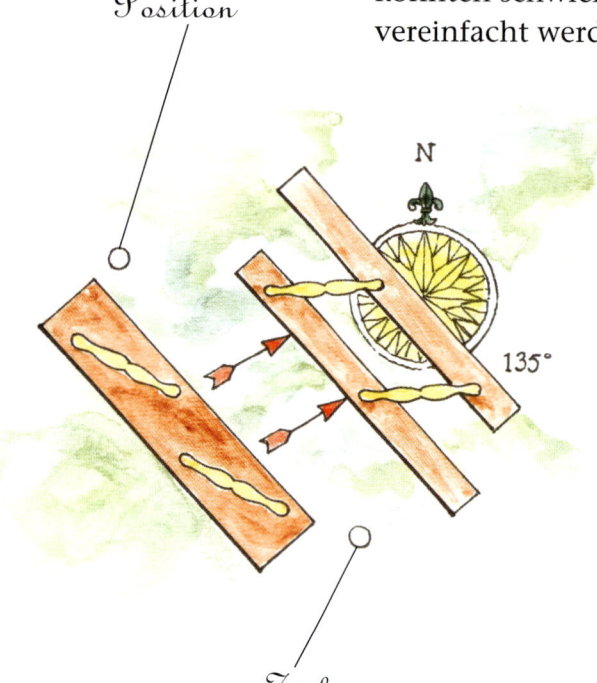

Parallellineal = Es bestand aus zwei geraden Linealen, die so miteinander verbunden waren, dass sie jederzeit ihre parallele Lage behielten. Auf den Seekarten des 15. bis 17. Jahrhunderts waren mehrere Kompassrosen eingezeichnet. Um den Kurs zu finden, wurden die Position des Schiffes und das Ziel mit dem Parallellineal verbunden. Dann „wanderte" der Navigator mit dem Parallellineal über die Seekarte bis zu einer Kompassrose. Dort konnte er den zu steuernden Kurs ablesen (siehe Zeichnung).

Rolllineal = Ein rechtwinkliges Parallelogramm aus Ebenholz, das von zwei Rollen an einer langen Welle getragen wurde. Für eine korrekte Funktion mussten die Umkreise der Rollen gleich groß sein und parallel zu der Welle liegen. So konnten parallele Linien gezogen werden, ohne das Lineal abzusetzen. Bei sorgfältiger Anwendung konnte das Rolllineal das Parallellineal in der Kartenarbeit ablösen.

Die Zirkelfamilie

Einfache geradschenklige Zirkel kannte man bereits im antiken Rom und in Griechenland. Um 1100 erwähnte der Mönch Theophilus in einer technischen Schrift große und kleine Zirkel mit geraden oder ge-

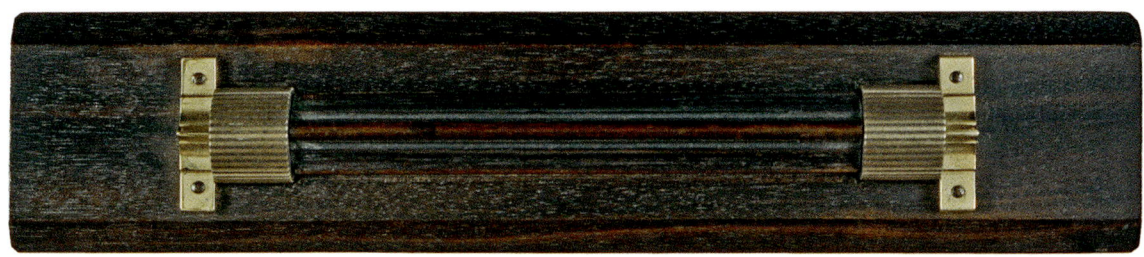

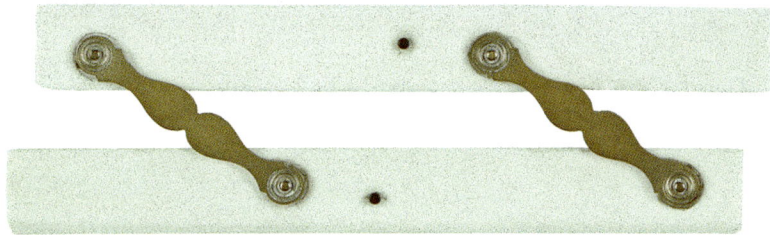

Oben: Parallellineal aus Ebenholz, Messingbeschläge, 3,4 mal 15,5 Zentimeter, England, um 1800
Mitte: Rolllineal aus Ebenholz, Messingbeschläge, 5,1 mal 23,3 Zentimeter, Norwegen, Anfang 19. Jahrhundert
Unten: Parallellineal aus Elfenbein, Messingbeschläge, 3,7 mal 15,2 Zentimeter, England, um 1800

Maßstab aus Messing, 7,7 mal 25,5 Zentimeter, zwei lineare Felder und ein Feld mit Transversalmaßstab, signiert „P. B. Müller", Besitzername (nur noch Fragmente) und Jahreszahl 1849

krümmten Schenkeln. Im Besitz von Leonardo da Vinci (Ende des 15. Jahrhunderts) befanden sich Stangenzirkel mit verstellbaren Spitzen, die an Schiebern auf einer langen Messing- oder Holzstange saßen. Diese Stangenzirkel ermöglichten ein sehr genaues Abnehmen und Übertragen von Maßen.

Haarzirkel = Der Haarzirkel besaß einen Federmechanismus mit Einstellschraube für eine besondere („haargenaue") Feineinstellung.

Bogenzirkel = Der Bogenzirkel war mit einer Reißfeder versehen und ermöglichte das einfache Zeichnen von Bögen.

Einhandzirkel = Durch eine spezielle Konstruktion der Schenkel konnte er mit einer Hand geöffnet und geschlossen werden. Als Material wurden Messing, Eisen oder Silber verwendet. Die Messingzirkel erhielten häufig Stahlspitzen für präzise Abgriffe auf den Seekarten. Bis heute werden diese Zirkel in ihrer Grundform für die Kartenarbeit in der Seefahrt verwendet.

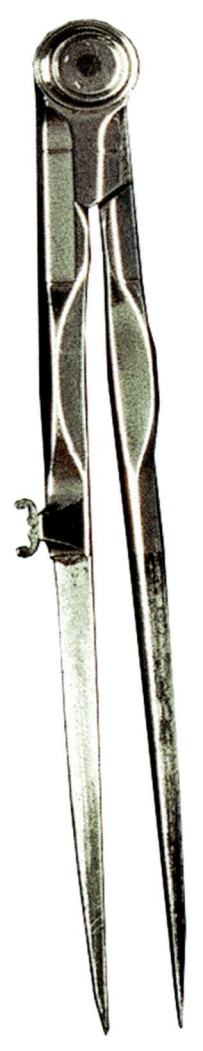

Haarzirkel, Silber, Stahlspitzen, Ebsworth, London um 1820

Die englische „Nautical Mile"	= 1.853 Meter
Die geographische Meile	= 1.609 Meter
Die Seemeile	= 1.852 Meter
Der Faden	
in Dänemark und England	= 1,883 Meter
in Frankreich	= 1,624 Meter
in England und den USA	= 1,830 Meter
„Fuß" oder „Schuh"	
Constantinopolitanischer Schuh	= 28,87 cm
Bayerischer Akademischer Fuß	= 28,87 cm
Dänischer und rheinischer Fuß	= 31,38 cm
„Pied de roy" (international gebräuchlicher „Pariser Fuß")	= 32,47 cm
Englischer Fuß	= 30,48 cm
Neapolitanischer Fuß	= 26,37 cm

Auf Zeichnungen und Karten dieser Zeit stellte man die Maßstäbe zum Umrechnen und zum Vergleich graphisch dar.

Als **Proportionalzirkel** wurden drei unterschiedliche Instrumente bekannt, was zu einer größeren Verwirrung führte. Wir unterscheiden daher an dieser Stelle
- den Reduktionszirkel,
- den Proportionalzirkel nach Galilei und
- den englischen Sektor.

Die wesentliche Funktion dieser Zirkel, die nur eine gewisse Ähnlichkeit mit den Zirkeln aufwiesen, war das „Rechnen".

Die sonstigen typischen Zirkelfunktionen traten in den Hintergrund oder waren gar nicht mehr vorhanden.

Einhandzirkel aus dem 19. Jahrhundert, Silber, England

Die Rechenzirkel

Reduktionszirkel

„Proportionalzirkel" waren in ihrer Grundform schon in der Antike bekannt und dienten als feste oder verstellbare „Reduktionszirkel" beispielsweise zum Verkleinern oder Vergrößern einer Strecke in einem bestimmten Maßstab. Wahrscheinlich ist der Schweizer Instrumentenmacher Jost Bürgi, der in Kassel arbeitete, der Erfinder der Form des heute noch verwendeten Reduktionszirkels. Auf den Schenkeln der Reduktionszirkel (ital. „compasso di riduzione") waren Skalen eingraviert, die zur proportionalen Teilung von Linien, Kreisen, Flächen und Körpern verwendet wurden. Die Schenkel des Zirkels waren mit einem gleitenden Schlitten verbunden, der auf den jeweiligen Verhältniswert eingestellt und dann arretiert wurde. So entstanden bei der Anwendung immer zwei ähnliche Dreiecke mit gleichen Scheitelwinkeln und

500 Jahre Navigation

Der italienische Mathematiker, Physiker und Astronom Galileo Galilei (1564 bis 1642) machte auf mehreren Gebieten bahnbrechende Entdeckungen. Er erfand eine hydrostatische Waage, entwickelte ein Thermometer, verkaufte Proportionszirkel und Fernrohre. Er bewies, dass die Planeten zeitweilig hinter der Sonne standen, was dem ptolemäischen Weltbild der Kirche widersprach. Galilei geriet oft ins Visier der Inquisition. Durch Vermittlung seiner Gönner versandeten die Anklagen aber immer. Zum Schluss verspielte er aber die Protektion des Papstes, der Galilei zwang, vor der Inquisition dem Gedanken des Kopernikus abzuschwören. Er wurde zu lebenslanger Haft verurteilt, die zu Hausarrest umgewandelt wurde. Sämtliche Veröffentlichungen wurden verboten. Bis zu seiner völligen Erblindung beschäftigte er sich auch mit der Möglichkeit, die Jupitermonde als Zeitmesser zu benutzen, um das Problem mit der Bestimmung des Längengrades zu lösen

entsprechend präzise „Reduktionen" (Verkleinerungen). Die Genauigkeit lag auch mit darin begründet, dass diese Zirkel immer mit feinen Stahlspitzen ausgestattet waren.

Proportionalzirkel als Rechenzirkel

Der Begriff des „Proportionalzirkels" wurde für einen wahrscheinlich von Guidobaldo del Monte und Michael Coignet in der zweiten Hälfte des 16. Jahrhunderts erfundenen Rechenzirkel verwendet. Allerdings behauptete Galilei in seiner 1605 erschienenen Schrift über die Handhabung seines Rechenzirkels „Le operazioni del compasso geometrico et militare" er sei der Erfinder. Man bezeichnete dieses Instrument dann auch als „galileischen Typ". Galilei stand aber wahrscheinlich am Ende der Entwicklung dieses Instrumentes. Zusätzlich reklamierten viele Nationen die Erfindung eines Proportionalzirkels dieses Typs (ital. „compasso di proporzione") für sich, woraus man seine Bedeutung erkennen konnte. So wurden in Deutschland in dieser Zeit ebenfalls Proportionalzirkel von berühmten Instrumentenbauern wie Erasmus Habermehl, Christoph Trechsler und anderen hergestellt.

Zwei Jahre nach Galilei veröffentlichte Balthasar Capra in Padua mit seiner Schrift „Der Gebrauch und die Konstruktion des Proportionalzirkels" ein dreistes Plagiat von Galileis Schrift. Galilei strengte daraufhin einen Prozess an, der mit dem Ausschluss Capras aus der Universität endete. Die noch nicht verkauften Exemplare seiner Schrift wurden konfisziert.

Galileis Zirkel

Der geschäftstüchtige Galilei stellte eine große Anzahl von Proportionalzirkeln für den Verkauf her. Seine Instrumente hatten breite rechteckige Schenkel und anders als beim Reduktionszirkel waren die Schenkel dieser Zirkel an einem Ende durch ein scheibenförmiges Scharnier direkt miteinander verbunden. Die Proportionalzirkel wurden in ihrer über 200 Jahre währenden „Lebenszeit" aus Elfenbein, Messing, Holz und manchmal aus Silber hergestellt.

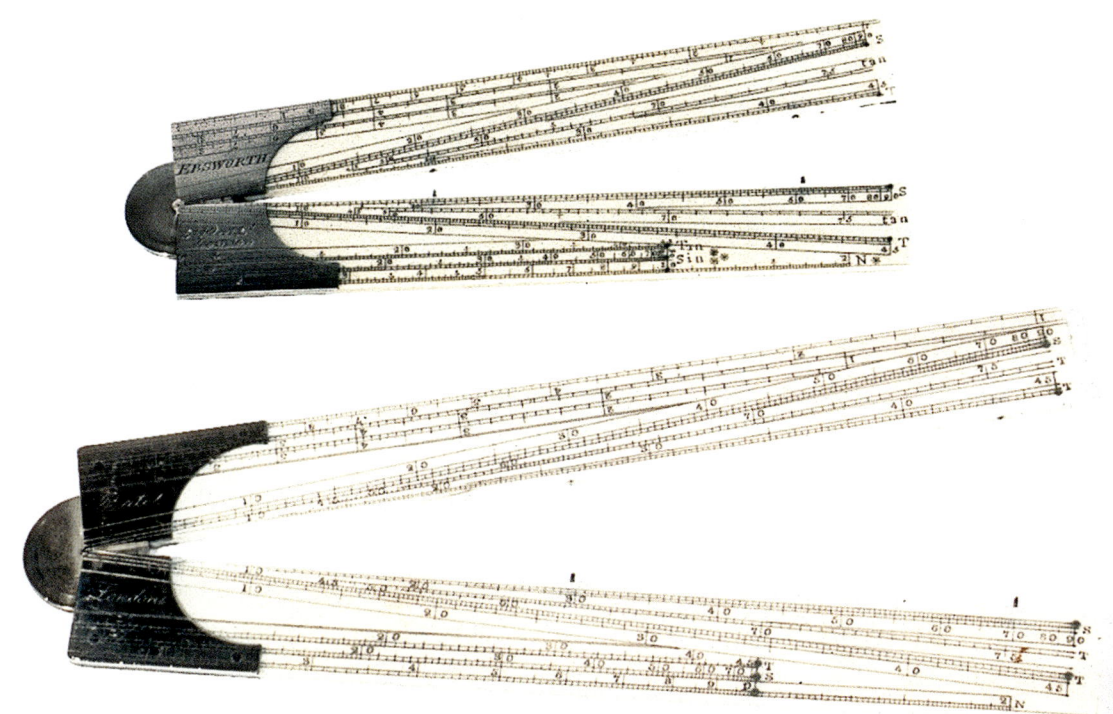

Zwei Sektoren, Elfenbein und Silber, England um 1820,

Der Proportionalzirkel und der englische Sektor waren Recheninstrumente auf der Grundlage der Proportionalitätsbeziehungen an Geraden, die von Parallelen geschnitten werden. Die theoretische Grundlage basiert auf den Gesetzen des gleichschenkligen Dreiecks mit gleichem Winkel. Danach ergibt innerhalb eines Dreiecks eine Parallele zu einer der Seiten ein ähnliches Dreieck, dessen entsprechende Seiten sich gleich verhalten.

Auf den Schenkeln liefen Linien mit nomographischen und äquidistanten Teilungen im Schnittpunkt (Drehpunkt) des Zirkels zusammen. Viele Linien – beispielsweise die „Linea arithmetica" für die vier Grundrechenarten – hatten ein Pendant auf dem anderen Schenkel.

Die „gesuchte Größe" war gleich der Entfernung identischer Punkte auf den zueinander gehörenden Linien bei einer bestimmten Öffnungsweite des Zirkels. Die Resultate wurden dann in der Regel mit einem Stechzirkel zwischen zwei identischen Punkten abgegriffen. Der zum Rechnen verwendete Stechzirkel konnte in kleine Vertiefungen an den Mess- und Rechenwerten des Proportionalzirkels eingreifen, wodurch ein präzises Arbeiten erleichtert wurde.

Ein Reduktionszirkel aus Silber mit Stahlspitzen, England um 1820

Der Vorteil des Proportionalzirkels

Der große Vorteil des Proportionalzirkels, der als Vorläufer unseres Rechenschiebers gilt, lag in seiner Vielseitigkeit. Besonders im 17. und im 18. Jahrhundert sowie noch zu Beginn des 19. Jahrhunderts mussten Seeleute und Landvermesser mathematische Methoden anwenden, ohne dass sie besondere Kenntnisse dieser Wissenschaft hatten. Die technische Entwicklung brachte es mit sich, dass in der Navigation, Vermessung und Kartographie arithmetische Techniken notwendig wurden. Man denke dabei nur an die Schwierigkeiten der vielen Praktiker auf See und in der Landvermessung, die in dieser Zeit noch nicht in theoretischer Mathematik ausgebildet waren. Ihnen kam dieser Analogrechner, mit dem man durch einfaches Ablesen komplizierte Rechenoperationen durchführen konnte, sehr gelegen. Der Proportionalzirkel Galileis blieb aber auch aus dem Grund über 200 Jahre weit verbreitet, weil man Neuerungen gegenüber nicht besonders aufgeschlossen war.

Linien des deutschen Proportionalzirkels:

Je nach Verwendung des Proportionalzirkels waren bis zu dreizehn Linien auf den Schenkeln eingraviert. Hier nun die wichtigsten Linien:

<u>Linea Arithmetica</u> – als Ursprung aller Linien mit gleichmäßiger 200er Teilung für die vier Grundrechenarten (Addition, Subtraktion, Multiplikation und Division) und zur Aufstellung von Proportionen

<u>Linea Cubica</u> – mit 100er-Teilung zum Wurzelziehen und zur Feststellung von Kalibermaßstäben für militärische Zwecke in Verbindung mit der „Linea metallica"

<u>Linea Geometrica</u> – mit einer 100er-Teilung zum Vergrößern Verkleinern, Teilen und Vervielfältigen von gleichen und ungleichen Figuren der Ebene und zur Berechnung von deren Inhalten und Proportionen

<u>Linea Polygonorum</u> – mit einer Teilung von 3 bis 30 in Richtung Drehpunkt; zur Teilung des Kreisumfangs, um regelmäßige Vielecke einzuzeichnen

<u>Linea Rectae Dividendae</u> – zur Teilung einer Linie

<u>Linea Metallica</u> – gibt das Verhältnis des spezifischen Gewichtes einzelner Metalle zueinander an; vom Drehpunkt an findet man Planetenzeichen für Gold, Quecksilber, Blei, Silber, Kupfer, Erz, Zinn und Eisen

Multiplikation

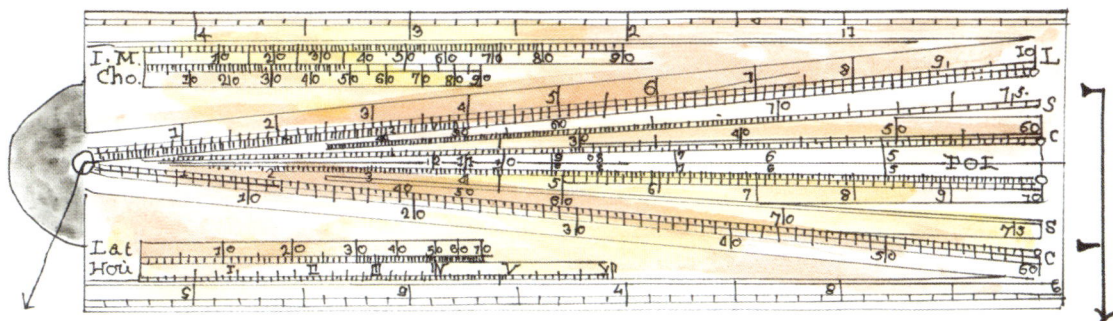

Man will unterschiedliche Zahlen mit der Zahl „3" multiplizieren:
1. Mit einem Stechzirkel wird auf der Linie „L" des oberen Schenkels die Distanz zwischen der Ziffer „3" und dem Drehmittelpunkt (Nullpunkt) „lateral" abgegriffen. Dann werden die beiden Schenkel am Ende so weit geöffnet, bis diese Distanz zwischen den Endpunkten (10) der beiden Linien „L" erreicht ist.

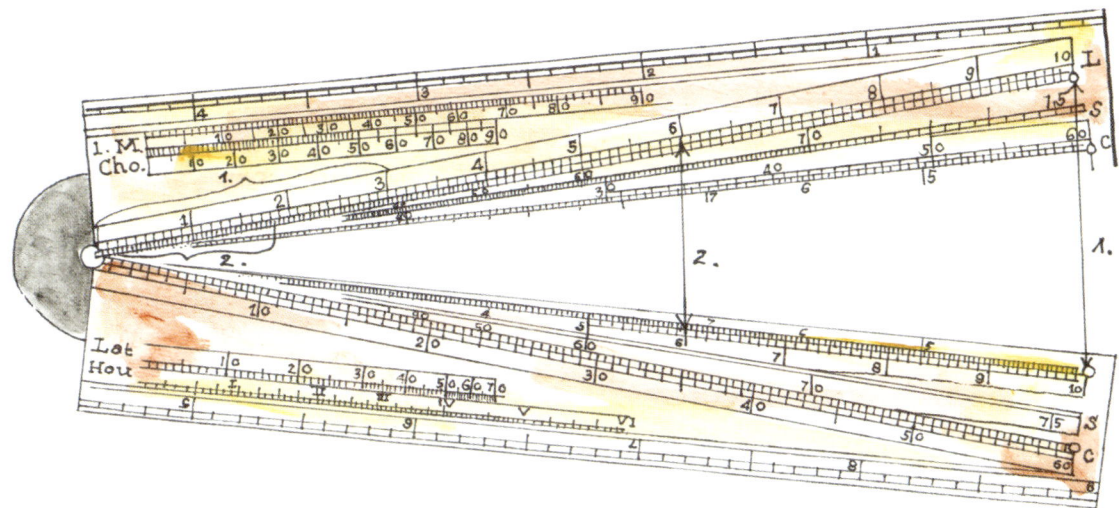

2. Nimmt man nun „transversim" die Distanz von den Punkten „6 zu 6" und greift diese Entfernung auf der oberen Linie „L" vom Drehmittelpunkt aus ab, erhält man das Ergebnis von „3 mal 6 = 18" und so fort.

500 Jahre Navigation

Linea Chordarum – mit einer 180er-Teilung; zur Ermittlung des Sinuswinkels und der Seiten eines Dreiecks, wenn bestimmte Seiten und Winkel gegeben sind.

Linea Tetragonica – verwandelt Mehrecke bei gleichen Seiten und Winkeln in andere sowie Kreise in Mehrecke und umgekehrt, ferner unregelmäßige in regelmäßige Figuren

Linea Fortificatoria – für die Errichtung einer Befestigungsanlage mit regelmäßigem oder unregelmäßigem Grundriss

Der englische Sektor

1605 gestaltete Professor Gunter vom Gresham College in England einen speziellen „Proportionalzirkel" für die Navigation. Dieses als „Sektor" bezeichnete Instrument erwies sich für Navigationsaufgaben als besonders geeignet und fand ebenfalls viele zufriedene Anhänger. Der Sektor enthielt neben den üblichen Linien (beispielsweise der „Linea Arithmetica) Linien für Sinus, Tangens, Sekanten, logarithmisch geteilte guntersche Linien, Breiten- und Stundenlinien. Der Rand bildete in voll geöffnetem Zustand ein in zehntel Zoll eingeteiltes Lineal. Hierdurch unterschied er sich von dem deutschen und von dem französischen Rechenzirkel.

Während die Sektoren häufig aus Elfenbein hergestellt wurden, war für die Proportionalzirkel Messing oder Bronze das bevorzugte Material. Frühe deutsche Proportionalzirkel mit den zuvor beschriebenen Linien sind häufig besonders schön graviert und verziert. Daher waren und sind sie auf Auktionen ein begehrtes kunsthandwerkliches Sammelobjekt.

Die englischen Sektoren beeindrucken durch ihre filigrane Gestaltung, das Material „Elfenbein" und ihre feinen Gravuren bei den Skalen. Durch ihre Silberfassung zählen sie ebenfalls zu den wertvolleren Instrumenten.

Die französischen Proportionalzirkel waren für militärische Zwecke bestimmt und meistens aus Bronze – manchmal vergoldet – und etwas robuster konstruiert. Sie hatten nur eine Auswahl der sonst verwendeten Skalen auf den Schenkeln, wobei Geschossgewichte und -kaliber sowie die spezifischen Gewichte von Metallen eigene Skalen erhielten. Die „Linea Metallica" hieß „Les Metaux". Die Linie war graphisch schön gestaltet, weil

Proportionalzirkel, Messing vergoldet, Frankreich um 1730

> Als zusätzliche Linien konnten eingraviert sein:
>
> R oder Rh = line of rhumbs 0 bis 8
> (eine Skala mit Kompasspunkten, um einen Schiffskurs auf der Karte zu zeichnen)
> Lon = Longitude 60 Grad bis 0 (für die Navigation)
> Lat = Breitenlinie und Hou = Stundenlinie (für die Konstruktion von Sonnenuhren)
> Einige Linien der Proportionalzirkel im Vergleich:
>
> | Frankreich | England | Deutschland |
> |---|---|---|
> | Les Parties Egales | L | Linea Arithmetica |
> | Les Plans | - | Linea Geometrica |
> | Les Cordes | Cho | Linea Chordarum |
> | Les Solides | - | Linea Cubica |
> | Les Poligones | POL | Linea Polygonorum |

die Metalle durch Planeten- und Tierkreiszeichen symbolisiert wurden. Dadurch ist auch dieser Zirkel zu einem beliebten Sammelobjekt geworden.

Das Statussymbol

Adel und reiches Bürgertum schmückten sich mit dem Proportionalzirkel. Er war das Statussymbol für angewandte Mathematik in einer Zeit, in der sich die Klasse der „Kunst- und Rechnungsliebenden" zur Unterhaltung in „mathematischen Salons" traf. Im 19. Jahrhundert verdrängte dann der Rechenschieber den Proportionalzirkel. Bis zum Jahr 2001 erinnerte noch der 50-Mark-Schein an dieses Instrument.

Weitere Zeicheninstrumente

Winkelmesser (Protraktoren) = Es gab sie in für uns ungewohnter rechteckiger Form aus Elfenbein oder als Halb- oder Vollkreise aus Messing und manchmal auch aus Perlmutt. Sie mussten wegen der feinen Gradeinteilungen handwerklich äußerst präzise gefertigt werden. Man verwendete sie für die geometrische Lösung von Aufgaben beispielsweise in der Vermessung.

Tintenzubringer = Es handelte sich um ein winziges Löffelchen an einem langen Stab zum Einbringen der

Tusche in die Reißfeder. Man vermied so das Eintauchen der Reißfeder in das Tintenfass.

Reißfedern = Sie bestanden aus einer Doppelspitze an einem Federhalter. Über einen Federmechanismus wurde die Strichstärke beim Zeichnen mit Tusche, Tinte oder Farbe reguliert. Man konnte sie zum Auszeichnen verwenden.

Reißnadeln = Dabei handelte es sich um spitze Stahlnadeln zum Anreißen, die teilweise mit einem Halter aus Silber oder Messing versehen wurden. Manchmal wurden diese Nadeln auch in den Haltern anderer Instrumente versteckt, so dass sie erst bei Drehversuchen an den Haltern zum Vorschein kamen.

Die meisten Zirkel, Reißfedern und Reißnadeln hatten Spitzen aus Stahl, um zeichnerische Genauigkeit und exakte Passform zu erreichen. Die Scharniere wurden aus zwei Metallen, beispielsweise Silber und Stahl, gefertigt, um eine sanfte und gleichmäßige Bewegung zu gewährleisten. Die dadurch erreicht Präzision war für die Navigation, die Vermessung, die geometrische Beweisführung und für das Zeichnen von großer Bedeutung.

Das Zeichnen

In Frankreich existierte mit dem „crayon" ein richtiger „Blei"-Stift. Das Blei wurde mit einem Zusatz von Zinn und Silber in eine Holzform gegossen. Mit diesem „Bleistift" sowie Stiften aus geschnittenem Graphit oder Silber wurde vorgezeichnet. Erst um 1790 wurde Graphit mit Ton gemischt (geschlämmt) und in einem Holzstift zum Zeichnen verwendet. Damit hatte man unseren heutigen Bleistift erfunden. Ausgezogen wurde dann mit Ziehfeder, Reißfeder, Federkiel oder Pinsel unter Verwendung von Tinte, Tusche oder Farbe.

Radiert wurde mit einem speziellen Radiermesser oder anderen kratzenden und schabenden Gegenständen. Im Anschluss daran glättete man die Stelle mit einem Mastix-(Harz)-Säckchen. Der Radiergummi wurde erst 1770 – von England kommend – auf dem Kontinent eingeführt.

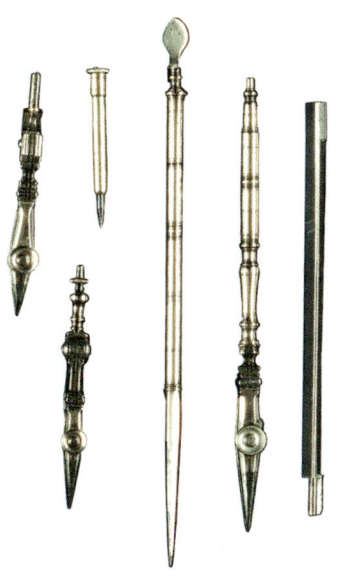

Tintenzubringer wurden eingesetzt, um ein Eintauchen der Feder in die Tinte überflüssig zu machen und um eine gleichmäßige Linienstärke zu gewährleisten

Logarithmen und Knochen

1614 erfand der schottische Baron John Napier of Merchiston einen „logarithmischen" Rechenkasten. Gerechnet wurde mit Rechenstäbchen, die scherzhaft auch als „Knochen" (Napiers Bones) bezeichnet wurden. Leider konnten die Seeleute noch nichts damit anfangen, weil die Anleitung in Latein geschrieben war. 1620 übertrug der schon erwähnte Professor Gunter als erster die von Napier berechneten Logarithmen auf zwei Fuß lange Rechenstäbe aus Buchbaumholz. Sein Rechenstab bestand aus einer Reihe logarithmischer Skalen von natürlichen Zahlen und trigonometrischen Funktionen. Er erklärte, wie die Probleme des „Nautischen Dreiecks" durch Öffnen eines Zirkels und Übertragung der Strecken von Skala zu Skala auf seinem Rechenstab gelöst werden konnten. Mit diesem Rechenstab erfand er ein ideales Instrument, das die Seeleute bis in das 19. Jahrhundert hinein benutzten.

Denn was sagte schon der bekannte Navigationslehrer Brarens aus Tönning Anfang des 19. Jahrhunderts zu diesem Teilgebiet der Mathematik: „Nächst gehöriger Kenntnis unserer Erdkugel, ist auch die Trigonometrie eine Grundwissenschaft der Navigation."

Der schottische Denker John Napier (1550 bis 1617) schrieb Bücher über Logarithmen. Seine Rechenstäbchen waren die Vorläufer des Rechenschiebers und der Rechenmaschinen

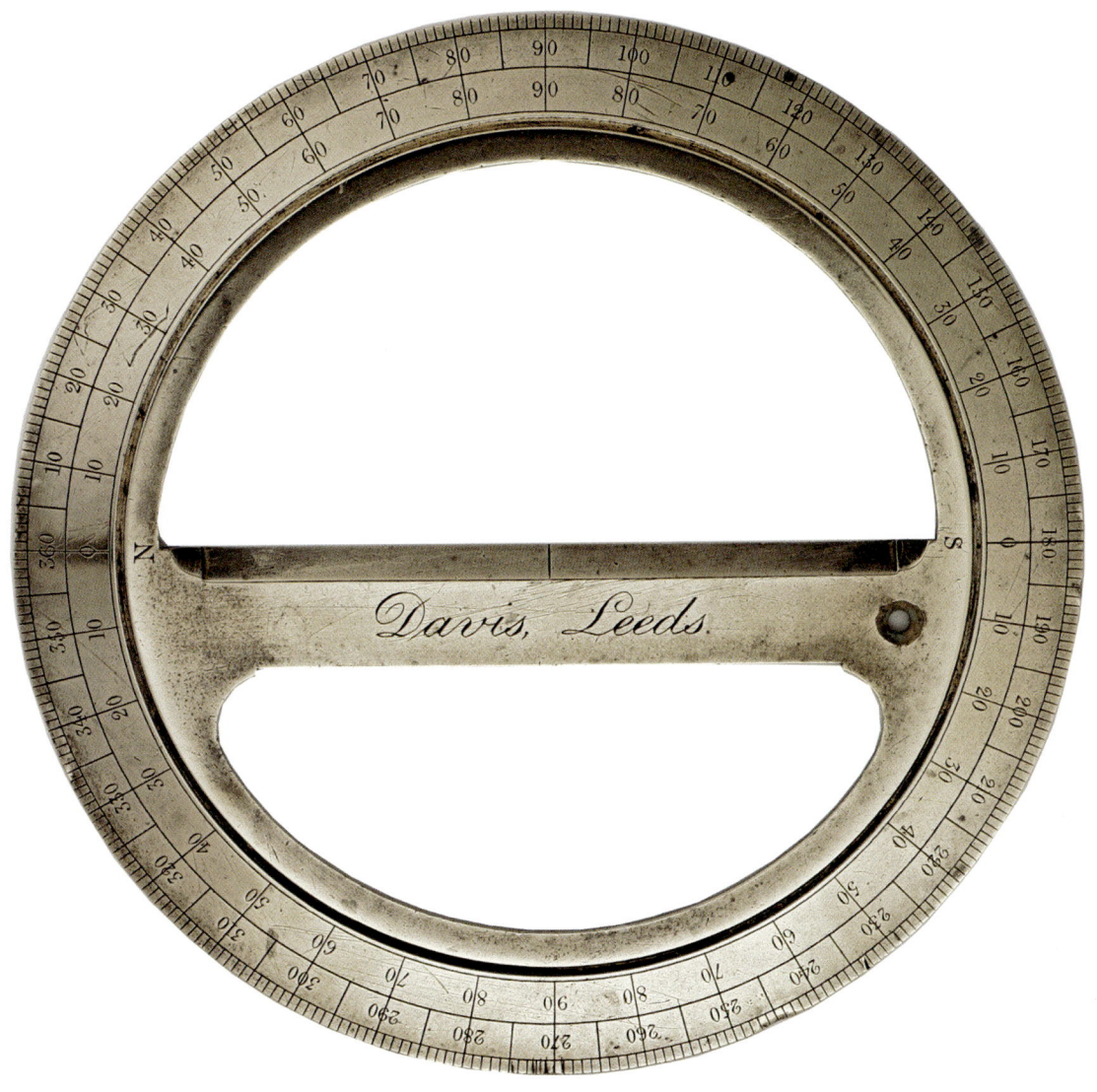

Ein Vollkreis-Winkelmesser (Protraktor) in guter handwerklicher Ausführung

Zwischenruf

Einiges über Instrumentenbauer und eine Auswahl nach Ländern

Oben: Das Detailfoto vermittelt einen Eindruck wie kunstvoll die einzelnen Elemente der Instrumente zusammengefügt wurden

Rechts: Die Säulchensonnenuhr ist eine seltene Handarbeit und zeugt von der hohen Kunstfertigkeit der Instrumentenbauer im 16. Jahrhundert

In der Zeit vom 15. bis zum 19. Jahrhundert ermöglichten neu entwickelte Navigationsinstrumente und Neuerungen im Schiffbau mehreren europäischen Nationen eine Ausweitung ihrer hegemonialen Ansprüche in Übersee. Es handelte sich dabei um Portugal, Spanien, die Niederlande, Frankreich und England. So findet man beispielsweise im „Museu de Marinha" (Marinemuseum) in Lissabon aus der Anfangszeit der europäischen Navigation eine große Anzahl von aus Wracks geborgenen Seeastrolabien, die im 15. und 16. Jahrhundert ein wichtiges Winkelmessinstrument waren. Es handelt sich um Astrolabien, die man für den Gebrauch auf See geändert hatte.

Im Laufe der Jahrhunderte lagen die Schwerpunkte der Herstellung wissenschaftlicher Instrumente einschließlich der Navigationsinstrumente, bei denen es sich unter anderem um Sonnenuhren und Winkelmessinstrumente handelte, in verschiedenen Ländern. Die wesentlichen Ursprungsländer für antike Instrumente sind dabei aus heutiger Sicht Deutschland, die Niederlande, Frankreich und England.

Deutschland

Die ältesten Klappsonnenuhren entstanden im 15. Jahrhundert in Wien. Wahrscheinlich wurden sie von Georg Peuerbach gebaut. Auch Johannes Regiomontan baute in dieser Zeit Sonnenuhren. Die Kompasse in den Sonnenuhren dieser Periode gaben bereits die Missweisung an.

Berühmte Hersteller von Instrumenten für die Astronomie und Vermessung sowie Sonnenuhren waren Jost Bürgi, Erasmus Habermel und Christoph Schißler. Die Herstellung ihrer Instrumente, die zumeist von Fürsten, Königen oder reichen Bürgern finanziert wurde, erreichte ihren Höhepunkt in der Herstellung von „Büchsensonnenuhren". In diesen Instrumenten konnten unter anderem Funktionen für die Winkelmessung, Sonnen- und Nachtuhren, Kalender und astrologische Funktionen vereinigt sein.

Für ihre Sonnenuhren berühmt waren in Deutschland die Instrumentenbauer aus Nürnberg (Nurembergae) und Augsburg (Augspurg). Bei Erhard Etzlaub waren sie noch aus Holz, während Georg Reimann, Georg Hartmann, Hieronymus Reimann, Hans Tucher, Lienhard Miller, Johann Martin und Hans Troschel vom 16. bis in das 18. Jahrhundert für ihre wunderschönen Sonnenuhren meistens Elfenbein verwendeten. Im 17. Jahrhundert kam es dabei durch den Dreißigjährigen Krieg zu einer Unterbrechung in der Herstellung von wissenschaftlichen Instrumenten.

Georg Friedrich Brander, der im 18. Jahrhundert in Augsburg lebte und arbeitete, war der letzte Hersteller kunstvoller und genauer Sonnenuhren. Er stellte außerdem Fernrohre, Feldmessgeräte, Mikroskope, große

Quadranten, Spiegelteleskope und Theodoliten her. Seine Instrumente zeichnen sich durch ihre funktionale Schönheit und ihre sorgfältige Herstellung aus. Besonders seine Spiegelteleskope ließen ihn bekannt werden, weil er eine überaus standfeste Legierung für die Spiegel entwickelt hatte.

Eine weitere Erfindung sind die Glasmikrometer, feine, in Glas geritzte Maßstabsskalen, die er mit einer eigenen Teilungsmaschine herstellte. Er wurde Mitglied der kurfürstlich bayerischen Akademie in München und lieferte seine Instrumente unter anderem an Akademien, Universitäten, Observatorien, Fürstenhöfe und Königshäuser. Brander veröffentlichte zahlreiche Beschreibungen und Gebrauchsanleitungen der Instrumente in seinem Lieferkatalog, sodass man danach noch heute Restaurierungen durchführen kann. Auf dem Kunstmarkt des 21. Jahrhunderts sind seine Instrumente sehr begehrt.

Im 19. Jahrhundert ist die Firma C. Plath mit ihrem Vorgänger und Gründer David Filby bemerkenswert, der eine vierjährige Lehre als „Mechanikus" in der Mechanikwerkstatt von Heinrich Johann Kosbü, Kehrwieder in Hamburg, absolviert hatte.

Nach Abschluss seiner Lehrzeit im Jahr 1840 richtete sich Filby am Hamburger Hafen einen kleinen Laden für den Verkauf nautischer Instrumente und deren Reparatur sowie für Seekarten und Literatur ein. Schon drei Jahre vor der Einrichtung des Ladens hatte Filby allerdings damit angefangen, eigene Sextanten herzustellen. Da diese Tätigkeit ohne offizielle Anmeldung erfolgte, wurde sie von den eingesessenen Kaufleuten der Stadt zum Schutz der eigenen Interessen verfolgt und geahndet. Die heimlich arbeitenden Handwerker, die auf den Dachböden arbeiteten und wie die Hasen gejagt wurden, wurden deshalb „Bönhasen" genannt. Für ein eigenes Geschäft musste man das teuer zu erkaufende Hamburger Bürgerrecht besitzen. Filby erwarb dieses Bürgerrecht erst im Februar 1840.

1862 holte ihn dann seine Vergangenheit ein. In der Anzeige für die Geschäftsübergabe an seinen Nachfolger C. Plath schrieb er unvorsichtigerweise von dem „seit fünfundzwanzig Jahren geführten Geschäft von Nautischen Instrumenten und Seekarten". Darin hatte er

Der bedeutendste wissenschaftliche Instrumentenbauer Deutschlands, Georg Friedrich Brander (1713-1783), fertigte um 1762 einen fast 2,50 Meter hohen astronomischen Quadranten, um damit in München den Durchgang des Planeten Venus „durch" die Sonnenscheibe zu messen. Danach berechnete man die Größe des Erdbahndurchmessers um die Sonne. Auch im Hinblick auf die Metallbearbeitung, Kreisteilungen und Qualität der Optik ist dieser Quadrant außerordentlich interessant

die dreijährige „Bönhasenzeit" mit eingerechnet. Man zerrte ihn umgehend vor das Hamburger Handelsgericht, das ihn zu einer Strafe von 15 Mark verurteilte. Die offizielle Existenz des Geschäftes wurde demnach auf 22 Jahre reduziert. Die Verurteilung war um so peinlicher, als Filby mittlerweile Bürgerschaftsabgeordneter war.

Carl Plath wurde am 25. Dezember 1825 als Sohn des Pastors der Michaeliskirche geboren. Im Mai 1843 trat er eine Lehre in der international angesehenen Instrumentenbaufirma Repsold an. Nach fünfjähriger Ausbildung folgten die Wanderjahre, die unter anderem nach Berlin zu Pistor & Martins führten. 1852 kehrte er nach Hamburg zurück und erwarb das Bürgerrecht.

Als Filby's Geschäft zum Verkauf stand, griff Plath zu, da sein eigener Handel mit geodätischen Instrumenten nicht recht florierte. Filby's Firma für Navigationsinstrumente konnte dagegen über Aufträge nicht klagen. Die Nähe zum Hafen und der sich ausweitende Weltverkehr ließen auch in Zukunft ein gutes Geschäft erwarten. Plath erwarb von Repsold eine Kreisteilmaschine und war nun in der Lage, die Gradbögen seiner Sextanten präzise zu gravieren. Die Firma hieß von da an „C. Plath, D. Filby's Nachfolger".

Die Entstehung des Norddeutschen Bundes von 1866 führte auch zur Einrichtung der Norddeutschen Seewarte. Sie hatte die Aufgabe, die Navigationsinstrumente (Kompasse, Sextanten und Chronometer) zu prüfen und einheitliche Beurteilungskriterien aufzustellen. Instrumentenbauer brauchten nun entsprechende Qualitätsreferenzen der Seewarte. Eine Schwachstelle des deutschen Instrumentenbaus war zu dieser Zeit die Kompassfertigung. Sehr gute Kompasse waren nur in England zu bekommen.

1876 stellte C. Plath seine ersten Kompasse auf der Hamburgischen Gewerbeausstellung vor. Als kurz darauf Lord Kelvin in England einen neuen Kompass mit magnetischer Kompensation für die eisernen Dampfschiffe entwickelte, verlegte sich Plath sofort auf diese Konstruktion. Die neuen großen Dampferlinien der Hamburg-Amerika-Linie oder der Hamburg-Südamerikanischen Dampfschiffahrtsgesellschaft versprachen ein gutes Geschäft.

Johann Georg Repsold (1770 bis 1830) war Astronom, Feinmechaniker und Direktor der Hamburger Sternwarte. Zuerst baute er nebenberuflich und aus Liebe zum Detail astronomische und geodätische Instrumente und Werkzeuge. Im Jahre 1799 gründete er eine kleine Werkstatt, die zu einer bekannten Firma wuchs und bis 1914 von seinen Nachkommen weitergeführt wurde. Seine Idee, Mikroskope in die Messwerkzeuge zu integrieren, verbesserte die Ablesung der Ergebnisse deutlich. Nach dem Bau eines privaten Observatoriums war er der Gründer der Sternwarte am Millerntor, die unter der napoleonischen Besatzungszeit abgerissen werden musste. Die neue Sternwarte, die auf sein Bestreben hin gebaut wurde, entstand erst nach seinem Tod im Jahr 1925 am Stadtwall in Hamburg

Lord Kelvin of Larges, als William Thomson 1824 in Belfast geboren, startete mit elf Jahren sein Mathematikstudium. 1841 kam er nach Cambridge und studierte dort Naturwissenschaften. Nach einem einjährigen Aufenthalt in Paris folgte er dem Ruf als Professor für theoretische Physik an die Universität Glasgow. 1848 veröffentlichte Thomson seine erste größere Arbeit auf dem Gebiet der Thermodynamik. Die absolute Temperatur wird noch heute in Kelvin angegeben. Er konstruierte Spiegelgalvanometer und Heberschreiber und beschäftigte sich viel mit den Gezeiten. Seine bekannteste Arbeit auf diesem Gebiet ist wohl die Gezeitenrechenmaschine, die 1872 von ihm entwickelt und 1876 gebaut wurde. Im Jahre 1890 wurde er zum Präsidenten der Londoner Royal Society gewählt und zwei Jahre später in den Adelsstand erhoben. Er verstarb 1907 in Netherhall

England

Ein berühmter Instrumentenbauer des 17. Jahrhunderts in England war Walter Hayes. Er gehörte der Gilde der Händler und später der Gilde der Uhrmacher an. Für die Instrumentenbauer gab es keine eigene Gilde. Von 1653 bis 1684 hatte Hayes seinen Firmenssitz „next door to the Pope's Head Tavern near Bethlem Gate in Moorfields, London". Er arbeitete unter seinem Zeichen der „Cross Daggers, (Gekreuzte Dolche)".

Als Werkstoff für seine Instrumente verwendete Hayes Silber, Messing oder Holz. Er bildete mindestens 15 Lehrlinge aus, darunter den später ebenfalls bekannt gewordenen Edmund Culpeper (Culpepper). Aus Reklamegründen und um sein Angebot zu erweitern arbeitete er mit anderen Instrumentenbauern zusammen. Zu seinem Angebot gehörten Kompasse, Nachtuhren, Quadranten, Sonnenuhren, Globen und eine große Zahl mathematischer Instrumente. Von Hayes ist eine kleine Zahl sehr guter Instrumente erhalten geblieben, wobei seine Quadranten besondere Anerkennung finden.

Bei seinem Lehrling und späteren Geschäftsnachfolger Culpeper sieht es dagegen anders aus. Immer wieder werden in Auktionen und von sehr guten Händlern seine Instrumente angeboten. Häufig sind Äquinoktialsonnenringe und Mikroskope dabei. Culpeper war Mitglied der Gilde der Händler und der Gesellschaft der Brillenmacher und führte in seinem Verkaufskatalog unter anderem Brenngläser, Brillen, Hadley's Quadranten, Magnetsteine, Mikroskope, Prismen, Sektoren, Sonnenuhren und Teleskope. Besonders bekannt ist seine Erfindung des „dreifüßigen" zusammengesetzten Mikroskops.

Frankreich

Ein bekannter französischer Instrumentenbauer war Nicolas Bion (zirka 1652 bis 1733), der 1716 sein „Traité de la construction et des principaux usages des instruments de mathématiques" (Abhandlung über die Konstruktion und den prinzipiellen Gebrauch mathe-

Mikroskop, Messing, Culpeper-Typ, Objektiveinstellungen 1 – 4 am verstellbaren Tubus eingraviert, Höhe zirka 30 Zentimeter

matischer Instrumente) erstmalig herausgab. Dieses Buch wurde bis zur Mitte des 18. Jahrhunderts in Frankreich und England fortwährend neu aufgelegt und auch ins Deutsche übersetzt. 1758 hatte Edmund Stone einer englischen Neuauflage einen Nachtrag hinzugefügt, in dem beispielsweise die Spiegelteleskope von Gregory und Newton beschrieben wurden. Bion war ein Meister seines Fachs, jedoch sind ihm wohl keine besonderen technischen Innovationen zu verdanken. Die wenigen von ihm erhaltenen Instrumente zeugen allerdings von seiner hohen Werkmannskunst, die ihm auch die Ernennung zum „Ingenieur des Königs" einbrachte. Zu seiner Zeit müssen seine Instrumente sehr begehrt gewesen sein. Sein besonderes Verdienst liegt unter anderem in seiner umfassenden Abhandlung über den Bau und die Anwendung von Instrumenten der Astronomie, Landvermessung, Mathematik und Navigation. Die letzte englische Neuauflage seines Buches stammt aus dem Jahr 1995.

Instrumente von höchster Präzision fertigte der Instrumentenbauer Nicolas Bion (1652 bis 1733). Bekannt wurde er unter anderem auch durch seine Abhandlungen über das erste Trommelmikroskop oder seine „Gründlichen Anweisungen wie mathematische Instrumente zu gebrauchen sind"

Niederlande

In dieser Zeit begegnet man in den Niederlanden sehr häufig dem Namen Johannes II van Keulen (JvK), Sohn des Gerard van Keulen und Vater von Gerard Hulst van Keulen. Johannes I van Keulen war ein bekannter Kartograph und Vater von Gerard van Keulen. Alle vier waren Mitglieder der Buchhändler-Gilde.

Johannes II van Keulen war sehr erfolgreich im Handel mit Instrumenten. Sein Name ist besonders oft auf Jakobsstäben (graadbogen) zu finden. Auf alten Ankaufslisten der „Vereinigten Ostindischen Kompanie" kann man feststellen, dass JvK im 18. Jahrhundert Hunderte von Jakobsstäben geliefert hatte. Man fragt sich heute, bei dem mageren weltweiten Bestand von zirka 100 Jakobsstäben, wo sie alle geblieben sind. Da es sich damals um preiswerte Winkelmessinstrumente handelte und sie in der Kompanie auch verstärkt zu Ausbildungszwecken an die unteren Dienstgrade verteilt wurden, wurden sie als Gebrauchsartikel wohl nicht besonders gut behandelt. Von 1751 an belieferte van Keulen die Kompanie auch mit den 1731 erfundenen und erheblich teureren Oktanten.

Etwas abseits der Pfade taucht noch ein Name auf: Antonie van Leeuwenhoek. Der in Delft lebende Tuchmacher mit geringer Schulbildung und keinerlei wissenschaftlicher Ausbildung überraschte 1675 die Londoner Royal Society mit Zeichnungen eines Mikroskops, das unglaubliche 275fache Vergrößerungen erlaubte. Wie er das erreicht hat, ist bis heute nicht geklärt. Seine Mikroskope sind eigentlich mehr Lupen mit einer kleinen eingelassenen Glasblase, die man in der Hand halten muss. Leeuwenhoek hat 1676 mit einem seiner Instrumente die Protozoen entdeckt, die winzigen Geschöpfe, von denen 8.280.000 in einem Wassertropfen existieren.

Der holländische Kaufmann und Amateurforscher Antonie van Leeuwenhoek (1632 bis 1723) war einer der führenden Naturforscher des 17. Jahrhunderts. Er stellte einfache Mikroskope her, indem er die Linsen zwischen Metallfassungen verband. Damit konnte er Objekte mit einer bis zu 270-fachen Vergrößerung betrachten, was die Leistung der ersten mehrlinsigen Mikroskope weit übertraf. Er hütete die Kunst des Linsenherstellens als Geheimnis, sodass Bakterien erst wieder beobachtet werden konnten, als es im 19. Jahrhundert gelang, bessere mehrlinsige Mikroskope zu bauen. Während der Forscherjahre fand er unter anderem Blutkörperchen, Bakterien und Mikroorganismen. Ab 1673 berichtete er seine Entdeckungen an die Royal Society in London. Als Anerkennung wurde er zum Mitglied der Gesellschaft ernannt und von bedeutenden Forschern und auch königlichen Häuptern seiner Zeit besucht

Astrolabium und Quadrant

Astrolabium

Auf vielen alten Gemälden sieht man das Astrolabium in der Hand von Gelehrten oder man findet es auf deren Studienplätzen. Für die Weisen im Morgenlande war es ein so genaues Messinstrument, dass sie es als „mathematischen Edelstein" bezeichneten. Über seine Entstehung gibt es eine Anekdote aus arabischen Quellen: „Eines Tages ritt Ptolemäus auf einem Esel und führte einen Himmelsglobus mit sich. Er ließ den Globus fallen, das Tier trat darauf, und das Ergebnis war ein Astrolab."

Eine geometrische Entdeckung

Ursprünge des Astrolabiums lagen im klassischen Griechenland. So beschäftigte sich Hipparch von Nikäa zirka 150 vor unserer Zeitrechnung mit einer geometrischen Entdeckung, der stereographischen Projektion. Bei dieser Projektion wurde die dreidimensionale Sphäre des Himmels mit gleichbleibenden Winkeln auf eine ebene Fläche übertragen. Man legte dafür eine Projektionsfläche durch die Äquatorebene einer durchsichtigen Kugel und zog von ihrem Südpol aus Verbindungslinien zu den einzelnen Punkten und Kreisen der Kugeloberfläche. Die Schnittstellen der Linien mit der Projektionsfläche ergaben dann ein Abbild des Himmels mit dem Nordpol im Zentrum. Der Äquator blieb – mit der Nordhalbkugel im Inneren – in seiner ursprünglichen Position. Die Südhalbkugel befand sich außen. Die Meridiane liefen als Gerade durch den Pol.

Als äußerer Rand der Projektion wurde meistens der südliche Wendekreis (Wendekreis des Steinbocks) gewählt, was dazu führte, dass die Ekliptik als exzentrischer Kreis bis an den Rand der Scheibe reichte. Mit dieser Projektion erhielt man eine zweidimensionale Darstellung der dreidimensionalen Himmelskugel und konnte damit komplexe astronomische Probleme ohne sphärische Trigonometrie lösen.

Hipparchos von Nicäa (um 190 bis 120 v.u.Z.) galt als der bedeutenste griechische Astronom. Seine Werke gingen bis auf einen Kommentar verloren, stehen jedoch in den Aufzeichnungen des Astronomen Ptolemäus. Seine Berechnung des tropischen Jahres wich nur 6,5 Minuten von modernen Messungen ab. Er ersann eine Methode, um Standorte mithilfe der geographischen Breiten und Längen zu ermitteln. Er katalogisierte und berechnete die Helligkeit von über 800 Sternen und zeichnete sie auf einer Karte ein. Hipparchos stellte außerdem eine Tabelle mit trigonometrischen Sehnen zusammen, die die Grundlage für die moderne Trigonometrie bildeten

Beispiel einer stereographischen Projektion

Das erste Liniensystem, das jedem Astrolabium zugrunde lag, bestand aus dem Wendekreis des Steinbocks, dem Äquator und dem Wendekreis des Krebses.

In der hier gezeigten Figur bedeutet der äußerste Kreis, mit dem man die Konstruktion beginnt, den Wendekreis des Steinbocks (Tropicus Capricorni).

DE ist der Meridian (Mittagslinie Nord–Süd) und BC der Horizont. Trägt man nun auf dem Kreisabschnitt BE 23,5 Grad als größte Abweichung (Deklination) der Sonne vom Horizont (Schiefe der Ekliptik) ab und verbindet diesen Punkt F mit D, so schneidet die Linie DF die Linie BC in G. Schlägt man mit AG um den Mittelpunkt A einen Kreis, erhält man den Äquator. Die Linie FA schneidet den Äquator in H. Verbindet man H mit I, dem Schnittpunkt des Äquators mit dem Meridian, so schneidet diese Linie HI die Linie BC in K. Der um A mit AK gezogene Kreis ergibt den Wendekreis des Krebses (Tropicus Canceri).

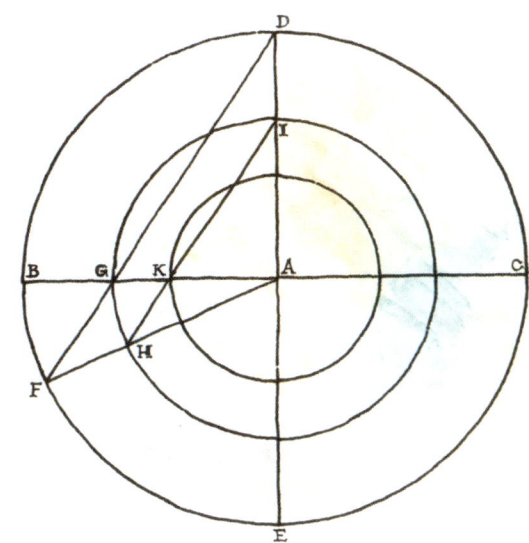

Weitere Liniensysteme wie beispielsweise das der Höhenparallelen und der Azimute mussten für jeden Breitengrad extra konstruiert werden.

Der berühmte griechische Naturforscher Claudius Ptolemäus schrieb in seiner Schrift „Planissphärium" (aus dem Almagest) ausführlich über die stereographische Projektion. Man vermutet daher, dass er bereits über ein Astrolabium verfügte.

Ein vielseitiges Instrument

In den arabischen Kulturkreis kam das Astrolabium im 9. Jahrhundert durch die Übersetzung griechischer Texte. Die islamischen Wissenschaftler entwickelten das Instrument weiter. Aus den folgenden drei Jahrhunderten sind noch zirka 40 dieser Instrumente erhalten geblieben. Sie erfreuten sich hoher Wertschätzung. Navigatoren und Landvermesser benutzten das Astrolabium direkt als Messinstrument.

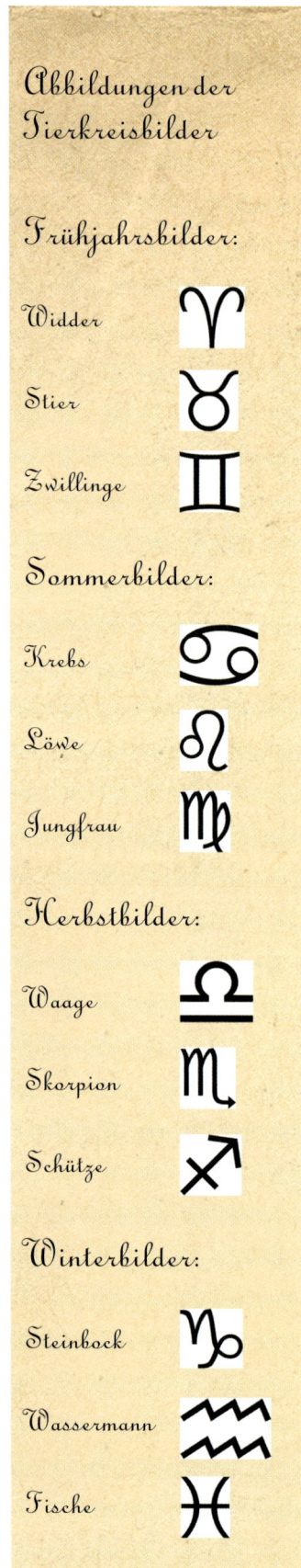

Abbildungen der Tierkreisbilder

Frühjahrsbilder:
Widder
Stier
Zwillinge

Sommerbilder:
Krebs
Löwe
Jungfrau

Herbstbilder:
Waage
Skorpion
Schütze

Winterbilder:
Steinbock
Wassermann
Fische

Man konnte mit diesem Instrument beispielsweise den Kurs über das Meer und den Breitengrad bestimmen. Islamische Kunsthandwerker fügten Skalen mit Positions- und Richtungsangaben für Mekka hinzu.

Das Astrolabium war generell als Zeitmessinstrument zu verwenden. Man ermittelte Tageszeiten und die im Islam geforderten genauen Gebetszeiten nach dem Stand der Sonne. Der Fastenmonat wurde nach dem Lauf des Mondes festgelegt. Die Position von Himmelskörpern konnte zu einem bestimmten Zeitpunkt festgestellt werden. Astronomen konnten sich dadurch lange Berechnungen ersparen.

Auch für die Astrologen war und ist das Astrolabium ein wichtiges Instrument. Das hängt mit dem Tierkreis (Zodiakus) zusammen. Die Einteilung der Sterne im Sonnenweg in zwölf Bilder ist wahrscheinlich babylonischen Ursprungs. Man war zu der Zeit überzeugt, dass es zwischen der Sternenwelt und dem menschlichen Leben einen Zusammenhang gab.

Die Einteilung des Sonnenweges in zwölf Teile resultierte daraus, dass der Mond während eines Jahres rund zwölfmal zur Sonne zurückkehrt und die Sonne von Neumond zu Neumond ein Zwölftel ihrer Jahresbahn durchläuft. Von einem Astrolabium kann man nun die momentane Konfiguration der Ekliptik, in der sich Sonne, Mond und Planeten durch die Sternbilder bewegen, in Relation zu Horizont und Meridian ablesen, was für die Astrologie von wesentlicher Bedeutung ist. Die von den Menschen am meisten gewünschte Leistung der Astrologie sind Prophezeiungen über Persönlichkeit und Schicksal eines Menschen. Die „Geburtshoroskopie" soll schon in den letzten Jahrhunderten vor Christi Geburt bekannt gewesen sein. Solche Horoskope werden auf der Grundlage der Position von Sternen und Planeten zum Zeitpunkt der Geburt eines Menschen erstellt. Aber auch Ärzte und Architekten nutzten die Deutungen der Astrologie. So konnte beispielsweise jeder Arzt die für ihn wichtigen „criticos dies" in Erfahrung bringen.

Die Mauren und ein Mönch

Mit dem Islam kam das Astrolabium in das maurische Spanien und damit in den europäischen Kulturkreis.

Astrolabium (Vorderseite), Bronze und Messing, von einem führenden Hersteller von Astrolabien „Ali Ibn Sadiq" signiert, Persien zirka 1790, mit großer Präzision von Hand gravierte Skalen und Blumendekore, Durchmesser 9 Zentimeter, Höhe mit Aufhängung 13 Zentimeter, die Vorderseite besteht aus der Mater mit dem Thron an der Spitze, dem Netz für 32 Sterne mit dem Tierkreis und dem Stift mit Pferd, durch das Netz schimmert die erste Scheibe

Hier übersetzten jüdische Gelehrte die arabischen Texte ins Lateinische. Aus dieser Zeit gibt es Astrolabien mit arabischen und lateinischen Inschriften. Es ist anzunehmen, dass sich über diesen Weg die arabischen Namen vieler Sterne in Europa einbürgerten.

Die Europäer erweiterten die Anwendungsmöglichkeiten des Astrolabiums zum Beispiel im Hinblick auf die Messtechniken und ließen die für den islamischen Glauben wichtigen Merkmale wegfallen. Obwohl der Mönch Hermann der Lahme bereits im 11. Jahrhundert eine Beschreibung des Astrolabiums („de mensura astrolabii") veröffentlichte, gab es erst ab dem 13. Jahrhundert in Europa eine größere Anzahl dieser Instrumente.

Astronomie und Kunsthandwerk

Das Astrolabium bestand aus der Mutter (Mater), einer kreisrunden Scheibe mit einer konzentrischen Aussparung auf der Vorderseite zur Aufnahme der planisphärischen Scheiben (Tympana), des Netzes (Rete) und manchmal eines Zeigers (Regel). Der dabei entstandene hochgewölbte Rand (Limbus) hatte die entsprechende Höhe zur Aufnahme der Tympana und der Rete. Häufig war die Aufhängung (Armilla oder Thron) der Mater sehr fein graviert. Auf der Rückseite der Mater (Dorsum) war ein Zeigerarm (Alhidade) drehbar angeordnet.

Das Astrolabium wurde durch einen Stift (Stabulum), der mit einem Keil (Hors) befestigt wurde, so zusammengehalten, dass Regel, Rete und Alhidade drehbar waren.

Die Tympana jedoch mussten in einer bestimmten Position in der Mater arretiert werden. Heute ist diese notwendige Eigenschaft ein Hinweis auf die Echtheit eines Astrolabiums.

Der Limbus hatte eine fein und gleichmäßig gravierte Gradeinteilung von 360 Grad. Die Tympana enthielten auf der Vorder- und Rückseite das verebnete Abbild der Himmelskugel für verschiede Breitengrade.

Die Rete (auch „das Rete") war ein filigranes Netz, das den Sternenhimmel repräsentierte. Auf der Rete war der Zodiakus (Tierkreis) exzentrisch angeordnet. Die kleinen

Der Mönch Hermann der Lahme veröffentlichte als Erster eine Abhandlung über den Gebrauch eines Astrolabiums

Astrolabium (Rückseite), zu sehen sind die Alhidade für die Winkelmessung, das Schattenquadrat, die Herstellersignatur und zwei Quadranten

Einzelteile eines Astrolabiums

Zeiger der Rete (beispielsweise Blätter, Flammen, Sicheln) zeigten in der Regel auf gut sichtbare Sterne und waren mit dem jeweiligen Sternnamen graviert. Damit die Rete schön und ein wenig symmetrisch aussah, verwendete man jedoch nicht immer die Hauptsterne aus den Sternbildern. Eine völlig symmetrische Rete wäre übrigens ein Indiz für eine Fälschung.

Die Rückseite des Astrolabiums (Dorsum) enthielt verschiedene Einteilungen, beispielsweise ein Schattenquadrat für Vermessungen, Linien und Gradeinteilungen für die Zeitermittlung sowie die Signatur des Herstellers. Oben links auf dem Dorsum befand sich ein Quadrant mit einem sechziger Radius für trigonometrische Rechnungen. Diese Einteilung war in der mittelalterlichen Trigonometrie üblich. Oben rechts war ein Sonnenquadrant mit einer Gebrauchsanleitung eingraviert.

Astrolabien wurden aus Messing hergestellt, manchmal vergoldet und waren sehr teuer. Es gab auch preiswertere, mit bedrucktem Papier beklebte Exemplare aus Holz, von denen naturgemäß nur sehr wenige erhalten sind.

Die planisphärischen Scheiben eines Astrolabiums

Sterne und ihre Namen

In diesem Kapitel stellen wir eine kleine Auswahl von Sternen vor, wie sie auf islamischen und europäischen Instrumenten zu finden waren. Sie sind auf den beiden in diesem Kapitel gezeigten Instrumenten vorhanden.

Das Astrolabium in der Schiffahrt

Bekannt ist, dass die portugiesischen und spanischen Entdecker wie Vasco da Gama (entdeckte den Seeweg nach Ostindien), Bartholomäus Diaz (umrundete als Erster die Südspitze Afrikas), Amerigo Vespucci (erforschte die südamerikanische Küste), Magellan und del Cano (umsegelten die Welt) und Christoph Kolumbus auf ihren Reisen im 15. Jahrhundert bereits ein Astrolabium oder einen einfacheren Quadranten zur Bestimmung des Breitengrades verwendeten, wobei die Kimmtiefe noch keine Rolle spielte.

Diese beiden Navigationsgeräte sind auf einer Weltkarte abgebildet, die Diego Ribeiro 1529 mit einer bemerkenswerten Genauigkeit zu Ehren der Entdecker zeichnete.

So schrieb ein Zeitgenosse über das Astrolabium: „Was aber den Nutz desselbigen belanget, erfahren solchen nicht allein die, so zu Land sich der Sternen und des Himmelslauff dessgleichen mancherley Messwerks gebrauchen. Sondern auch diejenigen, so zu Meer oder Wasser sehr weite Reysen in die Ost und West-Indien und andere dergleichen ferrn entlegene Örter verrichten. Also dass sie ohne hülff oder gebrauch desselbigen offtermals ihnen fortzukommen schwerlich getrawen dörfften. Inmassen dann die Holländische oder andere Schiffarten bezeugen."

Beispiele für die Anwendung

Der „Himmel" des Astrolabiums war das schon erwähnte filigrane Sternennetz mit dem exzentrisch angeordneten Kreis der Ekliptik, das die Bewegung des Sternenhimmels veranschaulichte. Sein äußerer Kreis war der Wendekreis des Steinbocks.

Quadrant	Astrolabium	Sternname/Sternbild
(um 1680 / England)	(um 1790 / Persien)	(heute)
Pegasus wings „Flügel des Pegasus"	markib al faras „Schulter des Pferdes"	Markab/Pegasus
Arcturus „Jäger, der die Bärin im Auge hält"	simak al-ramih	Arctur/Bootes
Lion's hart „Herz des Löwen"	qalb al asad „Herz des Löwen"	Regulus/Löwe
Bull's Eye „Auge des Stiers"	‘ayn al-thawr „das rotfunkelnde Auge des Stiers"	Aldebaran/Stier
Vultures hart „Herz des Geiers"	an nasr al ta‘ir „der fliegende Adler"	Atair/Adler

(„Heart" wurde im 17. Jahrhundert als „hart" geschrieben"!)

Die für jeweils einen Breitengrad bestimmten Scheiben waren der auf die „Erde" bezogene Teil des Instrumentes. Sie zeigten die Mittagslinie (den Meridian), den Äquator, die Wendekreise des Krebses und Steinbocks sowie die Ost-West-Linie in der allen Scheiben gemeinsamen Grundkonstruktion. Die Kreise und Kurven, die den auf der Scheibe nach oben verschobenen Zenit als Bezugspunkt hatten, mussten für jeden Breitengrad extra konstruiert werden. Das waren dann beispielsweise der Horizont des Beobachters, Kreise für Azimute, Höhenparallele und temporäre Stunden. Als temporäre Stunden bezeichnete man eine Unterteilung des Tages vom Sonnenaufgang bis zu ihrem Niedergang in zwölf gleiche Teile mit für uns heutzutage ungewöhnlichen „Stundenlängen". Diese im Mittelalter übliche Tageseinteilung sah so aus, dass im Winter eine der zwölf Tagesstunden etwa eine halbe unserer heutigen Stunden dauerte, während sie dann im Sommer dreimal so lang war. Wahrscheinlich ließ sich der Tag so am besten organisieren.

Von dem Horizontkreis aus waren die Gestirnshöhen zu messen, die durch die Höhenparallelen angezeigt wurden. Mit den Azimutkreisen konnte der Winkel im Zenit zwischen dem Himmelsmeridian und dem Vertikalkreis des Gestirns ermittelt werden. Zur Einstellung des Instrumentes musste zuerst die Höhe der Sonne oder eines Sternes gemessen werden. Hierfür verwendete man die Rückseite des Astrolabiums mit der Alhidade, die zwei Absehen hatte.

Für die Messung der Sonne wurde das Astrolabium an der Aufhängung gehalten und in die Ebene Beobachter – Sonne (Meridianebene) gebracht. Dann drehte man die Alhidade über dem Dorsum so lange, bis ein Sonnenstrahl auf den Limbus am Rand fiel. An der oberen Ablesekante

Schematischer Aufbau eines Astrolabiums

der Alhidade war dann die Höhe der Sonne über dem Horizont ablesbar.

Für die Höhenmessung eines Sternes wurde das Astrolabium in Augenhöhe gehalten. Mit der gemessenen Höhe des Sterns und unter Verwendung der entsprechenden Scheibe für den Breitengrad des Beobachters konnte dann die Rete eingestellt werden. Man drehte sie so lange über die Scheibe, bis der beobachtete Stern auf der gemessenen Höhenparallele stand. In diesem Moment zeigte das Instrument das exakte Himmelsbild mit den Positionen der Sterne. Eben unter der Mitte des Dorsums befand sich – wie schon erwähnt – ein Rechteck für Vermessungszwecke, das man als Schattenquadrat bezeichnete. Gleichzeitig war in das Schattenquadrat noch eine astrologische Information eingraviert. Mit dem Schattenquadrat konnte man beispielsweise die Spitze eines Wachtturmes anpeilen und seine Höhe messen.

Im 10. Jahrhundert schrieb der persische Astronom al-Sufi ein Werk über den Gebrauch des Astrolabiums, das in 1.760 Kapiteln jeweils eine Aufgabe des Astrolabiums behandelte. Auf diese Berechnungen einzugehen, würde aber den Rahmen dieses Buches sprengen.

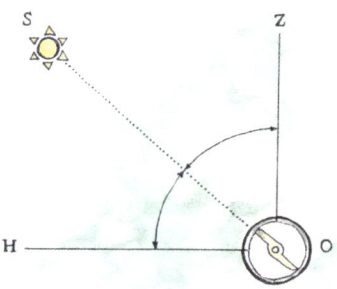

Anwendungsschema

Das Marine-Astrolabium

Für die Seefahrer wurde ein spezielles Marine-Astrolabium entwickelt. Mit diesem Instrument konnte man nur Höhenmessungen vornehmen. Es enthielt auf dem Kreisbogen zwei Gradeinteilungen von 0 bis 90 Grad. Darüber war eine mit zwei Dioptern versehene Alhidade drehbar angeordnet. An dieser Alhidade konnte man auf beiden Seiten ablesen.

Man verwendete eine schwere Messingplatte mit einer Aufhängung, die in den vier Quadranten durchbrochen war und so bei Wind ruhiger in der Hand lag. Der Gewichtsschwerpunkt lag der Aufhängung gegenüber am unteren Rand des Astrolabiums.

Marine-Astrolabium

Wahrscheinlich wurde dieses Astrolabium Ende des 15. Jahrhunderts entwickelt, als die portugiesischen Astronomen das Verfahren für die Breitengradbestimmung über die Sonne entwickelten. In Lissabon sind heute auch die meisten der übriggebliebenen und häufig aus Wracks geborgenen Marine-Astrolabien zu besichtigen.

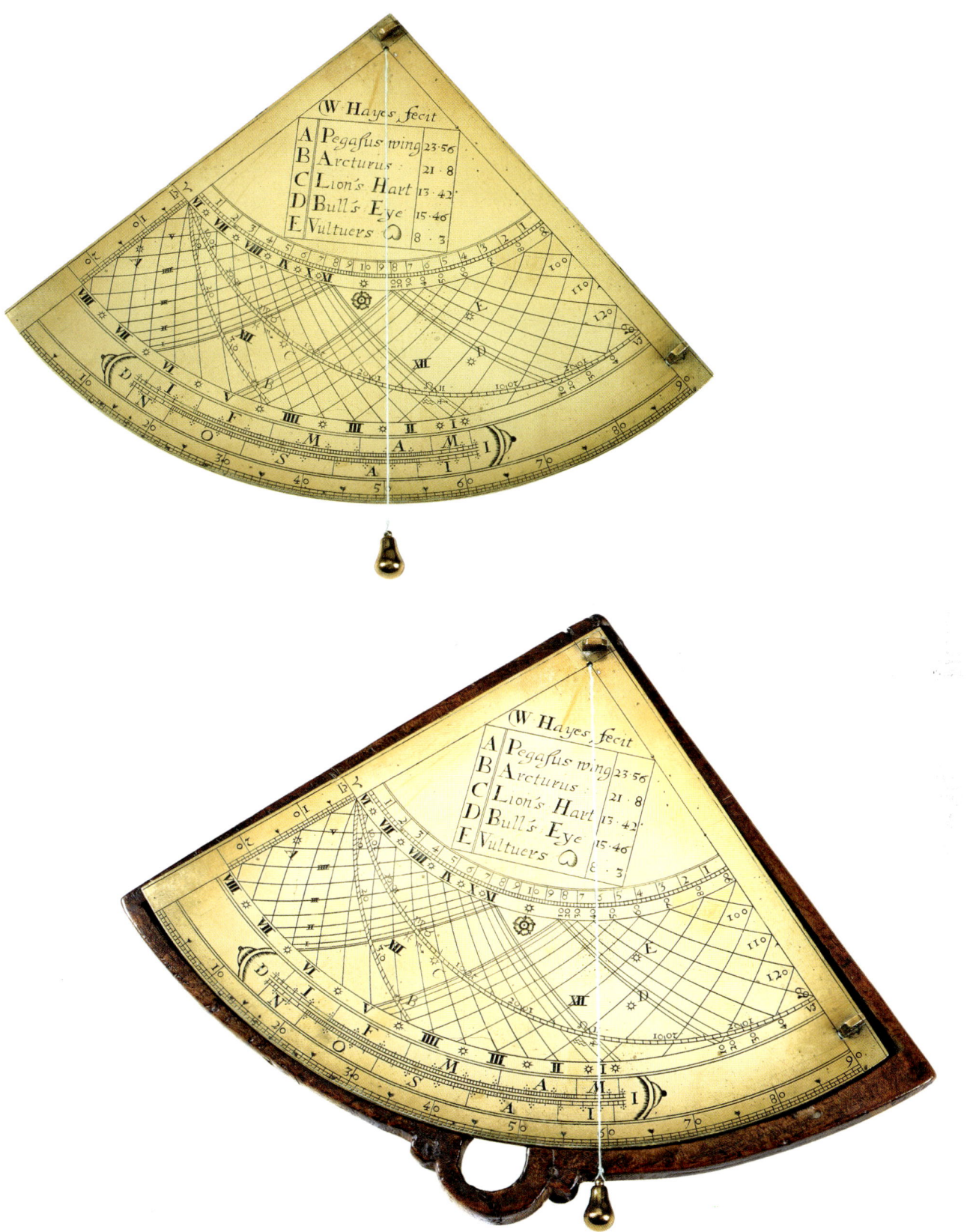

Quadrant, Messing vergoldet, signiert W. Hayes, London um 1680, Radius zirka 13 Zentimeter, man sieht u.a.: den Limbus von 0 - 90°, Uhrenlinien, Azimutlinien, Tierkreiszeichen auf der scheinbaren Sonnenbahn, fünf Sterne in einer Tabelle, das Lotgewicht (Nachbau) und die originale Aufbewahrungsdose aus Buchsbaumholz

500 Jahre Navigation

Der Quadrant

Eine Ableitung des Astrolabiums war der „Gunter-Quadrant". Die Projektion dieses Quadranten war für eine Breite bestimmt und entsprach einem Tympanon (einer planisphärischen Scheibe) des Astrolabiums. Edmund Gunter, Professor für Astronomie am Gresham College in London, entwickelte um 1618 seinen Quadranten (Viertelkreis), über den er 1623 eine Veröffentlichung „De sectore et radio" herausgab. Es war ein einfallsreiches mechanisches Gerät für astronomische Beobachtungen und Berechnungen.

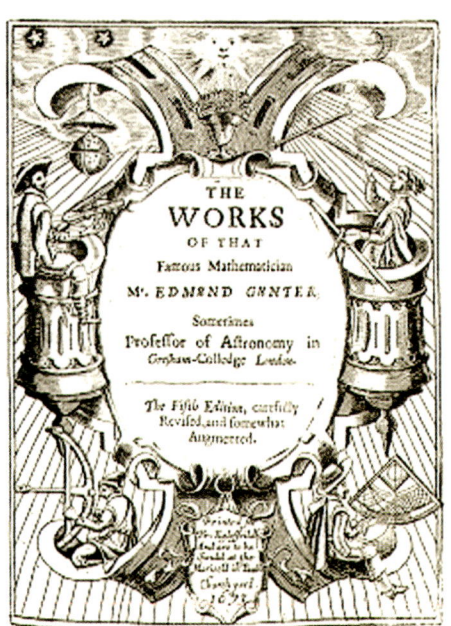

Der Viertelkreis hatte einen Radius von zirka 10 bis 23 Zentimetern. Der Gradbogen (Limbus) wies eine Einteilung von 0 bis 90 Grad auf. Von dem Scheitelpunkt hing ein seidener Faden mit einem kleinen Lotgewicht und einer Perle vor dem Quadranten. An einem der beiden Radien befanden sich zwei Absehen. Indem man den Quadranten senkrecht (in der Meridianebene) hielt und die Sonne oder einen Stern anpeilte, konnte man den Höhenwinkel oder die Zenitdistanz auf dem entsprechenden Gradbogen an dem durch das Lotgewicht senkrecht gehaltenen seidenen Faden ablesen. Die Kimmtiefe wurde bei der Verwendung dieses Instruments wiederum nicht berücksichtigt.

Das Universal-Instrument

Gunters Quadrant enthielt zusätzlich eine stereographische Projektion des Äquators, des Wendekreises des Krebses, der Ekliptik mit den Tierkreiszeichen und des Horizontes sowie auf der linken Seite eine Skala mit der Deklination der Sonne von 0 bis 23,5 Grad (Abstand der Sonne vom Äquator zum Solstitium). Außerdem machten Uhrenlinien für Sommer und Winter zur Zeitfindung sowie Linien für die Ermittlung des Winkels zwischen der Sonne und dem Polarstern (Sonnenazimut) den Quadranten zu einem intelligenten Instrument. Zwischen dem Limbus und der Projektion befand sich noch eine sorgfältig gravierte Monatsskala.

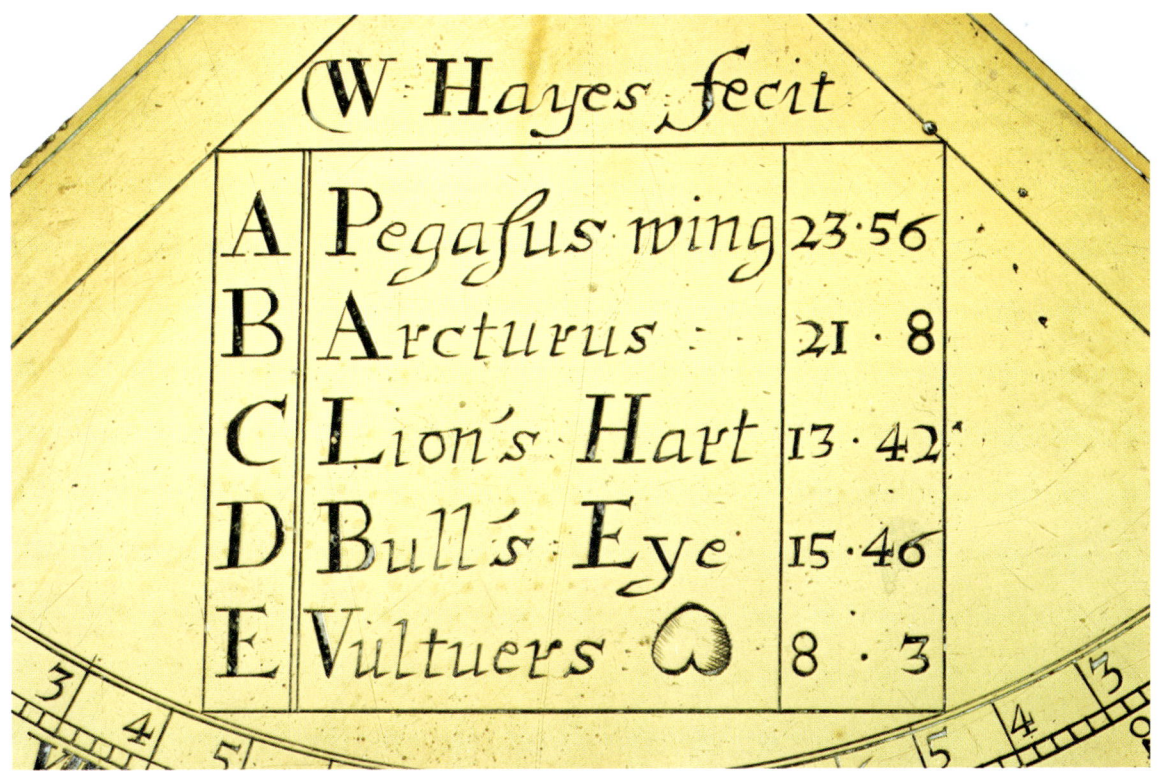

Detail mit Gravur

Einige Anwendungsbeispiele

• Tagsüber konnte man die Zeit finden, indem man die verschiebbare Perle auf die entsprechende Deklination der Sonne oder auf die Position der Sonne in der Kurve der Ekliptik einstellte. Dann wurde der Quadrant auf die Sonne eingerichtet, bis der seidene Faden auf dem Limbus die Sonnenhöhe anzeigte. Bei dieser Konstellation zeigte die Perle an der darunter liegenden Stundenlinie die Zeit an. Um zu entscheiden, ob es sich um den Vormittag oder Nachmittag handelte, musste das Auf- oder Untergehen der Sonne beobachtet werden.

• Wenn man die Monatsskala in Verbindung mit dem Limbus benutzte, erhielt man die Meridianhöhe der Sonne für jeden Tag. Umgekehrt konnte man durch das Messen der Meridianhöhe der Sonne das Datum bestimmen.

• Legte man den seidenen Faden auf die Position der Sonne in der Ekliptik, stellte die Gradzahl auf dem Limbus die Rektaszension dar. Umgekehrt konnte man mit der Rektaszension den Standort der Sonne in der Ekliptik finden.

• Setzte man die Perle mit dem seidenen Faden auf die Position der Sonne in der Ekliptik und bewegte den Faden zur Skala der Deklination, zeigte die Perle dort die Gradzahl der Deklination an. Mit der bekannten Deklination konnte man umgekehrt die Position der Sonne in der Ekliptik finden.

• Weitere Möglichkeiten waren die zeitliche und örtliche Bestimmung von Sonnenaufgang und Sonnenuntergang sowie die Berechnung der verbleibenden Stunden am Tag und in der Nacht.

• Der hier abgebildete frühe Quadrant enthält außerdem eine Liste von fünf Sternen, die mit ihrer damaligen Position in die Projektion eingraviert worden sind. Damit konnte man nachts die Uhrzeit anhand der jeweiligen Sternenhöhe berechnen. Heute hat man dadurch eine Möglichkeit, das Alter des Quadranten zu ermitteln.

Einige Arten von Quadranten

Die Quadranten wurden aus Buchsbaumholz, Elfenbein, Messing und manchmal Eichenholz hergestellt. Die Instrumente aus Eichenholz beklebte man mit einem bedruckten Quadranten aus Papier. Die Rückseiten der Quadranten waren beispielsweise mit einer Nachtuhr oder einer Sonnenuhr ausgestattet oder sie blieben ungenutzt.

Die Quadranten waren als universelle Tascheninstrumente bei wissenschaftlich interessierten Zeitgenossen sehr beliebt. So wurde von dem berühmten niederländischen Seekartenmacher W. Blaeu berichtet, dass er 1628 mit einem kleinen Schiffsquadranten eine Mondfinsternis beobachtet hatte. Weil das Ergebnis nicht besonders genau ausfiel, baute er wahrscheinlich kurz darauf einen Quadranten aus Holz mit Messingrand, einem Radius von sieben Fuß und einer Transversaleinteilung auf einem Zoll. Solche großen Quadranten wurden auch von vielen Wissenschaftlern gerne für astronomische Beobachtungen verwendet. Der dänische Astronom Tycho Brahe verwendete Quadranten mit einem Radius bis zu zehn Fuß. Auf größeren Quadranten konnten die Skalen so genau graviert werden, dass man mit diesen einfachen Instrumenten bereits relativ genaue Messungen von Gestirnen durchführen konnte.

In der Seefahrt war die Handhabung des Gunter-Quadranten durch Wind, Seegang und Zittern der Hände erschwert. Um ihn etwas unempfindlicher gegen die Windeinflüsse zu machen, verwendete man nur den „Rahmen", der aus den beiden Radien und dem Gradbogen bestand, während die Innenfläche fehlte. Es ist aber davon auszugehen, dass auch der Gunter-Quadrant mangels anderer Instrumente, und da er preiswerter war als beispielsweise das Astrolabium, in verschiedenen Ausführungen in Gebrauch war.

Der portugiesische Quadrant

Während der Gunter-Quadrant wegen seiner kunsthandwerklich schönen Ausführung und seiner Vielseitigkeit sehr bekannt wurde und heute noch in etlichen Exemplaren in Museen und bei Sammlern vorhanden ist, gibt es über seine häufig einfacher gestalteten Vorgänger hauptsächlich nur noch Zeichnungen und kurze Erläuterungen. Wahrscheinlich war der Quadrant schon vor 1450 auf See in Gebrauch.

Um die Anwendung von Instrumenten in der Navigation für ihre Seeleute einfacher zu machen, hatten die Portugiesen für das Segeln auf dem Meridian eine besondere Methode entwickelt. Sie kennzeichneten die Skala des Quadranten mit bekannten Landmarken wie beispielsweise Lissabon, Cap St. Vincent, Cap Verde und Sierra Leone. Bei der Messung der Höhe des Polarsterns fiel dann der seidene Faden auf den durch einen markanten Punkt gekennzeichneten Breitengrad. Dieser Quadrant war nur für Höhenmessungen geeignet.

Für die Messung waagerechter Winkel beispielsweise von Azimuten gab es Quadranten, die anstelle des Lotes einen beweglichen Zeigerarm (Alhidade) besaßen. Bei diesem Instrument befanden sich die Absehen auf der Alhidade.

Da Gunter eine perfekte Bauanleitung geliefert hatte, wurden einfache Quadranten oft von Studenten nachgebaut oder später auch gefälscht. Die Fälschungen und die Hobby-Instrumente sind häufig an ihren merkwürdigen und übertriebenen Gravuren sowie Verzierungen zu erkennen.

Jakobsstab und Davis-Quadrant

Der Jakobsstab

Der Jakobsstab des Seemanns war ein Instrument, mit dem die Meridianhöhe der Sonne oder eines Sterns gemessen werden konnte, um damit die geographische Breite zu bestimmen.

Der Kamal – Vorgänger des Jakobsstabes?

Als Vasco da Gama auf dem Weg nach Indien 1498 die ostafrikanische Küste erreichte, nahm er in Malindi den Lotsen Ibn Majid an Bord. Dieser Kenner des Indischen Ozeans war ein Meister der arabischen Navigation. Er war damit einverstanden, Vasco da Gamas Schiffe nach Indien zu leiten. Die Navigationsinstrumente der Portugiesen, vorwiegend Astrolabien aus Holz und Metall, waren Ibn Majid unbekannt und würden, wie er erklärte, in seiner Heimat nicht für die Seefahrt verwendet. Er präsentierte stattdessen drei Holztäfelchen als Beispiele für ein einfaches Navigationsgerät, das er „Kamal" nannte. Diese, auch „Indische Täfelchen" genannten Holztäfelchen, waren kleine rechteckige Holzscheiben, an denen in der Mitte eine Schnur mit einer Reihe von Knoten befestigt war.

Zum Bestimmen der Position wurden die Bänder des Kamals in den Mund genommen und die heraushängenden Knoten abgezählt. Beim Polarstern hatte man auch gleich den Breitengrad

Ein auf das jeweilige Gestirn abgestimmtes Täfelchen wurde nun so vor das Auge gehalten, dass der untere Rand die Kimm und der obere Rand gerade das Gestirn berührte. Die Schnur mit den Knoten wurde mit den Zähnen straff gehalten.

Die Höhenmessung beispielsweise des Sterns Canopus (aus dem südlichen Sternbild „Schiffskiel", zweithellster Stern nach dem Sirius) ergab sich aus der Anzahl der Knoten, die aus dem Mund des Beobachters herabhingen. Einfacher war das Täfelchen für den Polarstern, weil die Anzahl der Knoten gleich Auskunft über die Breite gab. Der verwendete Knotenabstand von einem Grad und 36 Minuten wurde „isbas" genannt. Der nach dem Prinzip des Jakobsstabes arbeitende Kamal erlaubte aber keine genauen Messungen. Wahrscheinlich bezeichnete die Anzahl der Knoten eine bestimmte Breite ähnlich wie bei den ersten Quadranten. Die arabischen Seeleute führten mehrere dieser Täfelchen mit, weil sie auf das jeweils zu messende Gestirn abgestimmt waren.

Nach da Gamas Rückkehr wurde der Kamal auch im Westen bekannt. Da er gegenüber dem Jakobsstab keine Vorteile aufwies, geriet er jedoch bald wieder in Vergessenheit. Im Arabischen Meer dagegen soll dieses Instrument noch bis in das 19. Jahrhundert verwendet worden sein.

Ein Pilgerstab für die Winkelmessung?

Die im späten Mittelalter in der Seefahrt verwendeten und im vorherigen Kapitel beschriebenen Instrumente

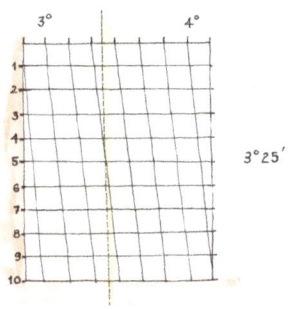

Beispiel für eine transversale Unterteilung eines Maßstabes:

**6 schräge Spalten, 10 Zeilen
oben: 3 bis 4 Grad
unten: 10 bis 60 Minuten**

Astrolabium und See-Quadrant (ein Vorläufer des späteren Gunter-Quadranten) wurden im 15. Jahrhundert um ein Instrument erweitert, das uns als Jakobsstab (auch Gradstock) bekannt geworden ist.

Für die Entstehung des Namens gibt es unterschiedliche Theorien. Die erste besagt, dass der Name Jakobsstab durch die Ähnlichkeit dieses Instrumentes mit dem Pilgerstab der Jakobs-Pilger entstanden sei. Eine weitere meint, dass die drei Gürtelsterne des Orion Mintaka, Alnilam und Alnitah, die als Jakobsstab bezeichnet werden, als Namensgeber Pate standen. Eine andere Version vermutet, dass der „Baculus Jacob" wie er ursprünglich hieß, seinen Namen von der biblischen Jakobsleiter zwischen Himmel und Erde erhielt.

Die Seefahrer der Iberischen Halbinsel nannten das Instrument „Balestilha" und die Engländer sprachen anfangs von „Arbalista", „Balla Stella" und später vom „Cross- Staff" oder „Fore-Staff".

Die Erfindung und erste Beschreibung dieses Instrumentes aus dem Jahr 1342 stammte von dem jüdischen Mathematiker und Astronomen Rabbi Levi ben Gerson, der von 1288 bis 1344 in der Provence lebte. Levi ben Gersons Version des Jakobsstabes war wohl von der Konstruktion her noch ziemlich unhandlich, da er bei der Abstandsmessung gleicher Sterne um zwei Grad unterschiedliche Werte erhielt.

Die Ungenauigkeit war allerdings verwunderlich, weil er auf seinem Jakobsstab erstmalig die Schrägteilung

Jakobsstab, Ebenholz mit Messingapplikationen, signiert „D. Oker, Hamburg, 1725", Stab mit vier Höhenskalen und Skalen für die Zenitdistanz, Himmelsende pyramidenförmig, Augenende flach, vier Querstäbe, ein hervorragender Nachbau eines Hamburger Meisters aus dem 20. Jahrhundert

Der Mathematiker Johannes Müller von Königsberg (auch Hans Müller oder latinisiert Regiomontanus, 1436 bis 1476) war ein bedeutender Astronom und Verleger des Spätmittelalters. Bereits mit elf Jahren begann er zu studieren, wechselte bald an die damals bedeutendste mathematisch-astronomische Schule nach Wien und bearbeitete den „Almagest", der Kopernikus und Galilei als Lehrbuch diente. Später (in Ungarn) baute er eigene Instrumente und verfeinerte seine Sinus- und Tangententafeln bis zu sieben Stellen hinter dem Komma. 1471 eröffnete er eine eigene Druckerei, um seine Werke in höchster Qualität herzustellen. Für Papst Sixtus IV. arbeitete er an einer Kalenderreform. Er starb bereits mit 40 Jahren, vermutlich an der Pest

(den Transversalmaßstab) verwendete. Dieser Maßstab brachte einen wesentlichen Fortschritt in der Ablesegenauigkeit von Längenteilungen mit sich, weil ein Grad transversal in 60 Minuten unterteilt wurde. Der Maßstab kam dann aber erst durch den dänischen Astronomen Tycho Brahe und Jost Bürgi von der Sternwarte Kassel im 16. Jahrhundert zur Anwendung.

Eine deutsche Anleitung zum Bau eines Gradstockes (radius astronomicus) bestehend aus einem Längsstab und einem Querstab schrieb der berühmte Astronom Johannes Müller, genannt Regiomontanus, aus Königsberg in Franken im Jahr 1472. Man vermutet, dass einer seiner Schüler, der Nürnberger Martin Behaim (von ihm stammt ein berühmter Globus) den Jakobsstab bei den Portugiesen eingeführt haben könnte, als er in den Jahren 1484 bis 1485 an Entdeckungsreisen entlang der Küste Westafrikas teilnahm. In der Literatur findet sich allerdings der Hinweis, dass der berühmte Portugiese Pedro Nunez den Jakobsstab 1546 als Erfindung Regiomontanus in Portugal eingeführt hat.

Von dem Deutschen Johann Werner wurde berichtet, dass er 1514 einen Jakobsstab mit acht Querhölzern verwendet haben soll. Er soll auch als Erster die Verwendung des Jakobsstabes auf See in Verbindung mit seiner Theorie zur Längengradermittlung über Monddistanzen vorgeschlagen haben. Diese Theorie wurde später von dem deutschen Geographen Peter Apian in seinem Buch „Cosmographia" illustriert. Darin findet man die erste Darstellung eines Mannes, der einen Jakobsstab benutzt, um den Winkel zwischen der Sonne und einem Stern zu messen. Werners Theorie war grundsätzlich richtig, nur waren zu seiner Zeit die technischen Hilfsmittel und die Informationen über die Bewegungen des Mondes noch nicht ausreichend.

Sonne oder Polarstern

Während bei dem Astrolabium und dem Quadranten die Schwerkraft der Erde (das Lot) als Bezugssystem für die Höhe von Gestirnen verwendet wurde, verwendet man bei dem Jakobsstab den Horizont (die Kimm).

Dadurch wurden auf den schwankenden Schiffsdecks genauere Messungen möglich. Kolumbus hatte in seinem Tagebuch berichtet, dass für genauere Messungen mit dem Astrolabium zuerst Land aufgesucht werden musste. Ein ähnlicher Bericht kam von den portugiesischen Seeleuten.

Obwohl der Jakobsstab ein preiswertes und praktikables Instrument der Astronomen war, konnte er sich in der Seefahrt erst ab dem 16. Jahrhundert durchsetzen. Das lag wohl auch daran, dass man mit einem Auge ungeschützt in die Sonne blicken und gleichzeitig den Horizont anpeilen musste. Es gibt Überlieferungen aus dieser Zeit, dass viele Kapitäne dadurch auf einem Auge blind geworden waren. Später entwickelte man eine Methode, bei der man die Messung der Sonnenhöhe mit dem Rücken zu ihr stehend (rückwärts) durchführen konnte. Der bekannteste zeitgenössische „baculus Jacob"-Forscher W. F. J. Mörzer Bruyns vom „Scheepvaartmuseum Amsterdam" schreibt jedoch, dass der Jakobsstab hauptsächlich zur Messung der Höhe des Polarsterns oder anderer Sterne verwendet wurde.

Der deutsche Gelehrte Peter Apian oder Petrus Apianus (1495 bis 1552) wurde unter dem Namen Peter Bennewitz oder Bienewitz geboren. Apian ist die Latinisierung von Bienendorf (lat. apis = Biene). Als Mathematiker, Astronom, Geograph sowie Kartograph stand er in der Gunst von Kaiser Karl V. und wurde 1541 in den Reichsritterstand gehoben und wenig später zum Hofpfalzgrafen. Er lehrte als Professor in Ingolstadt und entwickelte eine Methode zur Messung geographischer Längen mittels Mondentfernungen. 1527 veröffentlichte er als erster Abendländer eine Variante des Pascalschen Dreiecks, dessen sich bereits die alten Chinesen bedienten. Er fand 1531/32 durch Beobachtung heraus, dass der Schweif der Kometen diametral von der Sonne wegzeigt. Obwohl dies 1531 auch Girolamo Fracastoro entdeckte, war Peter Apian zumindest der Erste, welcher dieses Phänomen graphisch darstellte

Augenende, Himmelsende und drei Castagnoles

Am Anfang der Entwicklung des Jakobstabs gab es eine Bauanleitung, in er fünf oder sechs Fuß (ein englischer Foot entspricht 30,48 Zentimetern) lang war, das waren zirka 1,5 oder 1,8 Meter. Es war ein quadratischer Stab (Seitenlänge von 1,4 bis 1,8 Zentimeter) mit einem im rechten Winkel aufgesetzten Querstab (Schieber). Dazu gab es Hinweise für die Gradeinteilung.

Da der Jakobsstab für den Gebrauch auf See kürzer sein musste, aber auch Winkel bis 90 Grad messen sollte, fügten die Seefahrer weitere Querstäbe hinzu. Der Jakobsstab war danach 30 bis 36 Inches (ein Inch entspricht 2,54 Zentimeter) lang, das waren 76,2 bis 91,44 Zentimeter, wobei die Durchschnittslänge 80 Zentimeter betrug. Die Querstäbe (italienisch Castagnoles) hatten die Maße 6, 10 und 15 Inches, das entsprach 15,24, 25,4 und 38,1

Zentimetern. Der Längste der Castagnoles war für Winkel ab 30 Grad (ab dem 17. Jahrhundert 60 Grad) und der kürzeste für Winkel unter 10 Grad bestimmt.

Im 17. Jahrhundert kam noch ein kleinerer vierter Querstab für Winkel unter 10 Grad hinzu, der gleichzeitig als Horizontschieber diente. Damit konnte der „Cross-Staff" als „Back-Staff"(mit dem Rücken zur Sonne) benutzt werden. Jeder Querstab hatte seine eigene Gradskala auf einer Seite des Hauptstabes, daneben gab es ab dem 17. Jahrhundert auf einigen Jakobsstäben neben der Höhenskala auch Skalen für die Zenitdistanz. Am Anfang des 18. Jahrhunderts wurden Einteilungen bis zu fünf oder sogar zwei Bogenminuten eingeführt. Das Augenende des Stabes war flach, während das Himmelsende pyramidenförmig gestaltet war. Damit war bei Dunkelheit eine bessere Unterscheidung möglich.

Maßangaben und Bauanleitungen waren von Bedeutung, weil sich viele Seefahrer ihre Instrumente selbst bauen mussten. Man war in dieser Zeit mit einer Genauigkeit von einem halben bis zu einem Grad zufrieden. Man sollte sich dabei aber vor Augen halten, dass eine Ungenauigkeit von einem Grad einem Fehler von 60 Seemeilen entsprach.

Sterne schießen

Bei einer Messung hielt der Navigator das flache Ende des Jakobsstabes an seinen Wangenknochen, peilte mit einem Auge an dem Stab entlang auf einen Punkt ungefähr in der Mitte zwischen dem Himmelskörper und dem Horizont. Dann schob er einen der Schieber sanft in eine Position, in der die obere Kante den Himmelskörper und die untere Kante den Horizont berührte. Nachdem er dann den Schieber mit einer Schraube festgestellt hatte, konnte er den Höhenwinkel (oder auch die Zenitdistanz) auf der diesem Schieber zugeordneten Skala des Hauptstabes ablesen. Diese Messung war bei großen Winkeln ab 50 Grad besonders schwierig, weil man das obere und untere Ende des Schiebers nicht gleichzeitig „im Auge" behalten konnte und dadurch Irrtümer möglich waren.

Die Messung an Land konnte mit längeren Jakobsstäben erfolgen. Für die Navigation auf See musste der Jakobsstab kürzer sein, um im Seegang ein annähernd genaues Ergebnis zu erreichen

So schrieb der Engländer William Bourne im Jahr 1574: „... that it is beste to take the heighte of the Sunne with the cross staffe, when the sunne is under 50 degrees in heighte above the horizon ..." Ab 50 oder spätestens 60 Grad wurde dann empfohlen, das Marine-Astrolabium zu benutzen.

Wie schon berichtet, lautete die Formel zur Feststellung der Breite: Breite = Deklination + Zenit-Distanz (Zenit-Distanz = 90 Grad - gemessene Sonnenhöhe).

Nehmen wir an, auf See wurde die Meridianhöhe der Sonne mit 41°30' Süd gemessen. (Hatte man den unteren Sonnenrand beobachtet, mussten 16' für den Radius der Sonne hinzugerechnet werden.) Zur gleichen Zeit betrug die Deklination der Sonne 10°20' Nord. Auf welcher Breite befand sich das Schiff?

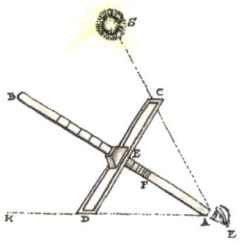

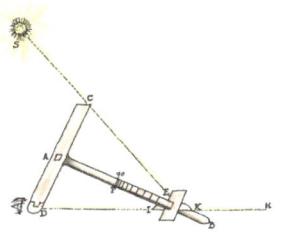

Grafische Darstellungen der Handhabungen. Oben mit dem Blick zur Sonne, unten mit dem Rücken zur Sonne

$$\text{Zenit-Distanz} = 90° - 41°30', \quad \text{Zenit-Distanz} = 48°30'$$
$$\text{Breite} = 10°20' + 48°30' \quad \text{Breite} = 59°50' \text{ Nord}$$

Bei dem fast über dem Nordpol stehenden Polarstern war die Feststellung der Breite, wie schon erwähnt, noch einfacher, da seine Höhe bis auf geringe Abweichungen dem Breitengrad entsprach.

Es gab auch eine Möglichkeit, den Jakobsstab mit dem Rücken zur Sonne zu benutzen. Dafür wurden der große und der kleine Schieber benötigt. Der große Schieber wurde an einer Seite mit einer Schlitzabsehe ausgestattet, und der kleine Schieber erhielt ein Kreuzteil aus Elfenbein. Durch die Schlitzabsehe und über das Kreuzteil wurde der Horizont anvisiert. Die Messung erfolgte, wenn der Schatten des großen Schiebers auf das Kreuzteil fiel.

Weil die ursprüngliche Konstruktion des Jakobsstabes mit dem Stab und nur einem Schieber Ähnlichkeit mit einer Armbrust hatte und im Navigationsunterricht mit dem Jakobsstab ähnlich wie mit einer Armbrust auf die Gestirne gezielt wurde, sprach man auch von „Sterne schießen". Dieser Begriff ist in der Navigation bis heute noch bekannt.

Trotz der Entwicklung anderer und besserer Winkelmessinstrumente wie Davis-Quadrant und Hadley-Oktant benutzten die Niederländer ihre Jakobsstäbe zur Beobachtung von Gestirnen angeblich bis zum Beginn des 19. Jahrhunderts.

Davis-Quadrant (Backstaff), Pockholz und Buchsbaum, Absehen aus Obstholz, Elfenbeinschildchen mit Signatur „Made by In° Gilbert on Tower Hill London", zirka 1730, Rahmen mit vier Gruppen zu je drei französischen Lilien verziert, kleiner Gradbogen mit Aufschrift „NO 86", Alterspatina, Gesamtlänge: 64 Zentimeter

Das mag am günstigen Preis und der konservativen Einstellung der Seeleute gelegen haben. Aber auch Bildung und Ausbildung können eine Rolle gespielt haben. Böse Zungen behaupten, dass die Seeleute zu dieser Zeit ihre Navigation nach „Papageien-Art" (indem sie nachplapperten) lernten, ohne die astronomischen und mathematischen Zusammenhänge zu verstehen.

Jakobsstäbe für die VOC

Die Jakobsstäbe wurden in der Regel aus Holz hergestellt, beispielsweise aus Ebenholz, Pockholz, Holz des Lebensbaumes oder Eichenholz. Die Schieber fertigte man häufig aus dem Holz des Birnbaums oder Buchsbaums. Elfenbein war eine Ausnahme, die man jedoch in vielen Publikationen findet, weil ein wunderschöner – aber

nie benutzter – Jakobsstab des berühmten englischen Instrumentenbauers „Tuttell" immer wieder als Beispiel gezeigt wird.

Durch ihr Alter und das bevorzugte Material Holz sind die Jakobsstäbe heute sehr selten geworden. Sehr häufig fehlen auch die Original-Schieber. Man geht von zirka 100 noch vorhandenen Exemplaren aus, von denen die meisten in den Niederlanden hergestellt worden sind. Man hatte eine große Anzahl davon produziert und die Schiffe der „Niederländischen Ostindischen Kompanie" (VOC) bis zum Ende des 18. Jahrhunderts damit ausgestattet. Nur wenige der wertvollen Jakobsstäbe befinden sich noch in privatem Besitz. Man findet sie hauptsächlich in Museen. Wenn gelegentlich einmal ein Jakobsstab auf den Markt kommen sollte, ist er bei Sammlern und Museen sehr begehrt.

Der Davis-Quadrant oder Englischer Quadrant

Die Probleme mit dem Jakobsstab, wie beispielsweise der direkte Blick in die Sonne und die Notwendigkeit, die zwei Enden des Schiebers mit dem „blinzelnden" Auge im Blick zu haben, führten zur Entwicklung weiterer Winkelmessinstrumente. Der nächste große Fortschritt war die Entwicklung des Davis-Quadranten, den John Davis nach vielen Versuchen um 1594 erfand.

John Davis war Entdeckungsreisender (auf der Suche nach der Nordwest-Passage) und Erfinder mit praktischen Kenntnissen in der Navigation. Die Davis-Straße zwischen Grönland und Kanada wurde nach ihm benannt.

Der Name „Quadrant" wurde verwendet, weil Winkel bis 90 Grad gemessen werden konnten. Dabei hatte der Davis-Quadrant gar keinen 90-Grad-Bogen. Das einem großen Dreieck ähnelnde Instrument hatte zwei Kreisbögen, einen kleinen bis 60 Grad (oder 65) an dem vorderen Ende und einen großen bis 30 Grad (oder 25) an dem hinteren (dem Auge zugewandten) Ende.

Die Seeleute des Kontinents nannten ihn auch den Englischen Quadranten. Dieses Instrument blieb zum Ruhme seines Erfinders 200 Jahre lang in Gebrauch, obwohl bereits 1731 ein noch besseres Winkelmessinstrument, der Hadley-Quadrant (besser bekannt als Oktant) erfunden wurde. Aber wie so oft blieben die konservativen Seeleute gerne bei dem Althergebrachten, wobei das häufig auch am preiswertesten war.

... mit dem Rücken zur Sonne

Vor der Anwendung des Davis-Quadranten stellte der Navigator auf dem kleinen Gradbogen mit einem hölzernen Schieber eine Gradzahl von zirka 10 bis 15 Grad unter dem geschätzten ungefähren Höhenwinkel der Sonne ein. Dann stellte er sich mit dem Rücken zur Sonne, hielt den Davis-Quadranten in der Meridianebene senkrecht und visierte mit der Schlitzabsehe am vorderen Ende den Horizont an. Der vom Schieber des kleinen

Der englische Seefahrer John Davis (1550 bis 1605) erfand den Davis-Quadranten zur Bestimmung der Breitengrade und war einer der Europäer, der mit der wissenschaftlichen Erforschung der polaren Meere und ihrer Küsten begonnen hatte. Auf seiner Suche nach der Nordwestpassage entdeckte er Grönland wieder, erkundete die Davisstraße, die auch nach ihm benannt wurde, entdeckte die Cumberland-Bucht und setzte seine Reisen bis zum heutigen Upernavik fort. Er entdeckte 1592 die Falklandinseln (Malvinen)

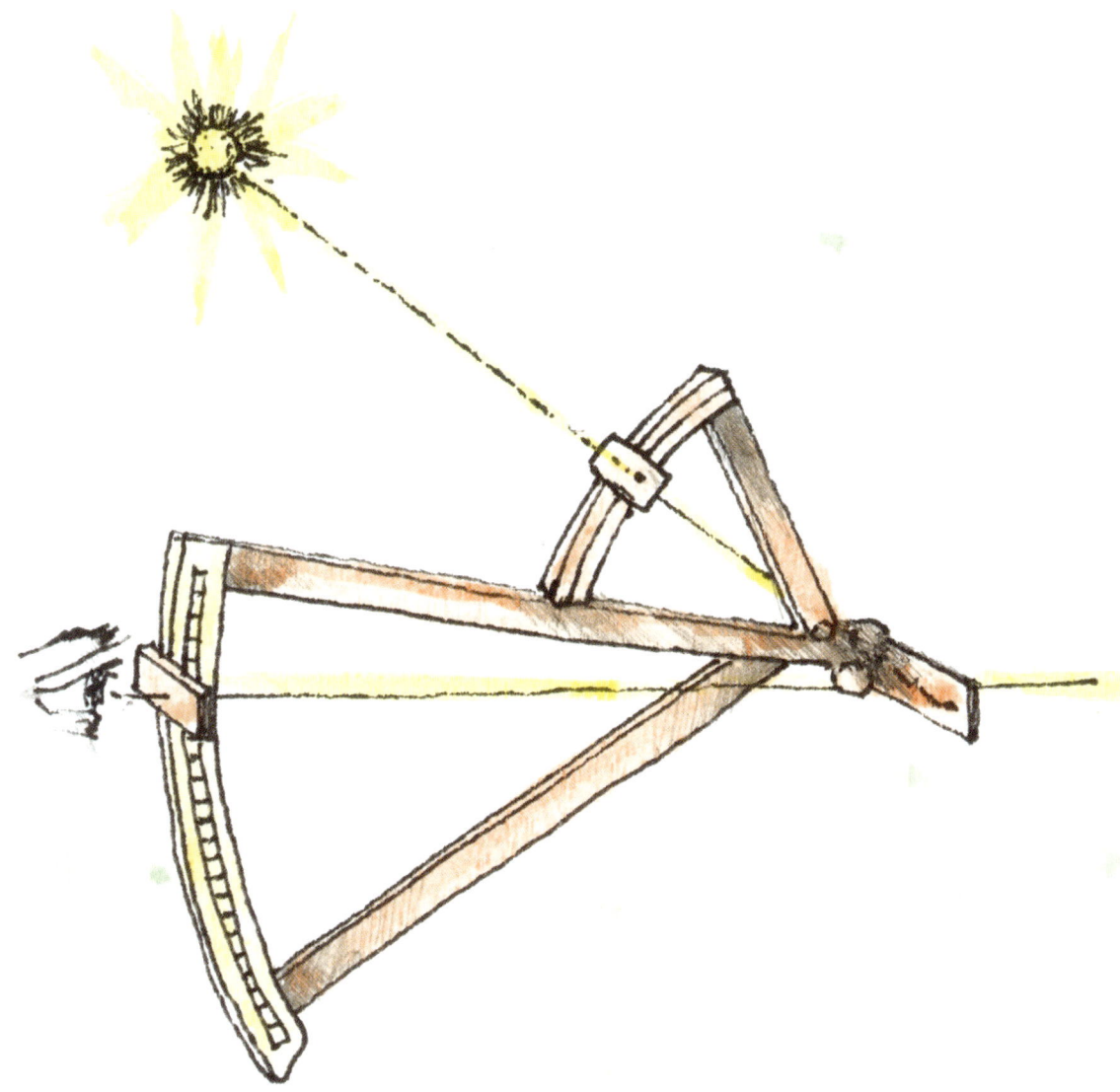

Auf dem kleinen Gradbogen mit einem hölzernen Schieber wird eine Gradzahl von zirka 10 bis 15 Grad unter dem geschätzten Höhenwinkel der Sonne eingestellt. Dann stellte der Seemann sich mit dem Rücken zur Sonne, hielt den Quadranten senkrecht in der Meridianebene und visierte mit der Schlitzabsehe am vorderen Ende den Horizont an. Der vom Schieber fallende Sonnenschatten erlaubte das Ablesen auf dem Gradbogen

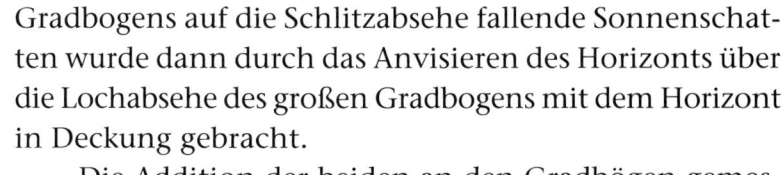

Der englische Astronom John Flamsteed (1646 bis 1719) war Diakon, bis er nach London berufen wurde und 1675 zum "Astronomischen Beobachter des Königs" ernannt und mit einer Rente von 100 Pfund im Jahr ausgestattet wurde. Auf seinen Vorschlag hin wurde das Royal Greenwich Observatory gegründet. Flamsteed ist für seinen Widerstreit mit Newton bekannt, der Präsident der Royal Society war. Newton versuchte, einige von Flamsteeds Beobachtungen zu stehlen und als seine eigenen auszugeben, was ihm mithilfe eines königlichen Edikts auch gelang. Flamsteed sammelte unter anderen die Daten von 2.800 über England sichtbaren Sternen und systematisierte sie nach Nummern, die noch heute in Gebrauch sind. Jahre später gelang es Flamsteed, die meisten Kopien der veröffentlichten Bücher zurückzukaufen, und er verbrannte sie schließlich öffentlich vor dem Royal Observatory

Gradbogens auf die Schlitzabsehe fallende Sonnenschatten wurde dann durch das Anvisieren des Horizonts über die Lochabsehe des großen Gradbogens mit dem Horizont in Deckung gebracht.

Die Addition der beiden an den Gradbögen gemessenen Winkel ergab dann den Höhenwinkel der Sonne. Da der obere Rand der Sonne den Schatten werfen sollte, musste der Sonnenradius bei der Messung berücksichtigt werden. Dafür gab es oben auf dem kleinen Gradbogen eine dafür konstruierte Skala, die auf den Sonnenmittelpunkt berechnet war. Diese Version des Davis-Quadranten war für wolkenloses und sonniges Wetter geeignet.

Der englische Königliche Astronom John Flamsteed verwendete an dem Schieber des kleinen Gradbogens eine konvexe Linse, die später als „Flamsteed glass" bekannt wurde. Die Linse wurde nach der vorne an dem kleinen Gradbogen befindlichen Skala eingestellt. Mit dieser wie eine Lupe wirkenden Linse konnte bei unsichtigerem Wetter wie leichtem Nebel ein Strahl aus der Sonnenmitte aufgefangen werden.

Der Davis-Quadrant war ein reines „Sonneninstrument", Sterne konnten nicht beobachtet werden. Es war üblich, die kleinen Gradbögen mit einer Einteilung in Grade zu versehen. Auf den großen Gradbögen ging die Unterteilung mit einem Transversalmaßstab auf 10-Minuten-Abstände, die mit einer weiteren Feinteilung auf fünf Minuten verbessert wurden. Die Ablesegenauigkeit soll bei diesen Instrumenten auf dem großen Bogen bis zu einer Bogenminute betragen haben, was jedoch eher unwahrscheinlich ist. Bei der Beobachtung der Sonne hatte der Davis-Quadrant aber nun dem Jakobsstab den Rang abgelaufen.

... ein Herstellerschildchen aus Elfenbein

Die Davis-Quadranten wurden aus ähnlichen Holzarten wie die Jakobsstäbe hergestellt. Die Gestelle waren aus Pockholz oder Ebenholz und die Gradbögen meistens aus Buchsbaum. Die Gradbögen wurden sorgfältig per Hand graviert. Eine kleine Einlegeplatte aus Elfenbein gab Auskunft über den Hersteller oder den Besitzer und manchmal auch über das Herstellungsjahr. Meistens wa-

ren die Davis-Quadranten von schlichter handwerklicher Schönheit. Auf die Gestelle wurden beispielsweise französische Lilien oder Sternsymbole gepunzt. Nur besondere Exemplare wurden zusätzlich auf dem Gestell mit Elfenbein-Rhomben verziert. Wie bei allen Instrumenten aus Holz hat die Zeit eine tief dunkle Patina erzeugt. Ähnlich wie die Jakobsstäbe waren auch die Davis-Quadranten noch ziemlich groß. Der Hauptstab des Instrumentes war zwei Fuß lang, der zweite Längsstab 1,5 Fuß und der große Gradbogen hatte einen Umfang von 1,2 Fuß. Die Davis-Quadranten sind nicht ganz so selten wie die Jakobsstäbe, jedoch auch nur gelegentlich im Antikhandel zu finden. Fast immer sind die leicht auf den Gestellen verschiebbaren Absehen verloren gegangen und durch moderne Nachbauten ersetzt worden.

Viele Instrumente trugen nicht nur den Namen des Herstellers, sondern auch den Namen des Besitzers. Oft auf Messingtäfelchen eingraviert, oder wie hier in Elfenbein

Der Oktant
oder Hadleys Quadrant

Die Winkelmessinstrumente des 15. bis 17. Jahrhunderts wie beispielsweise das Astrolabium, der Quadrant, der Jakobsstab und der Davis-Quadrant hatten konstruktionsbedingte Nachteile beim Anvisieren von Objekten und in der Handhabung auf schwankenden Schiffsplanken. Die Ermittlung des Breitengrades auf See wurde zudem durch ungenaue Instrumente erschwert, deren Skalen von Hand graviert waren.

Das Hauptproblem in der Seefahrt, aber auch in der Landvermessung war seit Jahrhunderten die Ermittlung des Längengrades. Durch ungenaue Positionsbestimmungen kam es immer wieder zu hohen Verlusten von Menschen, Ladungen und Schiffen. 1707 strandete eine englische Flotte unter dem Kommando von Admiral Clowdisley Shovell nach erfolgreichen Gefechten mit der französischen Flotte im Mittelmeer vor den Scilly-Inseln wegen mangelhafter Navigation. 2.000 Seeleute ertranken. Der Admiral konnte sich an Land retten, wurde aber von einer Strandräuberin wegen seines Smaragdringes umgebracht. Nach dieser Katastrophe erreichten Seeleute und Kaufleute 1714 in England den Erlass des „Longitude Act", in dem ein hoher Preis für die Entwicklung einer Methode zur Ermittlung der geographischen Länge ausgesetzt wurde. Nun wurde überall in Europa und auch in Übersee geforscht, konstruiert, gebaut und ausprobiert.

Auf dem Weg zur Lösung des Längengradproblems bahnte sich bereits im ausgehenden 17. Jahrhundert eine bis heute gültige und in weiterentwickelter Form verwendete Erfindung an. Robert Hooke und Isaac Newton, zwei berühmte Wissenschaftler ihrer Zeit, experimentierten 1666 und 1671 mit Spiegeln bei der Winkelmessung. Den entscheidenden Durchbruch schaffte aber erst der Mechaniker John Hadley mit dem Bau des Oktanten, dessen Erfindung er 1731 in den „Philosophical Transactions of the Royal Society" veröffentlichte. Fast zur gleichen Zeit machte der Amerikaner Thomas Godfrey einen ähnlichen Vorschlag. Der Zufall war so merkwürdig, dass man darü-

Am 22. Oktober 1707 liefen vier Schiffe einer britischen Flotte unter dem Befehl von Admiral Sir Clowdisley Shovell (1650 bis 1707) auf die westlich von Cornwall gelegenen Scilly-Inseln. Nach Berichten sollen 2.000 Seeleute umgekommen sein. Als Ursache gilt eine mangelhafte Positionsbestimmung und Unkenntnis des Längengrade, die Flotte wähnte sich weitab von den Klippen im Ärmelkanal, neuerdings werden aber auch fehlerhafte Karten und Navigationstabellen angenommen. Nach dieser Tragödie lobte man die 20.000 Pfund zur Berechnung des Längengrades aus

ber diskutierte, ob einer den anderen ausspioniert hatte. Beide erhielten jedoch von der zuständigen Bewertungskommission, der Royal Society in London, einen Preis zuerkannt. Hadley erhielt 200 Englische Pfund, das sind für heutige Begriffe einige tausend Euro. Godfrey schickte man auf seinen Wunsch hin den Gegenwert in guten englischen Möbeln nach Amerika.

Der eigentliche Pechvogel in dieser Geschichte war Isaac Newton. Man fand seinen Entwurf erst 1744 – lange nach seinem Tod – in Unterlagen, die er dem königlichen Astronomen Edmond Halley, dem Entdecker des gleichnamigen Kometen, überlassen hatte. Bei den Forschern dieser Zeit gab es häufig neiderfüllte Konflikte um die Urheberschaft von Erfindungen, möglicherweise spielte das bei diesem Instrument auch eine Rolle. Posthum erwies man Newton jedoch die Ehre, sein Instrument nachzubauen und es im Schaufenster des feinsten Londoner Instrumentenbauers auszustellen.

Der englische Astronom und Mathematiker John Hadley (1682 bis 1744) entwickelte 1721 das erste leistungsfähige Newton-Teleskop und 1731 den Oktanten, den Vorläufer des Sextanten. Sowohl am Bau des Teleskops als auch des zuerst „Quadrant" genannten Oktanten waren seine Brüder George und Henry beteiligt

Bauweise und Funktion

Hadleys Oktant hatte die Form eines spitzwinkligen Dreiecks über einem gebogenen Limbus, der einem Achtelkreis von 45 Grad entsprach. Sein Modell hatte noch keine Blendgläser und keine Spiegel, sondern Plättchen aus poliertem Kupfer.

Man konnte zu der Zeit noch keine ebenen Spiegel herstellen. Die frühen Oktanten wurden häufig mit einem Rahmen aus Mahagoni oder Pockholz gebaut. Der Rahmen war meistens innen mit einem geschwungenen entgegen dem Limbus gebogenen „T" verstärkt. Später baute man auch einfachere Oktanten mit einem geraden „T". Der Limbus hatte anfangs zur besseren Ablesbarkeit eine transversal (schräg) eingeteilte Skala.

Diese Skala wurde häufig aus Buchsbaum hergestellt. Wie man bereits bei dem Davis-Quadranten herausgefunden hatte, konnte Buchsbaum gut graviert werden und hatte zudem eine feine und glatte Oberfläche. Die Instrumente waren in ihrer Funktionalität von schlichter Schönheit. Die Holzart, die Spiegel, die Zahl der Blendgläser und die Qualität der handgravierten Skalen bestimmten den Wert des Oktanten.

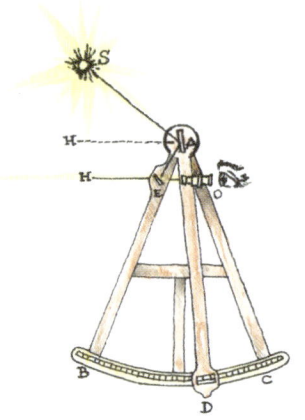

Kleine graphische Darstellung der Anwendung der Vorwärtsobservation

Der am Scheitelpunkt drehbar befestigte Indexarm (auch Zeigerarm oder Alhidade) konnte präzise über den Limbus geschoben und mit einer Schraube arretiert werden. Über dem Scheitelpunkt des Oktanten auf der Alhidade saß der Indexspiegel (großer Spiegel). Am unteren Ende der Alhidade bewegte sich eine Ablesekante der hölzernen Alhidade über den Limbus, ab zirka 1750 verwendete man ein Sichtfenster.

Auf dem linken Schenkel (oder Radius) befand sich der Horizontspiegel (kleiner Spiegel) mit einer durchsichtigen oberen Hälfte, während die untere Hälfte durch eine Silberauflage oder aufgedampftes Quecksilber verspiegelt war. Darüber waren die Schattengläser (oder auch Blendgläser), anfangs ein grünes und ein rotes, angeordnet. Auf dem rechten Schenkel saß das Diopter. Es bestand aus einer schön geformten Messingscheibe mit zwei kleinen Gucklöchern für unterschiedliche Helligkeiten des Horizontes. Eines dieses Löcher konnte jeweils durch ein winziges geschwärztes Schattenglas verdeckt werden. Das Diopter war auf den Horizontspiegel ausgerichtet.

In Deutschland arbeitete der Instrumentenbauer Jan Cornelisz in der Mitte des 18. Jahrhunderts auf der nordfriesischen Walfanginsel Föhr. Von ihm sind bis heute einige der schönsten Oktanten erhalten. Er baute bereits um 1747 seine Instrumente ganz aus Messing oder kombinierte Holz mit Messing indem er den Rahmen aus Mahagoni und den Gradbogen aus Messing herstellte. Die Rahmen seiner Oktanten aus Messing verzierte er beispielsweise mit Blumen und Akanthusblättern. Als mittleres Element verwendete er häufig ein Blumenmädchen, das mit seinen Armen den Rahmen spreizte und verstärkte. Die 90-Grad-Skalen mit Transversaleinteilung erlaubten eine Ablesegenauigkeit bis zu einem halben Grad, die mit der Transversaleinteilung und einer Art Nonius noch auf zwei bis zweieinhalb Minuten verbessert werden konnte. Beispiele seiner Handwerkskunst sind noch heute in Museen auf Föhr, in Flensburg und im Lübecker Holstentor zu bewundern.

Das technische Prinzip

Man hatte schon länger die Beobachtung gemacht, dass ein in einem bestimmten Winkel auf einen Spiegel

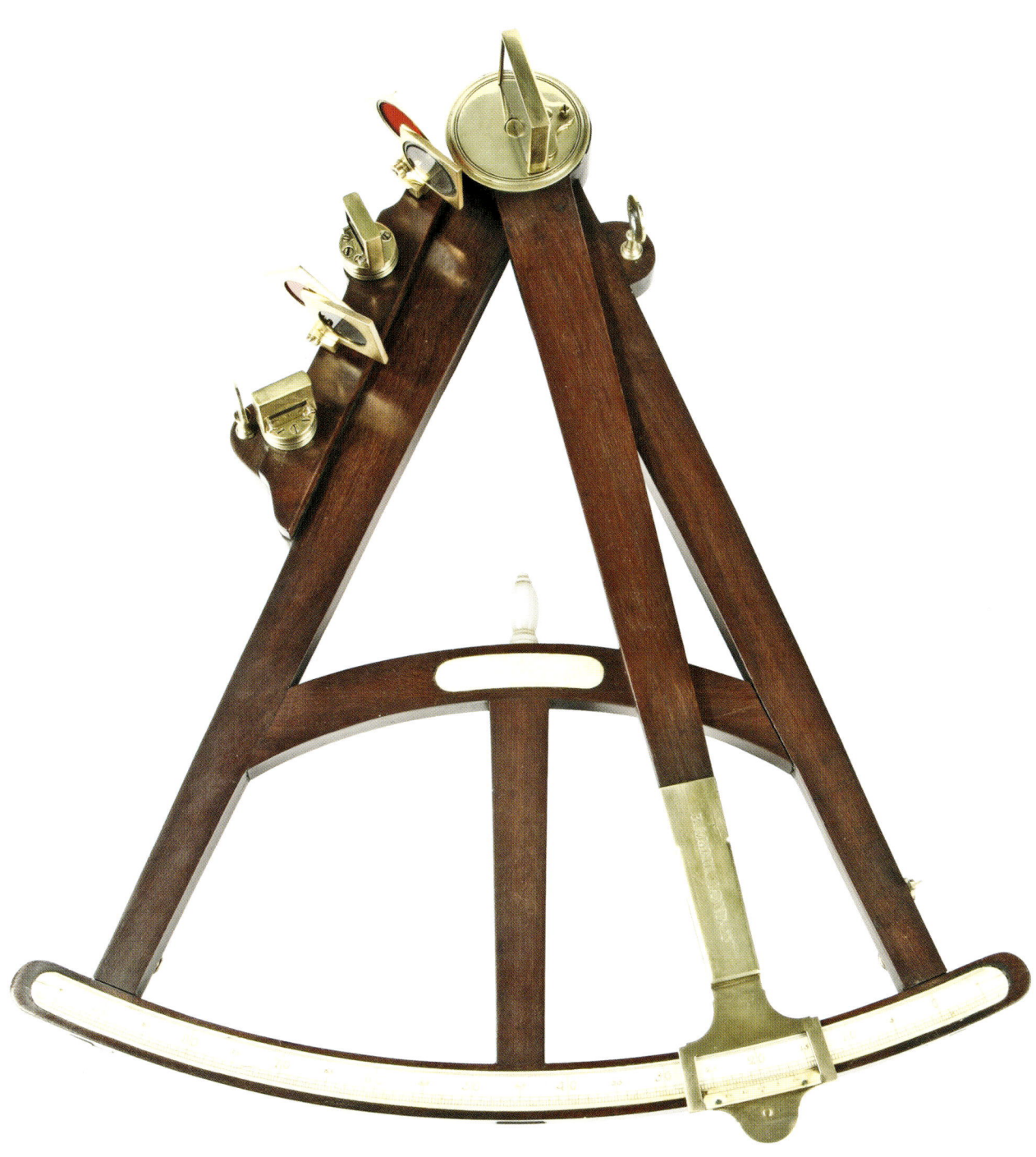

Oktant, Rosenholz mit Messing, handgravierte Skala aus Elfenbein, Bleistift und Besitzertäfelchen ebenso aus Elfenbein, signiert „B. Martin", frühes Instrument von zirka 1760, Schenkellänge 50 Zentimeter, für Vorwärts- und Rückwärtsobservation gebaut, als Besonderheit zwei Sätze mit jeweils zwei Schattengläsern, zwei Diopter, ein großer und zwei kleine Spiegel, besonders guter Erhaltungszustand, möglicherweise Instrument einer Seefahrtschule

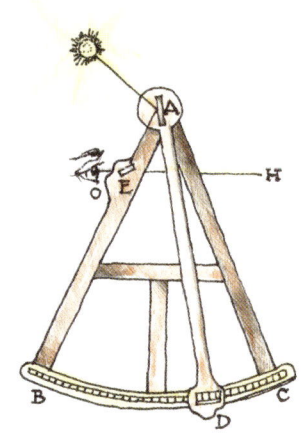

Kleine graphische Darstellung der Anwendung der Rückwärtsobservation

fallender Lichtstrahl in dem gleichen Winkel und in der gleichen Ebene von ihm reflektiert wurde.

Bei der Winkelmessung mit dem Oktanten machten sich Konstrukteur und Beobachter das optische Gesetz zunutze. Nach diesem Gesetz misst eine Spiegeldrehung einen Winkel, der doppelt so groß ist wie der, um den der Spiegel gedreht wird. So konnte man mit dem 45-Grad-Bogen des Oktanten Winkel bis zu 90 Grad messen. Daher hatte auch der Limbus eine Einteilung bis 90 Grad. Für die Ermittlung der geographischen Breite reichte diese Möglichkeit aus, um vom Zenit bis zum Horizont messen zu können.

Bei der Messung schaute der Beobachter durch das Diopter auf den halbverspiegelten Horizontspiegel, in dem er den Horizont (die Kimm) einmal direkt und zum anderen gespiegelt sah. Der gespiegelte Horizont wurde vom Indexspiegel reflektiert. In diesem Fall standen die beiden Spiegel parallel zueinander. Bei einem gut justierten Oktanten befand sich nun der Indexarm auf dem Wert „0" des Limbus und die „beiden" Horizonte waren präzise ausgerichtet. Das Instrument nun möglichst senkrecht (in der Meridianebene) haltend und auf die Sonne (üblicherweise den Sonnenunterrand), den Mond oder einen Stern zielend, bewegte der Beobachter den Index-Arm, bis der reflektierte Himmelskörper auf dem Horizont zu stehen schien. Dann konnte er dessen Höhenwinkel (auch als Kimmabstand bezeichnet) am Limbus ablesen. Der Höhenwert stand nun fest. Das durch Wind und Seegang schaukelnde Schiff konnte die Messung bei einiger Übung des Beobachters kaum beeinträchtigen. Die scheinbar unlösbare Aufgabe, auf See präzise Beobachtungen durchzuführen, war damit gelöst.

Der Oktant war jedoch nicht nur für Höhenmessungen zu verwenden, sondern er eignete sich auch für Winkelmessungen zwischen zwei Himmelskörpern. Und ähnlich wie am Himmel funktionierte das Instrument für Vermessungszwecke auch zwischen zwei Punkten auf der Erde.

Astronomen, Seeleuten und Landvermessern stand nun mit dem Oktanten ein wertvolles und technisch anspruchsvolles Instrument zur Verfügung, das sorgfältig behandelt werden musste. Die Präzision der Beobachtungen war auch von der Qualität der Spiegel und Skalen sowie von der genauen Einstellung des Oktanten

Oktant, Mahagoni mit Messing, Skala sowie Besitzertäfelchen und Bleistift aus Elfenbein, signiert „Gilbert & Wright", zirka 1785, Besitzername „George Mc Clean", Schenkellänge 38 Zentimeter, für Vorwärts- und Rückwärtsobservation geeignet, nur der übliche einfache Satz mit zwei Schattengläsern zum Umstecken, zwei Diopter, ein großer und zwei kleine Spiegel.
Die mit einem eingravierten Anker gekennzeichnete Limbusskala wurde von Ramsden mit seiner Kreisteilmaschine erstellt. Dem noch funktionsfähigen Oktanten kann man seine lange Dienstzeit auf amerikanischen Segelschiffen ansehen

abhängig. So waren beispielsweise die Horizontspiegel unter dem Rahmen mit Hebeln ausgestattet, um sie parallel zum Indexspiegel einstellen zu können. Jeweils zwei Stellschrauben ermöglichen es, die Spiegel auf dem Rahmen genau senkrecht zu stellen. Mit der Verwendung der entsprechenden Schattengläser (schwarz oder rot und grün) sollten die Augen vor den hellen Strahlen der Sonne oder vor dem Glanz des Mondes geschützt werden.

> „Ist die Sonne heut' sehr blass,
> nimm' nur das grüne Schattenglas!"

Verbesserung der beobachteten Höhen

Man wusste, dass die Messergebnisse der „wahren Höhe" von Gestirnen mit dem Oktanten mit Korrekturen verfeinert werden mussten. Navigatoren war befohlen bei der astronomischen Navigation weitere Merkmale zu berücksichtigen. Dabei handelte es sich um den Indexfehler, die Kimmtiefe, die Refraktion sowie bei Beobachtungen von Mond und Sonne die Höhenparallaxe und den Halbmesser.

Indexfehler

Ein typisches Problem für Spiegelmessinstrumente ist der Indexfehler. Es ist der Winkel, um den sich die Stellung des Index- und Horizontspiegels unterscheiden kann, wenn der Index auf Null steht. Man entdeckt ihn, wenn man den Index auf Null stellt und einen entfernten Gegenstand anvisiert. Decken sich das direkt gesehene und das doppelt reflektierte Bild, sodass man nur „ein Bild" sieht, hat das Instrument keinen Indexfehler. Sieht man aber eine Stufe in dem Bild (oder zwei getrennte Bilder), so hat der Oktant einen Indexfehler. Visiert man beispielsweise die Kimm an, muss das Instrument senkrecht gehalten werden, um zu erkennen, ob die direkt gesehene und die gespiegelte Kimm eine gerade Linie bilden.

Die Größe des Indexfehlers findet man heraus, indem man die beiden Bilder zur Deckung bringt. Der Winkel zwischen dem Nullpunkt des Gradbogens und dem Nullpunkt des Nonius (Hilfsmaßstab an der Alhidade) ist der Indexfehler.

Der Nullpunkt des Nonius kann links von dem Nullpunkt des Gradbogens auf dem Hauptbogen liegen oder rechts davon auf dem Vorbogen. Davon ist das Vorzeichen des Indexfehlers abhängig. Lag der Nullpunkt im Hauptbogen, war der Indexfehler zu subtrahieren, lag er im Vorbogen, musste man ihn addieren. Im ersten Fall lag der Anfang der Winkelmessung zu weit nach links, sodass der Höhenwinkel zu groß gemessen wurde. Im Vorbogen wurde er zu klein. Bei größeren Indexfehlern wurde die Spiegelstellung korrigiert. Kleinere Fehler berücksichtigte man einfach mit der Rechenformel, um den Oktanten nicht ständig verstellen zu müssen.

Kimmtiefe

Auf See wird die Höhe eines Gestirns ermittelt, indem man den Bogen des Vertikalkreises von dem Ort des Gestirns bis zur Kimm (oder auch dem Horizont) misst. Man bezeichnet diesen Bogen auch als Kimmabstand.

Je höher man sich über der Meeresfläche befindet, desto weiter liegt die Kimm entfernt und um so tiefer

Kimmtiefe:

Augenhöhe in Metern	1/3	1	3	5	8	11	16	20	26	32	38	46	54	62	72	82	92	103
Kimmtiefe in Minuten	1	2	3	4	5	6	7	8	9	10	11	12	13	14	15	16	17	18

liegt sie. So beträgt der Winkel Kimm-Zenit bei einer Augenhöhe von 32 Metern 90 Grad 10 Minuten (siehe auch Tabelle). Man müsste also von einer in dieser Augenhöhe gemessenen Höhe eines Gestirns die Kimmtiefe von 10 Minuten abziehen.

Da die Kimmtiefe je nach Temperatur von Luft und Wasser sowie nach Wellenhöhe um ein, zwei oder mehr Minuten variiert, rechnet man bei der Navigation mit ganzen Minuten genau genug. Außerdem ist die Kimmtiefe noch durch die Strahlenbrechung unsicher, die sich nicht genau berechnen lässt.

Ein Merksatz: „Bei klarem, sichtigem Wetter und/oder hohem Seegang wähle man zum Messen von Gestirnshöhen die Augenhöhe so hoch wie möglich und bei trübem, unsichtigem Wetter so niedrig wie möglich."

Refraktion

Ein wichtiges Merkmal war die Refraktion (Strahlenbrechung). Wenn das Licht von einem dünneren in einen dichteren Stoff übergeht und umgekehrt, findet eine Ablenkung statt. Von den Himmelskörpern ausgehend hat das Licht immer dichtere Luftschichten zu passieren und wird dadurch immer stärker abgelenkt. Durch diese Strahlenbrechung sehen wir von der Erde aus die Gestirne etwas höher, als sie in Wirklichkeit stehen. Man muss also die Refraktion von der gemessenen Höhe

Refraktionstabelle:

Höhe in Grad	90	44	26	18	13	11	9	7	6	5	4	3	2	1	0
Refraktion in Minuten	0	1	2	3	4	5	6	7	8	10	12	14	18	24	34

abziehen. Schwierig wird das auch dadurch, dass sich der Dichtigkeitszustand der Atmosphäre durch Wärme und Luftdruck laufend verändert. Man versuchte daher schon am Anfang des 19. Jahrhunderts, Wertetabellen mit „mittlerer Strahlenbrechung" aufzustellen.

Wir wollen es an einem Beispiel verdeutlichen: Die Sonne hat einen Durchmesser von zirka 32 Minuten. Sieht man ihren Unterrand in der Kimm, so liegt sie in Wirklichkeit ganz unter der Kimm. Sie ist nur infolge der Strahlenbrechung zu sehen.

Höhenparallaxe

Da die Himmelsobjekte von der Oberfläche der Erde und nicht vom Erdmittelpunkt her gemessen werden, erscheinen die Himmelskörper zu niedrig. So ermittelte man die mittlere Parallaxe der Sonne vor 200 Jahren mit 8,5 Sekunden. Beim nicht so weit entfernten Mond waren es zu dieser Zeit 53 bis 62 Minuten. Die Fixsterne haben wegen der ungeheuren Entfernungen keine relevante Parallaxe. So betrug die Parallaxe der Wega 0,26 Sekunden. Die festgestellte Parallaxe muss zu dem gemessenen Höhenwinkel addiert werden.

Halbmesser

Die wahren Höhen sind auf den Mittelpunkt der Gestirne ausgerichtet. Fixsterne erscheinen auch in starken Fernrohren nur als Punkte. Planeten sind in den Dioptern und schwachen Fernrohren von Oktanten und Sextanten ebenfalls nur Punkte. Daher geht man für diese Gestirne immer vom Mittelpunkt aus.

Bei Sonne und Mond kann man jedoch jeweils nur den Ober- oder Unterrand messen. Solche Beobachtungen müssen daher um den jeweiligen Halbmesser berichtigt und in Mittelpunkthöhen verwandelt werden. Die in den Nautischen Jahrbüchern angegebenen „wahren

Parallaxe der Sonne (nach einer Tabelle von 1819):

Höhe in Grad	10	30	40	50	60	70	75	80	85	90
Parallaxe in Sekunden	9	8	7	6	5	4	3	2	1	0

Halbmesser" sind die Winkel, unter denen – vom Mittelpunkt der Erde aus gesehen – die Halbmesser der Gestirne erscheinen.

Ein Merksatz:

„In hohen Breitengraden beobachtet man im Winter bei sehr niedrigem Sonnenstand besser ihren Oberrand."

„Der kluge Steuermann
denke im Winter daran,
bei niedrigem Sonnenstand
misst man ihren Oberrand."

Die Höhe eines Gestirns wird nun nach folgender Formel berechnet:

wahre Höhe = mit dem Oktanten
gemessener Kimmabstand
+ oder ./. Indexfehler
./. Kimmtiefe
./. Refraktion
+ Parallaxe
(+ oder ./. wahrer Halbmesser
bei Sonne und Mond)

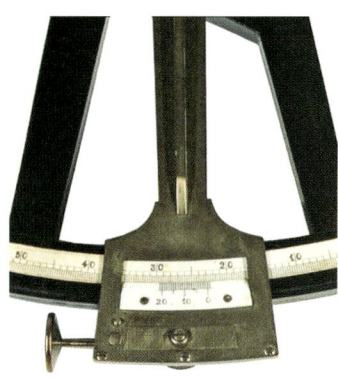

Zwei Ablesefenster am Limbus des Oktanten. Auf dem unterem Bild ist der Nonius (oder Vernier) zu sehen, ein Hilfsmaßstab, mit dem man auch Zehnteleinheiten ablesen kann

Die Entwicklung

Bei frühen Oktanten befanden sich für die Rückwärtsobservation auf dem linken Radius häufig ein weiteres Diopter mit einem kleinen Loch und ein zweiter kleiner Spiegel. Bei dieser Anwendung konnte sich beispielsweise die Sonne im Rücken des Beobachters befinden, der ihre Höhe über dem Horizont mithilfe des vor ihm liegenden anvisierten Horizontes ermitteln konnte. Bei partiell schlechter Sicht oder diesigem Horizont waren dadurch noch Höhenmessungen möglich. Von noch größerem Nutzen war diese Vorrichtung jedoch vor Anker an unerforschten Küsten, wenn man den Breitengrad dafür bestimmen wollte. Ab dem 19. Jahrhundert wurden die Oktanten jedoch nicht mehr in dieser Form gebaut.

Ein weiteres Merkmal früher Oktanten aus Mahagoni war der sehr große Radius von 50 Zentimetern. Das lag daran, dass die Skalen aus Buchsbaum oder Elfenbein für die Handgravur möglichst groß sein mussten, um bei Winkelmessungen eine genaue Ablesung zu ermöglichen.

Als Jesse Ramsden 1773 eine Kreisteilmaschine erfand, die die mechanische Gravierung von Skalen in beliebiger Größe ermöglichte, wurden die Radien der Oktanten kleiner und reichten nun in der Navigation von zirka 19 bis 30 Zentimeter. Diese kleineren Oktanten des 19. Jahrhunderts wurden meistens aus Ebenholz mit einem Limbus aus Elfenbein hergestellt. Seltener sind Exemplare aus Messing. Gelegentlich findet man Oktanten mit einem noch kleineren Radius. Diese Miniatur-Instrumente wurden für Vermessungszwecke verwendet.

Auch die Alhidade wurde weiterentwickelt. War sie anfänglich auch aus Holz, wurde sie später teilweise oder vollständig aus Messing gebaut. Durch diese Bauweise wurde die Messgenauigkeit erhöht, weil Messing sich nicht wie Holz verziehen konnte. Frühe Oktanten aus dem dritten Viertel des 18. Jahrhunderts erhielten mit Motiven gravierte relativ breite Alhidaden, die noch nicht durch einen Steg verstärkt wurden.

Die Schattengläser waren bei den frühen Oktanten meistens nur einmal vorhanden und mussten jeweils umgesteckt werden, wenn man eine Rückwärtsobservation durchführen wollte. Heute wirkt das so, als ob bei dem Oktanten ein Teil fehlt. Der Grund lag aber in der teuren und schwierigen Herstellung von gefärbtem Glas. Ganz selten findet man Schattengläser für beide Diopter.

Jesuitenpater Christopherus Clavius (1537/38 bis 1612), ein berühmter Mathematiker, von seinen Zeitgenossen auch „König der Mathematiker" genannt, wurde vor allem durch seine Kalenderreform berühmt

Auch der anfangs transversal eingeteilte Limbus erfuhr nach dem Auslaufen des Hadleyschen Patentes ab 1745 eine Weiterentwicklung, indem wertvolle Oktanten einen „Nonius" erhielten. Der Begriff „Nonius" wurde latinisiert von Pedro Nunez abgeleitet, der 1542 die ersten Versuche mit einer Feinteilung durchführte. Vorgeschlagen wurde der Nonius jedoch erstmalig von Cristoph Clavius in seiner „Geometria Practica" (Mainz 1611). 1631 rüstete Pierre Vernier die Alhidade eines Quadranten mit einer Konstruktion nach der Idee von Clavius aus.

Das „obere Ende" des Oktanten. Auf dem Scheitelpunkt sitzt der große Indexspiegel, darunter der kleinere Horizontspiegel. Dazwischen können die Schattengläser geklappt werden. Dieser Oktant besitzt ein zweites Diopter für die Rückwärtsobservation

Bei dem Nonius oder auch Vernier, er ist unter beiden Namen bekannt, handelt es sich um einen Hilfsmaßstab an der Alhidade, der bei sehr genauen Messinstrumenten die Ablesung von Zehnteleinheiten ermöglicht. Vor 1780 hatte der Nonius eine zentrale Null, danach erhielt er die Null auf der rechten Seite. Dieses Merkmal hilft bei der Datierung der aus dieser Zeit stammenden Oktanten.

Bei den Oktanten mit dem Limbus aus Elfenbein saß meistens auf dem „T" ein kleiner gedrechselter Schreibstift aus Elfenbein. Mit diesem Schreibstift konnte der gemessene Winkel auf ein kleines Elfenbeintäfelchen an der Rückseite des Oktanten notiert werden. Mit dieser Notiz konnte der Navigator beispielsweise bei schlechtem Wetter die Berechnung dann in seiner Kajüte durchführen.

Anstelle des Scheibendiopters führte man bei den späteren Exemplaren des 18. Jahrhunderts rohrförmige Diopter (ohne Linsen) und im 19. Jahrhundert Teleskope ein. Um bei den Teleskopen fehlerfreie Messungen zu erhalten, musste darauf geachtet werden, dass sie genau parallel zum Rahmen ausgerichtet wurden. Die letzte Entwicklungsstufe war dann ein Griff, mit dem man den Oktanten besser handhaben konnte.

Die Aufbewahrungskästen der Oktanten wurden aus bemaltem Weichholz, aus Eiche oder bei besonders guten Instrumenten des 19. Jahrhunderts aus Mahagoni hergestellt. Die Kästen vieler Oktanten aus dem 18. Jahrhundert waren extrem flach gehalten, da diese Instrumente noch keine Handgriffe hatten.

Damals und heute

Wie war es nun in der zweiten Hälfte des 18. Jahrhunderts um die Akzeptanz dieses bahnbrechenden Instrumentes bei den Seeleuten bestellt? Ein Instrumentenmacher dieser Zeit, George Adams, schreibt dazu: „Indessen, ohnerachtet der auffallend wichtigen Vorzüge dieses Instrumentes gegen alle, deren man sich damals bediente, so gingen doch viele Jahre hin, ehe der Seefahrer dahin gebracht werden konnte, es gegen seine unvollkommenen und unzuverlässigen Instrumente auszutauschen; so sehr siegt Vorurteil, und so schwer ist die Seele von der Sklaverei der Meinung zu befreien."

Oktanten wurden – insbesondere im 19. Jahrhundert – in großer Zahl gebaut. So kann man auch heute noch ein schönes Exemplar, meistens ist es dann eins aus Ebenholz mit Messing und Elfenbein, finden. Besonders wertvoll ist es dann, wenn noch alle Teile vorhanden sind und man damit sogar noch messen kann. Allerdings weisen die Spiegel fast immer Krakelüren auf. Oft sind die Oktanten mit dem Namen des Herstellers und mit dem Namen des Besitzers graviert, aber es gibt sie auch nur mit einem Namen oder ganz blank.

Obwohl der Oktant bereits in der Mitte des 18. Jahrhunderts durch den Sextanten Konkurrenz erhalten hatte, wurden erst 1925 in der Deutschen Seewarte das letzte Mal Oktanten geprüft.

Einige namhafte Hersteller von Oktanten und Sextanten, von denen man auch heute noch Instrumente im Handel findet, waren in England Dollond, Martin, Nairne, Throughton und Spencer, Browning & Co. In Deutschland zählten dazu David Filby, Carl Plath, Pistor & Martins sowie Carl Bamberg und in Frankreich Fortin, Lenoir und Le Maire.

Oktant, Ebenholz mit Messing, Skala sowie Nonius, Herstellertäfelchen und Bleistift aus Elfenbein, Messingalhidade verstärkt, signiert „Molteni a Paris", zirka 1820, Schenkellänge 28 Zentimeter, ein Diopter, ein Satz mit drei Schattengläsern, ein großer und ein kleiner Spiegel, sehr harmonische Form, nur für Vorwärtsbeobachtung geeignet, aus dem Besitz eines französischen Lotsen in Tanger

Sextant, Quintant und Reflexionskreis

Der Längengrad wird erobert

Vom Beginn des 18. Jahrhunderts an spielte das „Längengradproblem" eine besondere Rolle in Wissenschaft und Praxis. Beständig auftretende Navigationsfehler, häufige Schiffsuntergänge und in mehreren Ländern ausgelobte Belohnungen führten zu großen Anstrengungen, dieses jahrhundertealte Problem zu lösen.

Zwei parallel laufende Lösungswege waren – neben vielen absonderlichen Vorschlägen – schließlich erfolgreich. Der wissenschaftliche Weg der Astronomen, den Längengrad über das „himmlische Zifferblatt" zu bestimmen, gelang mithilfe umfangreicher Sternenbeobachtungen und präziser Messinstrumente wie Sextant, Quintant und Vollkreis. Der handwerkliche Weg der Uhrmacher führte zur Entwicklung des Chronometers und sollte die wissenschaftliche Lösung überdauern.

Nach John Hadleys bahnbrechender Erfindung des Oktanten im Jahr 1731 gab es eine kontinuierliche Weiterentwicklung von Winkelmessinstrumenten. Der Oktant war für die Höhenwinkelmessungen von Gestirnen und eine Breitengradbestimmung sehr gut geeignet. Es ergab sich aber bald die Notwendigkeit, größere Winkel als 90 Grad zu messen. Das war zum einen für Vermessungszwecke erforderlich, zum anderen hatte man eine „Methode der Monddistanzen" entwickelt, mit der ab 1767 eine relativ genaue Längengradbestimmung möglich war. Nun war der Oktant des 18. Jahrhunderts, wenn er die Vorrichtungen zur Rückwärtsobservation besaß, zwar theoretisch auch für das Messen größerer Winkel geeignet. Die komplizierte Methode wurde jedoch nur wenig genutzt und später ganz aufgegeben.

Der deutsche Kartograph, Geograph, Mathematiker, Physiker und Astronom Tobias Mayer (1723 bis 1762), ein Autodidakt, war einer der anerkanntesten Wissenschaftler seiner Zeit. Wegen seiner Verbesserungen auf dem Gebiet der Kartographie wurde er 1751 auf den Lehrstuhl für Ökonomie und Mathematik der Universität Göttingen berufen. 1754 wurde er Leiter des Observatoriums. Seine Mondkarte war ein halbes Jahrhundert lang unübertroffen. Hauptsächlich beruht sein Ruhm aber auf seinen Mondtabellen. Sie waren so genau, dass die Mondposition bis auf 5 Bogensekunden und damit die geographische Länge auf See bis auf 0,5 Grad bestimmt werden konnten

Der Reflexionskreis
auch Repetitions- oder Vollkreis

Dieses Instrument hatte seinen Ursprung in der Mitte des 18. Jahrhunderts und wurde im Zusammenhang mit der „Methode der Monddistanzen" verwendet. Der Deutsche Tobias Mayer (um 1750) und später der französische Marineoffizier Jean-Charles Borda (veröffentlichte 1787 eine Beschreibung des Vollkreises) entwickelten auf der Basis des Spiegelgesetzes ein kreisrundes Messgerät mit zwei Alhidaden (Zeigerarmen). Das Instrument war mit einer ungewöhnlichen Gradskala bis 720 Grad versehen. Sie ergab sich – wie bei den anderen Spiegelmessinstrumenten – aus der Verdoppelung des Messbereiches aufgrund des Spiegelgesetzes. Dieses auch Repetitions- oder Vollkreis (und gelegentlich Vollkreis-Oktant) genannte Instrument wurde für das Messen großer Winkel (bis zum Halbkreis) und für Mehrfachmessungen des gleichen Objektes verwendet, aus denen dann der Mittelwert gebildet wurde. Dabei lag ein Vorteil in der Verminderung des Collimationsfehlers, das heißt, die Ebene

Reflexionskreis, Messing, Handgriff aus Mahagoni, Innenplatte geschwärzt, signiert „Pistor & Martins Berlin", zirka 1870, Durchmesser 17 Zentimeter, Gradbogen in Silber, Messbereich 0 bis 130 Grad und 180 bis 240 Grad, Fernrohr mit vier Schattengläsern, Prisma, Alhidade mit zweifachem Nonius in Silber, davon ein Nonius mit Feineinstellschraube, Leselupe über den Vollkreis schwenkbar, Mahagonikasten

des Instrumentes und die Achse des Fernrohrs verliefen nicht parallel. Ein weiterer Vorteil ergab sich daraus, dass Ungenauigkeiten in der Skaleneinteilung durch den Mittelwert aus Mehrfachmessungen weniger ins Gewicht fielen. Der Reflexionskreis war außerdem sehr stabil und in der Waagerechten gut im Gleichgewicht zu halten.

Die Berliner Firma Pistor & Martins entwickelte den Reflexionskreis in der Mitte des 19. Jahrhunderts unter Verwendung eines Prismas weiter und erreichte damit Messbereiche von 360 Grad bei ihrem großen Reflexionskreis sowie von 0 bis 130 Grad und von 180 bis 240 Grad bei ihrem kleinen Vollkreis. Der Vorteil des Prismas wurde in der Aufhellung des gespiegelten Bildes gesehen.

Insgesamt betrachtet waren die Reflexionskreise sehr aufwendig herzustellende und dadurch teure Präzisionsinstrumente. Auch die Bedienung war für weniger gut ausgebildete Seeleute relativ kompliziert. Das mag dazu beigetragen haben, dass die Hersteller keine besonderen Verkaufserfolge erzielen konnten.

Obwohl der Engländer Edward Troughton sehr präzise Reflexionskreise baute, die besonders gut für die Seefahrt geeignet waren, sollen sie neben ihrem Einsatz in der Vermessung hauptsächlich in der französischen und deutschen Schiffahrt verwendet worden sein und weniger in der englischen. Reflexionskreise wurden in England außerdem von Adams, Berge und Dollond hergestellt. In Frankreich waren Gambey, Lenoir und Secretan sowie in Deutschland Dolberg in Rostock und Pistor & Martins in Berlin führend in der Herstellung dieser Instrumente. Ende des 19. und Anfang des 20. Jahrhunderts benutzte man den Reflexionskreis nur noch für Vermessungszwecke. Aus dieser Zeit existieren sehr aufwendig gebaute und mit Stativen versehene Exemplare, die auch für astronomische Beobachtungen verwendet wurden. Die Reflexionskreise sind heute selten im Handel zu finden und daher auch als Sammlerobjekte entsprechend teuer.

Der französische Mathematiker und Seemann Jean Charles Borda (1733 bis 1799), Mitglied im Geniekorps, beschäftigte sich mit nautischen, astronomischen und hydraulischen Problemen. Ihm verdanken wir eine Methode zur Messung der Refraktion und die Erfindung der nach ihm benannten Reflexions- und Repetitionskreise

Der Sextant als perfektes Instrument

Als Captain (später Admiral) John Campbell von der Royal Navy 1758 den Reflexionskreis ausprobierte,

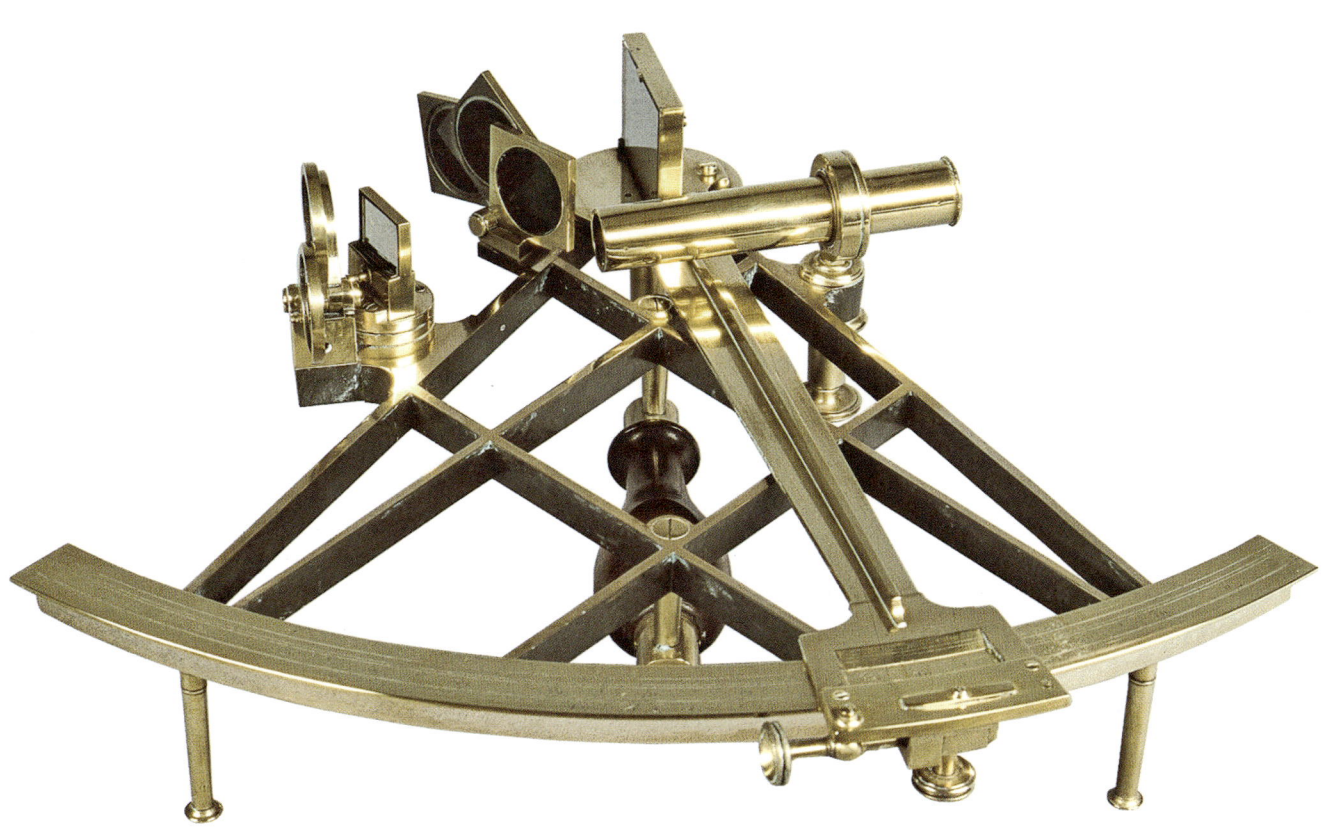

Sextant, Messing, Handgriff aus Mahagoni, signiert „Dollond London", zirka 1785, schwere Ausführung mit Gitterrahmen, Schenkellänge zirka 28 Zentimeter, Gradbogen in Messing, Messbereich 0 bis 130 Grad, Nonius mit Endlosschraube, höhenverstellbares Rohrdiopter, zwei Spiegel, sechs Schattengläser, Mahagonikasten, ein teures Spitzeninstrument des ausgehenden 18. Jahrhunderts

befand er ihn als zu wuchtig und zu schwierig in der Handhabung. Er hatte die Idee, dass man nur den Kreisbogen des Oktanten auf 60 Grad vergrößern musste, um Winkel bis 120 Grad messen zu können. Damit war ein perfektes Instrument – der Sextant –- erfunden. Es behielt die technischen Lösungen des Oktanten bei, hatte aber noch mehr Vorteile wie beispielsweise eine höhere Genauigkeit.

Die ersten Sextanten wurden – wie die Oktanten – aus Mahagoni und Rosenholz gebaut. Ende des 18. Jahrhunderts kamen dann Exemplare aus Ebenholz und Messing hinzu. Gute Sextanten wurden aus der Legierung „Glockenspeise" mit einem Anteil von sieben Prozent Zinn hergestellt. Manchmal wurden auch für Fürsten und Könige oder zu besonderen Anlässen Sextanten aus Silber gebaut.

Der Nonius in den Spiegelmessinstrumenten

Die Erfindung des Sextanten war ebenfalls von besonderer Bedeutung für die Beobachtung von Monddistanzen. Unverzichtbar wurde jetzt der im Kapitel „Oktant" bereits erwähnte Nonius, weil die Messungen möglichst auf zwei bis drei Sekunden genau sein mussten.

Nachdem eine ungefähre Beobachtung gemacht worden war, wurde die Alhidade mit einer Schraube leicht auf dem Gradbogen fixiert. Die Feinabstimmung erfolgte dann über eine Endlosschraube mit Feingewinde an der Seite des Sichtfeldes. Dabei war die Abstimmung so fein, dass eine Schraubenumdrehung an der Skala kaum erkennbar war. Zur genauen Ablesung erhielt die Alhidade über dem Sichtfenster oftmals eine Leselupe. Zusammen mit einer sorgfältigen Bauweise des Sextanten und der mit einer Kreisteilmaschine eingeteilten Skala war auf diese Weise ein Präzisionsinstrument geschaffen worden.

Das Prinzip des Nonius

Der Nonius ist eine seit dem 16. Jahrhundert bekannte Hilfsteilung. Er ist in (n-1) Teilstriche der Hauptteilung geteilt und kann zum Ablesen kleinster Intervalle gegenüber der Hauptteilung verschoben werden. Nach der Grobablesung am Nullstrich oder Noniuszeiger erfolgt die Feinablesung des Nonius, indem man denjenigen Strich der Nonienteilung sucht, der mit dem Strich der Hauptteilung zusammenfällt. Die Nonienablesung ist dann zur Grobablesung zu addieren.

Legt man den Nonius N so auf den Bogen B, dass die Null des Nonius auf der Null des Bogens steht, so kann man erkennen, dass die Noniusteilstriche von rechts nach links gehend um 1, 2, 3 und so weiter Minuten hinter den Bogenteilstrichen zurückbleiben.

Gestreckter Gradbogen-Ausschnitt mit anliegendem Nonius −B-N-5°52′

B = gestreckter Gradbogen in vergrößertem Maßstab
N = Nonius mit n-1/Teilstrichen der Hauptteilung

Ablesung:
Vom Nullpunkt des Limbus aus sucht man den ersten rechts liegenden Teilstrich auf dem Bogen (5°40′). Dann sucht man – mit den Augen nach links wandernd – den Strich des Nonius, der genau mit einem Bogenteilstrich zusammenfällt (12′).

Ergebnis:
5°40′ + 12′ = 5°52′

Limbus

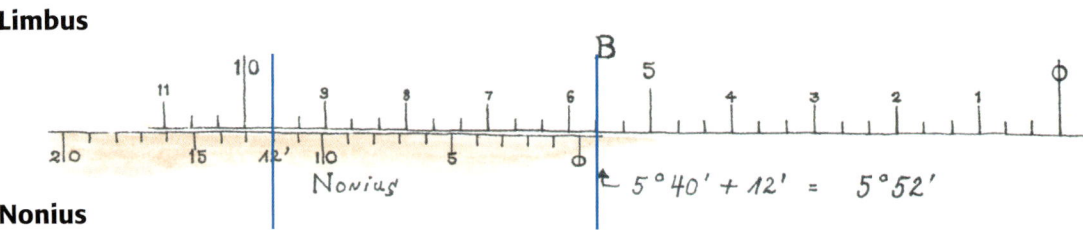

Nonius

Wegen möglicher Messfehler bei den Sextanten aus Holz, die sich bei hoher Luftfeuchtigkeit verziehen konnten, wurden dann im Laufe des 19. Jahrhunderts immer mehr Instrumente mit stabilem Messingrahmen und später auch anderen Legierungen angeboten. In England hatte Edward Troughton, als bekannter Instrumentenbauer und Gründungsmitglied der „Royal Astronomical Society", sich bereits 1788 einen Messingsextanten in einer bestimmten Form patentieren lassen.

Das Patent konnte aber sichtlich nicht verhindern, dass auch alle anderen Hersteller bald Sextanten aus Messing bauten. Troughton und einige andere englische Hersteller bauten außerdem Instrumente mit einem doppelten Rahmen oder mit einer Brückenkonstruktion über dem großen Spiegel und dem Fernrohr. Diese Sextanten waren besonders verwindungssteif. Außerdem waren dadurch einige Bauteile gut gegen härtere Beanspruchungen geschützt. Heutzutage sind sie selten zu finden und daher besonders wertvoll. Man erweiterte außerdem das Zubehör durch die Einführung von bis zu drei Teleskopen, auf die man noch zusätzliche Kappen mit Schattengläsern aufschrauben konnte.

Eines der schwierigsten Probleme war jedoch die Herstellung ebener Spiegel. Der Horizont- und der Indexspiegel mussten grundsätzlich parallel eingestellt und planparallel hergestellt sein. Sie wurden in der traditionellen Form mit Quecksilber versilbert.

Auch sehr kleine (richtig niedliche) Sextanten sind gelegentlich am Markt zu finden. Sie sind sehr selten, sehr teuer und hatten nur sehr wenig mit der Navigation zu tun. Man könnte sich aber vorstellen, dass sie auf einer Yacht verwendet wurden.

Eine weitere besondere Art von Sextanten sind die Dosensextanten (siehe See- und Landvermessung), die – im geöffneten Zustand – hübsch anzusehen und raffiniert gebaut sind. Sie wurden wie auch die Mini-Sextanten für Vermessungszwecke verwendet.

Wie bereits bei den Oktanten beschrieben, waren auch die noch präziseren Sextanten auf eventuelle Fehler hin zu überprüfen. So schreibt der „Rector der Großherzoglich Oldenburgischen Navigationsschule" W. v. Freeden 1864 in seinem „Handbuch der Nautik und ihrer Hülfswissenschaften" unter dem Abschnitt Prüfung des Sextanten:

„Um mit allen diesen Messinstrumenten genaue Messungen anstellen zu können, muss die Stellung und Beschaffenheit aller einzelnen Theile eine durchaus normale sein. Damit man einzelne Correctionen vornehmen könne, sind an den Spiegeln und am Fernrohr Correctionsschrauben angebracht; da andere Verbesserungen vom Beobachter nicht können vorgenommen werden, so ist es immer rathsam, seinen Sextanten nicht draußen bei einem beliebigen unbekannten Händler, sondern bei einem Künstler zu kaufen, welcher es ernst meint mit der Herstellung seiner Instrumente."

Der Sextant wies nun gegenüber dem Oktanten erhebliche Verbesserungen auf, was dann naturgemäß zu einem höheren Preis für dieses Instrument führte. Die Seeleute blieben allerdings noch lange bei „ihrem" altbewährten Oktanten, sei es nun aus Sparsamkeit oder aufgrund des Festhaltens an alten Gewohnheiten.

Die meisten Spiegelmessinstrumente wurden in England und Frankreich gebaut. Erst im 19. Jahrhundert entstand in Deutschland wieder eine Produktion nautischer Instrumente. Man findet aus dieser Zeit beispielsweise Instrumente des Hamburgers David Filby, seines bekannteren Nachfolgers Carl Christian Plath und – wie bereits erwähnt – der Berliner Firma Pistor & Martins.

Eine Episode aus dem Zweiten Weltkrieg besagt, dass in England wegen der hohen Versenkungsziffern von Handelsschiffen ein großer Bedarf an Sextanten entstanden war. Man musste dafür sogar eine alte Kreisteilmaschine von Ramsden aus dem Bestand des „Science Museum" reaktivieren. Auch die deutsche Kriegsmarine hatte einen großen Bedarf an Sextanten. So stellte allein die Firma Plath in Hamburg in dieser Zeit 21.000 Sextanten her.

Auch heute noch zählen die modernen Sextanten zu den Präzisionsinstrumenten, die durch ihre ausgefeilte Technik sehr genaue Messungen erlauben. Es wird von Amts wegen geprüft, ob ihre Spiegel und Blendgläser planparallel geschliffen sind, die Teilung des Gradbogens und des Nonius fehlerfrei ist und der Drehpunkt der Alhidade mit dem Mittelpunkt der Teilung des Gradbogens zusammenfällt. Durch die Verwendung einer Trommel für den Nonius (daher der Name Trommelsextant) sind sie einfach zu bedienen und gut ablesbar. Für die Aufbewahrung, Pflege und Kontrolle der Sextanten gelten strenge Regeln,

Sextant auf einem Ständer, Instrument aus Ebenholz mit Messing, Handgriff aus Ebenholz, signiert „D. Filby Hamburg", zirka 1850, Schenkellänge zirka 28 Zentimeter, Gradbogen aus Elfenbein mit einem Messbereich bis 130 Grad, verstärkte Messingalhidade, Nonius in Elfenbein mit Feineinstellschraube, Fernrohr, zwei Spiegel, sieben Schattengläser.

Das Instrument kann aus der Haltevorrichtung des Ständers gelöst werden oder in eine waagerechte Stellung hochgeklappt für Vermessungszwecke verwendet werden.

Ständer im viktorianischen Stil aus Mahagoni gedrechselt, Höhe 42 Zentimeter, Messingaufsatz mit Befestigungs- und Klappvorrichtung, Mahagonigrundplatte mit 25 Zentimeter Durchmesser und einem Handkompass mit 7,5 Zentimeter Durchmesser, Kompass signiert „David Filby Hamburg"

um sie stets einsatzbereit zu halten. Trotz der Anwendung modernster Satelliten-Navigationssysteme werden Sextanten und Chronometer heute noch zur Sicherheit an Bord mitgeführt. Es ist aber davon auszugehen, dass auch diese Ära in absehbarer Zeit zu Ende sein wird. Obwohl das Messen mit einem Sextanten noch immer Prüfungsaufgabe für einige Segelscheine ist, wird das Wissen um die Anwendung von Sextanten verlorengehen.

Der Quintant

Der Quintant hat seinen Namen daher erhalten, dass er einen Kreisausschnitt von einem Fünftel des Vollkreises bildet. Das sind 72 Grad, die nach dem Spiegeln auf dem Gradbogen einen Messbereich von 144 Grad ergeben. Vom Aussehen her wirkt er wie ein etwas vergrößerter Sextant. Er wurde im 19. Jahrhundert vorrangig für das Messen der Monddistanzen verwendet, weil bei Winkelmessungen zwischen Gestirnen größere Winkel auftreten konnten. Quintanten wurden aus Messing hergestellt und erhielten auf dem Gradbogen Einlagen aus Silber, Gold oder Platin. Diese Instrumente waren in der Regel sehr gut mit Fern- und Schattengläsern ausgestattet und hatten einen Mahagonikasten.

Im Antiquitätenhandel werden die Quintanten meistens als Sextanten angeboten. Ein einfacher Blick auf den Gradbogen zeigt dem Kaufinteressenten an, ob es sich um den viel selteneren (und häufig wertvolleren) Quintanten handelt. Ihre Seltenheit deutet darauf hin, dass sie sich nicht richtig durchgesetzt haben.

Die Bezeichnung „Quintant" wird außerdem für Winkelmessgeräte mit besonderen Merkmalen wie beispielsweise einem noch über 144 Grad hinausgehenden Limbus verwendet. So baute beispielsweise Cary in London ein solches Instrument mit einem Gradbogen von 0 bis 300 Grad, und Pistor & Martins entwickelten einen Prisma-Quintanten mit einem Gradbogen von 0 bis 250 Grad.

„Das Jahrhundertproblem wird gelöst"

Es dauerte einige Jahrhunderte, bis die Seefahrer anhand der Himmelsuhr die geographische Länge bestimmen konnten. Sie beruhte auf einer Zeitmessung. Wenn man die Ortszeit an Bord des Schiffes und gleichzeitig die eines Ortes bekannter Länge kannte, konnte der Navigator den Zeitunterschied in den geographischen Abstand umrechnen.

Dabei musste man beachten, dass die Länder und Kartenzeichner den Längengrad 0 nach ihren Vorstellungen festlegten. Frühe Kartographen wählten die Kanarischen Inseln, die Azoren oder die Kapverdischen Inseln dafür. Für die Dänen war es Kopenhagen, für die Franzosen Paris, für die Engländer Greenwich, für die Chinesen Peking, für die Preußen Berlin und für die Amerikaner Washington. Erst 1884 legte man sich auf den gemeinsamen Längengrad 0 von Greenwich fest.

Außerdem hatte man leider keine zuverlässigen und genau gehenden Zeitmesser. Als Galilei 1610 die ersten vier Jupitermonde entdeckte und ihre periodischen Finsternisse feststellte, schien darin eine Möglichkeit zu liegen. Allerdings waren die Monde zu der Zeit nur schwer zu beobachten, weil die Fernrohre noch sehr lang sein mussten.

Auch als Jean Dominique Cassini (Direktor des Pariser Observatoriums zur Zeit Ludwig des XIV.) 1664 eine Tabelle dazu aufstellte, kam man nicht weiter.

Eine weitere Möglichkeit ergab sich aus der ungefähr ellipsenförmigen Bahn des Mondes, die allerdings außerordentlich kompliziert war. Man konnte beispielsweise seine rasch wechselnden Entfernungen (Lunardistanzen) zur Sonne, zu bestimmten Fixsternen oder Planeten messen.

Die ersten Versuche auf diesem Gebiet unternahmen Regiomontan 1472, Amerigo Vespucci 1497 und John Werner 1415. Aber es blieb noch über Jahrhunderte hinweg schwierig, weil keine präzisen Monddaten vorlagen und die Instrumente zu ungenau waren.

Erst 1755 gelang es dem deutschen Professor Tobias Mayer, Mondtafeln mit ausreichender Genauigkeit aufzustellen. Darauf aufbauend gab der 5. Königliche Astronom Nevil Maskelyne in England 1766 das erste Werk „Nautical Almanac and Astronomical Ephemeris" für das Jahr 1767 heraus. Darin fand man unter anderem Ephemeri-

Der französische Astronom und Mathematiker Giovanni Domenico Cassini (1625 bis 1712), auch Jean-Dominique Cassini I. genannt, war italienischer Herkunft und unterrichtete euklidische Geometrie und die ptolemäische Astronomie, die unter der Doktrin der katholischen Kirche stand. Sein Interesse galt den Kometenerscheinungen. Außerdem erstellte er präzise Sonnentafeln und berechnete die Rotationsdauer von Venus, Mars und Jupiter sowie die Umlaufzeiten der Galileischen Monde um Jupiter. 1669 wurde er von König Ludwig XIV. von Frankreich zum Mitglied der Akademie und später zum Direktor der Pariser Sternwarte ernannt. Er entdeckte in den Jahren 1671 und 1672 die Saturnmonde Japetus und Rhea, 1675 die nach ihm benannte Teilung der Saturnringe (Cassini-Teilung) und fand 1684 zwei weitere Trabanten des Ringplaneten

den (Tabellen mit den täglichen Positionen beweglicher Gestirne an der Himmelskugel) und Lunardistanzen.

Mit den neuen Instrumenten (Reflexionskreis, Sextant und Quintant), der beobachteten Mondbahn und den Positionen von Planeten und Sternen waren die Voraussetzungen für die Ermittlung des Längengrades nach der „Methode der Monddistanzen" erfüllt. Eine Längenberechnung nach dieser Methode war langwierig und soll sogar bei dem Königlichen Astronomen Nevil Maskelyne bis zu vier Stunden gedauert haben. Sie war zudem schwierig und anfällig für Fehler. Zusätzlich zur Messung der Höhe von Gestirnen und des Winkelabstandes zwischen ihnen, mussten auch Refraktion und Mondparallaxe berücksichtigt werden. Bei den Seeleuten, die mit der Himmelsuhr auf vertrautem Fuß lebten, vergrößerte allerdings die Kompliziertheit sogar noch das Ansehen der Methode. Außerdem war sie kostengünstig, denn die Tabellen und Messinstrumente waren für die Kapitäne und Navigatoren erschwinglich.

Die Methode der Monddistanzen

Mit dem Begriff „Monddistanz" ist der Himmelswinkel zwischen dem Mond und der Sonne oder zwischen dem Mond und Planeten oder bestimmten Sternen gemeint, wie er von einem Beobachter auf der Erde beispielsweise mit einem Sextanten gemessen werden kann.

Der Zweck der Methode lag darin, überall auf der Welt die Ortszeit von Greenwich (früher sprach man von „Mittlerer Greenwich-Zeit – MGZ") herauszufinden.

Die Spiegelmessinstrumente im Vergleich

	Oktant	Sextant	Quintant	Vollkreis
Messbereich:	bis 90°	bis 120°	bis 144°	bis 180°
Gradbogen:	bis ca. 95°	bis ca. 130°	bis ca. 150°	bis 360° oder 300° oder 720°
Material:	Holz, Elfenbein, Messing, Silber,	Holz, Elfenbein, Gold, Platin	Messing, Silber, Silber	Messing, Messing Gold, Platin
Segment:	45°	60°	72°	360°

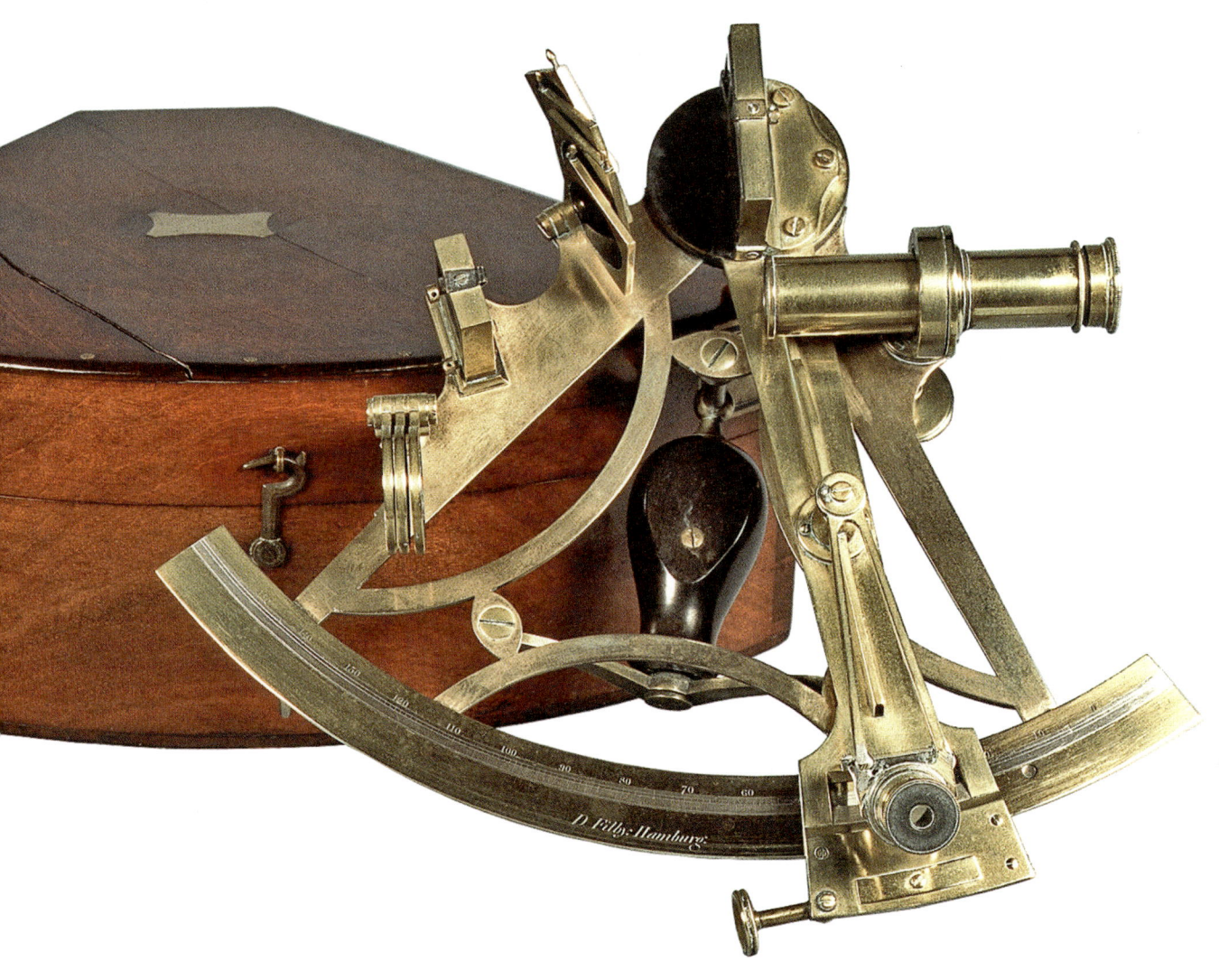

Quintant, Messing, Handgriff aus Ebenholz, signiert „D. Filby Hamburg", zirka 1850, schwerer Zierrahmen, Schenkellänge zirka 21 Zentimeter, Gradbogen mit Silbereinlage, Messbereich bis 150 Grad, verstärkte Alhidade, Silbernonius mit Feineinstellschraube und Leselupe, zwei Spiegel, drei Fernrohre (höhenverstellbar) und sieben Schattengläser, Mahagonikasten

Man kann den Mond wie den Zeiger einer Himmelsuhr betrachten. Während die Sterne fast stillstehen, bewegt er sich schneller über den Himmel als andere Gestirne. Sein kompletter Umlauf von einem Stern und wieder zu demselben zurück beträgt 27 Tage 7 Stunden 43 Minuten und 12 Sekunden, das heißt, er verändert seinen Ort am Himmel täglich um 13 Grad 10 Minuten nach Osten. Bei dem Umlauf der Sonne sind es 29 Tage 12 Stunden 44 Minuten und 3 Sekunden und damit täglich 12 Grad und 10 Minuten. Wenn man nun den exakten Winkel zwischen der Mondmitte und beispielsweise der

Mitte der Sonne messen konnte, hatte man den ersten Schritt auf dem Weg zur Längengradermittlung getan.

Als Nächstes benötigte man die Tabellen von Mayer und Maskelyne mit den in Drei-Stunden-Intervallen vorhergesagten Monddistanzen, die mit den auf See gemessenen Distanzen zu vergleichen waren. Für jeden Tag waren einige passende Objekte östlich oder westlich des Mondes in der Nähe seiner Umlaufbahn aufgeführt. Die Sonne wurde verwendet, wenn ihr Winkel zum Mond in einem Messbereich von 40 bis 120 Grad lag.

Außerdem kamen helle Planeten in Frage und dicht an der Ekliptik stehende Sterne wie beispielsweise Arietis (Hamal) im Sternbild Widder, Aldebaran im Stier, Antares im Skorpion, Aquila (Atair oder Altair) im Adler, Formalhaut im südlichen Sternbild Fische, Markab im Pegasus, Pollux in den Zwillingen, Regulus im Löwen und Spica in der Jungfrau.

Zur Beobachtung des Himmels mit dem Sextanten konnte man sich auf einem Sitz zurücklehnen oder auch hinlegen und musste dann noch darauf achten, dass keine Segel dazwischenkamen. Bei dem Messvorgang waren auch die Schiffsbewegungen auszugleichen. Die Messung der Monddistanz war schwierig und erforderte Erfahrung, weil die Bezugspunkte unter anderem wegen der Neigung des Sextanten schwer zu finden und mühsam im Blick festzuhalten waren. Hatte man sie – beispielsweise den Mond und die Sonne – eingefangen, musste man sie zusammenführen und zwar so, dass sie sich gerade eben berührten. An der gemessenen Monddistanz waren eine ganze Anzahl von Berichtigungen anzubringen. Für diesen Zweck war es erforderlich, die Höhe des Mondes und des zweiten Himmelskörpers über dem Horizont zu messen. Diese Messung musste möglichst zeitgleich mit der Monddistanzmessung stattfinden.

Am genauesten war die folgende Systematik bei der Messung: Zuerst die Sonnenhöhe, dann die Mondhöhe, danach einige Monddistanzen, dann die Mondhöhe und danach die Sonnenhöhe messen! Dann konnte man einen Durchschnittswert berechnen. Auf Schiffen mit ausreichender Besatzung – beispielsweise bei der Marine – wurden für diese Beobachtungen bis zu vier Seeleute eingesetzt.

Üblicherweise hat der Mond einen unscharfen schattigen Bogen und einen scharfen runden Bogen. Letzterer wurde für die Messung verwendet. Abhängig davon, auf welcher Seite der Planet oder Stern gemessen wurde, musste der Mondradius in der Berichtigung entweder subtrahiert oder addiert werden. Da die Sterne auch im Fernglas nur als Punkt erschienen, war bei ihnen eine Mitte-Berichtigung nicht erforderlich.

Voraussetzung war natürlich auch, dass der Indexfehler und der eventuell vorhandene Kalibrationsfehler des Sextanten entweder korrigiert oder in die Berechnung mit einbezogen wurden. Immer wieder wurde auf eine möglichst präzise Beobachtung und Berechnung hingewiesen.

Das galt auch für die Berichtigungen der Refraktion und Parallaxe, die im Kapitel „Oktant" erklärt worden sind. Während es sich bei der Refraktion nur um wenige Minuten handelte, konnte die Parallaxe als dominanter Faktor beim Mond bis zu einem Grad betragen. Da die Tabellen des „Nautical Almanac and Astronomical Ephemeris" eine Genauigkeit von 0,1 Minuten aufwiesen, sollte die gleiche Genauigkeit von den Navigatoren angestrebt werden. Bei der Verwendung von Logarithmen sollten möglichst fünfstellige Logarithmen verwendet werden.

Was nun die Berechnungsmethoden anbetraf, wurden in einer Veröffentlichung aus dem Jahre 1797 genau 40 Methoden beschrieben. Es ist daher davon auszugehen, dass mehrere unterschiedliche Methoden in Gebrauch waren.

Vor 200 Jahren lief eine der Methoden beispielsweise in folgenden Schritten ab:

Der Navigator brachte mit seinem präzise eingestellten Sextanten die Sonne so zum Mond oder den Mond so zu einem Stern, dass sich die Ränder eben berührten und maß die Distanz. Wenn er Helfer hatte, wurden zeitgleich die Höhen der beiden Objekte gemessen.

Stand der feste Rand des Mondes der Sonne zugekehrt, brachte er die Sonne an den Mond und erhielt so die Distanz der nächsten Ränder. Hatte aber der Mond der Sonne den offenen Rand zugekehrt, maß er über den Mond hin und hatte so die entfernteste Distanz gemessen. Das war auch zwischen Mond, Sternen und Planeten der Fall.

Pierre Le Roy erfand 1748 die freie Chronometerhemmung und baute fast ausschließlich Marinechronometer. Er gilt als einer der bedeutendsten Pioniere im Chronometerbau. Außerdem experimentierte er mit Temperaturkompensationen und erfand die bimetallische Kompensationsunruh

Konnte während der Distanzmessung die Sonne nicht für die Zeitermittlung gemessen werden, so musste vorher oder nachher eine Sonnenhöhe gemessen werden, um die wahre Zeit zu finden.

Folgende Regeln waren nun zu befolgen:
1. Der Navigator musste die wahre Zeit auf die Almanach-Uhrzeit umrechnen.
2. Mit der Almanach-Uhrzeit stellte er die Deklination der Sonne, die horizontale Parallaxe und den Halbmesser des Mondes fest.
3. Danach ermittelte er die scheinbaren und wahren Höhen der Beobachtungsobjekte sowie die scheinbare Distanz ihrer Mittelpunkte.
4. Daraufhin suchte er die wahre Uhrzeit der Beobachtung.
5. Im nächsten Schritt verbesserte er die scheinbare Distanz zur wahren Distanz.
6. Anschließend erforschte er im Almanach, zu welcher Stunde, Minute und Sekunde die Distanz eintraf und verglich diese Almanach-Uhrzeit mit der wahren Beobachtungszeit. Der Zeitunterschied zeigte die Länge Ost oder West vom Meridian des Almanachs, nach dem man gerechnet hatte.

Die Franzosen und Niederländer hatten eigene Almanache, in Frankreich war es der „Connaissance des temps" und in den Niederlanden der „Almanach ten dienste der Zeelieden".

Eine Reihe von Navigatoren, Kapitänen und Forschungsreisenden in der zweiten Hälfte des 18. Jahrhunderts und am Anfang des 19. Jahrhunderts waren sicher froh darüber, eine relativ sichere Methode zur Längengradbestimmung zu erhalten. Ihre bis dahin verwendeten Navigationsmethoden brachten ihre Schiffe beispielsweise durch unbekannte Strömungen häufig weit ab von ihrem Kurs. Nun konnten sie mit einer Genauigkeit von zirka einer halben Bogenminute messen und ihre Länge auf zirka 30 Seemeilen (am Äquator) genau bestimmen. Der Entdecker James Cook dachte, dass diese 30-Seemeilen-Genauigkeit alles sei, was ein Seemann sich jemals wünschen würde. Er sollte sich irren! Auf seiner ersten Pazifikreise von 1768 bis 1771 verwendete er die

Methode der Monddistanzen, da er noch keinen Chronometer hatte, bei der Kartierung von Neuseeland mit bemerkenswerter Genauigkeit. Seine Ungenauigkeiten lagen in der Längengradbestimmung bei nur 25 oder 40 Minuten, wobei die Breitengrade alle sehr genau waren.

Wenn man jedoch den zeitgenössischen Berichterstattern Glauben schenken will, dann war die aufwendige „Methode der Monddistanzen" sicher kostengünstig und auch wohlangesehen, aber aufgrund ihrer außergewöhnlichen Kompliziertheit, ihrer Fehleranfälligkeit und Ungenauigkeit bei vielen Seeleuten unbeliebt. Man muss dabei bedenken, dass eine gezielte Ausbildung in der Navigation erst um 1800 in größerem Umfang begann und viele Seeleute mit den komplexen mathematischen Berechnungen überfordert waren.

Was aber tat sich bei der Konkurrenz?

Der Erfinder des Chronometers, John Harrison, hatte sein Meisterwerk, die H 4, bereits 1759 vollendet und bald darauf begann die Erprobung auf See. Zur gleichen Zeit arbeiteten Berthoud und Le Roy in Frankreich ebenfalls an ihren Chronometern. Aber die Protagonisten der Methode der Monddistanzen, und unter ihnen besonders Neville Maskelyne, sollten ihnen noch viele Steine in den Weg legen.

Der britische Mathematiker und Astronom Nevil Maskelyne (1732 bis 1811) war von 1765 bis 1811 britischer Hofastronom. Er befasste sich mit Studien zur Bestimmung der geographischen Länge auf See unter Nutzung von Monddistanzen. Den Attacken, denen er wegen seiner Skepsis gegenüber Harrisons mechanischer Lösung des Längenproblems ausgesetzt war, schien er weitgehend ausgewichen zu sein. Sein Argument, dass diese Hochtechnologie noch jahrzehntelang unerschwinglich sein würde für die große Mehrheit der Seefahrer, während jedermann den von ihm propagierten Weg gehen konnte, der die Mühe auf sich nahm. Er fand auch praktische Verbesserungen, wie etwa die Bestimmung von Meridiandurchgängen mit einer Genauigkeit von Zehntelsekunden und die achromatischer Linsensysteme

Zwischenruf
Die Zeit

An einer Definition dieses Begriffes haben sich schon viele versucht. Und wenn wir genau nachdenken, ist es gar nicht so einfach, eine umfassende und allen Aspekten gerecht werdende Definition zu finden. Die Relativitätstheorie beschreibt die Zeit als „monoton zunehmenden Parameter, der zur Charakterisierung des Ablaufes aller Ereignisse verwendet wird". Für die Psychologen ist die Zeit „ein Aspekt des Bewusstseins, mit ihrer Hilfe ordnen wir unsere Erfahrungen". Für den Physiker ist sie eine der drei fundamentalen Größen, die das gesamte Universum ausmachen (die anderen beiden sind die Masse und die Entfernung).

Richard Strauss' Marschallin sagt im „Rosenkavalier" zu Oktavian „Die Zeit ist ein sonderbar' Ding". Diese und die Aussage des Heiligen Augustinus: „Was ist Zeit? Werde ich danach gefragt, so weiß ich es. Will ich es aber dem Frager erklären, so weiß ich es nicht.", treffen es am besten.

Wenn wir heute über die Zeit reden, meinen wir entweder einen Zeitraum oder einen Zeitpunkt.

So wurde die Zeit gemacht

Durch den Auf- und Untergang von Sonne und Mond war ein kontinuierlicher, wenn auch veränderlicher Rahmen für die Zeiteinteilung vorgegeben. Der Tag war bei allen Völkern die Grundeinheit. Ebenso natürlich vorgegeben war das Jahr als Maßeinheit. Die Veränderungen in der Natur im Laufe der Jahreszeiten, der Wechsel

Calendarium perpetuum (ewiger Kalender), Silber mit vergoldeter Innenscheibe, zirka fünf Zentimeter Durchmesser, um 1700, Dänemark

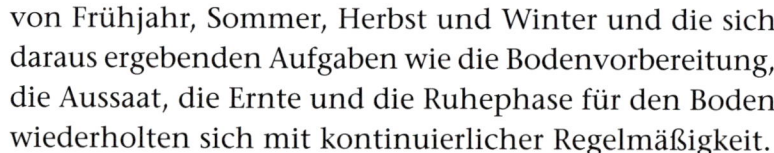

Der römische Feldherr und Staatsmann Iulius Caesar (Julius Cäsar; Juli 100 v.u.Z. bis 44 v.u.Z.) eroberte Gallien und rief sich zum Alleinherrscher aus. Nach seiner Ernennung zum Diktator auf Lebenszeit fiel er einem Attentat zum Opfer. Im Jahre 46 v.u.Z. führte er anstelle des alten römischen Mondkalenders den aus Ägypten stammenden Sonnenkalender ein. Der nach ihm benannte Julianische Kalender galt in den katholischen Ländern bis ins 16. Jahrhundert, dann wurde er durch den genaueren Gregorianischen Kalender abgelöst. Nach Cäsars Tod wurde sein Geburtsmonat, der mensis Quintilis, bis zur Reform fünfter Monat des römischen Kalenders, in mensis Iulius, zu deutsch Juli, umbenannt

von Frühjahr, Sommer, Herbst und Winter und die sich daraus ergebenden Aufgaben wie die Bodenvorbereitung, die Aussaat, die Ernte und die Ruhephase für den Boden wiederholten sich mit kontinuierlicher Regelmäßigkeit.

Ursprünglich war auch der Monat durch die Natur vorgegeben. Es war der Zeitraum, den der Mond für eine Umrundung der Erde benötigt, also zirka 29 Tage. Heute ist die Einteilung nicht mehr mit der Mondumrundung gekoppelt. Der Monat wird als praktische Einteilung des Jahres betrachtet, als nützliche Unterteilung von Jahr und Jahreszeiten.

Mit der Entwicklung der Hochkultur ergab sich die Notwendigkeit einer genaueren Zeiteinteilung. Es musste eine Maßeinheit gefunden werden, die größer als der Tag und kleiner als der Monat war. Es sollte eine Einheit werden, die die wiederkehrenden Ereignisse wie Waschtag, Kirchgang, Markttag etc. einteilte.

Jedes Volk hatte seine eigene Monatseinteilung. Die alten Griechen teilten den Monat in drei Wochen mit je zehn Tagen, die Römer hatten eine Achttagewoche. In anderen Kulturen gab es Wocheneinteilungen zwischen vier und zehn Tagen. Die Siebentagewoche war allerdings nicht vertreten. Diese setzte sich erst mit der Ausbreitung des Christentums und des Islam durch.

Allerdings gab es 1792 zur Zeit der Revolution in Frankreich Bestrebungen, die Siebentagewoche wieder abzuschaffen. In der UdSSR führte man sie erst 1940 ein. Hier galten innerhalb von nur 21 Jahren drei verschiedene Wocheneinteilungen. 1929 wurde die Fünftagewoche, 1932 die Sechstagewoche und 1940 die Siebentagewoche eingeführt.

Noch schwieriger war die Einteilung des Tages in kleine Einheiten. Astronomische Anhaltspunkte für eine Einteilung existierten nicht. Die einzige natürliche Vorgabe ist die Unterscheidung in Tag und Nacht. Aber auch hier gibt es im Laufe eines Jahres Schwankungen, die von der Polhöhe abhängig sind. Von wem und warum die Einteilung in 24 Stunden erfolgte, liegt im Dunkeln. Es gab unterschiedliche Ansätze bei der Unterteilung des Tages.

Anfänglich wurde der Tag in Temporal-Stunden eingeteilt. Der Tag und die Nacht hatten je 12 Stunden. Dadurch waren die Stunden im Laufe des Jahres unterschiedlich lang. Im Sommer waren die Stunden am Tag länger und in der Nacht kürzer. Im Winter verhielt es sich umgekehrt. Nur zur Zeit der Tagundnachtgleiche waren die Stunden des Tages und der Nacht gleich. Die Zählung der Stunden begann bei diesem System mit dem Sonnenaufgang beziehungsweise Sonnenuntergang.

Die babylonischen Stunden zählten von Sonnenaufgang bis zum nächsten Sonnenaufgang von 1 bis 24. Die „italienischen, böhmischen beziehungsweise welschen Stunden" zählten vom Sonnenuntergang an von 1 bis 24. Die gallischen Stunden hatten ein Zählsystem von zweimal 12 Stunden von 1 bis 12. Sie begannen um Mitternacht, sodass der Mittag und 12 Uhr immer zusammenfielen.

Die Astronomen hatten schon im Altertum die Äquinoktialstunden verwendet. Auch in den Klöstern wurde in Äquinoktialstunden gerechnet. Die Tages- und Nachtzeiten mussten genau bestimmt werden, damit die Gebetszeiten eingehalten werden konnten. Bei der Einteilung in Äquinoktialstunden bestehen Tag und Nacht aus 24 gleich langen Stunden. Erst mit dem Aufkommen der Räderuhren ab dem 13. Jahrhundert verdrängten diese Stunden die Temporal-Stunden aus dem bürgerlichen Leben.

Die Einteilung der Stunde in kleinere Einheiten erfolgte in einzelnen Schritten. Noch im 16. und 17. Jahrhundert genügte den Benutzern von Zeitmessern eine Einteilung in Viertel-, Drittel-, Halbe-, Zweidrittel und Dreiviertelstunden. Erst ab der Mitte beziehungsweise dem Ende des 17. Jahrhunderts hatten die Uhren einen Minutenzeiger. Der Name Minute stammt vom lateinischen „minuere" ab und bedeutet „verkleinern" oder „vermindern". Die Stunde wurde in 60 gleiche Teile eingeteilt.

Bereits im 16. Jahrhundert war die Bezeichnung Sekunde als Zeiteinteilung der Minute bekannt. Auch hier wurde die Zahl 60 als Bezugsgröße verwendet.

Nachdem man nun die Zeit eingeteilt hatte, musste man sich darüber einigen, wie lang beispielsweise eine Sekunde ist, denn daraus resultierte dann auch die Länge von Minute und Stunde. Das Problem der Länge einer

500 Jahre Navigation

Sekunde ergab sich daraus, dass ein Sonnentag – der Zeitraum zwischen zwei Mittagen – wegen der Schwankungen in der Umlaufgeschwindigkeiten der Erde und wegen der variierenden Entfernung der Erde zur Sonne – über das Jahr betrachtet – nicht von gleichbleibender Länge war. Erst im Jahr 1820 fand man eine genaue Definition für die Sekunde. Sie sollte der 86.400ste Teil eines mittleren Sonnentages sein.

Die gleiche Zeit für alle?

Jetzt waren zwar die Zeiträume genau genormt, aber jeder Ort hatte seine eigene Zeit – die Ortszeit. Sie richtete sich nach dem Stand der Sonne. Zur Mittagszeit wurden die öffentlichen Uhren mithilfe von Sonnenuhren gestellt. Solange man mit Kutschen unterwegs war und die Zeiteinteilung in größeren Maßeinheiten (Viertel- beziehungsweise halbe Stunden) vorgenommen wurde, war dies kein Problem. Der Reisende musste lediglich seine Uhr der regionalen Zeit anpassen, wenn es keine Sonnenuhr war. Mit der Verbreitung der Eisenbahn mussten die „Regionalzeiten" vereinheitlicht werden.

Im Oktober 1883 führte man in den USA vier Zeitzonen ein. Alle innerhalb einer Zeitzone lebenden Menschen richteten sich nun nach einer genau festgelegten Zeit. Zudem war der Unterschied zwischen den einzelnen Zeitzonen genau festgelegt. Noch im selben Jahr wurde dieses System auf die ganze Welt ausgedehnt.

Julius Cäsar und Papst Gregor XIII

Im letzten Jahrtausend gab es eine große Anzahl unterschiedlichster Zeitmesser wie Kalendarien, Winkelmessinstrumente und Uhren. Das Wort Kalender stammt aus dem lateinischen „calendae" und bedeutet erster Tag im Monat.

Die Grundlage für alle Kalender sind astronomische Beobachtungen der Sonne, des Mondes und der Sterne. Leider passen die astronomischen Zyklen, von denen der Tag, das Jahr und die Monate abgeleitet wurden, nicht genau zusammen.

Gregor XIII., mit bürgerlichem Namen Ugo Buoncompagni (1502 bis 1585) war Papst von 1572 bis 1585. Bekannt ist er vor allem wegen der 1582 durchgeführten, nach ihm benannten, Kalenderreform. Das Wesentliche war, dafür zu sorgen, dass das gemessene Jahr dem astronomischen entsprach. Die Frühlingstagundnachtgleiche sollte wieder auf den 21. März fallen, wie es durch das Konzil von Nicäa im Jahre 325 festgelegt worden war. Bis 1582 galt der Julianische Kalender, der gegenüber der wirklichen Dauer des Jahres um 11 Minuten und 14 Sekunden zu lang war. Alle 128 Jahre also ein voller Tag. Nach der Reform waren 400 Jahre im Gregorianischen Kalender genau drei Tage kürzer als im Julianischen. Die überzähligen zehn Tage, die seit dem Konzil von Nicäa bereits aufgelaufen waren, ließ Gregor aus dem Kalender entfernen

Im jüdischen und islamischen Kalender wird das Mondjahr als Grundlage genommen. Das Jahr besteht aus zwölf synodischen Monaten. Ein synodischer Monat ist die Zeit zwischen zwei aufeinander folgenden gleichen Mondphasen. Die exakte Länge beträgt allerdings 29,5306 Tage. Man versucht dies durch einen Wechsel von Monaten mit 29 und 30 Tagen auszugleichen. Dies gelingt aber nur bedingt. Ein Jahr von zwölf synodischen Monaten hat eine Länge von 354,367 Tagen, ein Jahr mit zwölf Monaten (29 beziehungsweise 30 Tagen) eine Länge von 354 Tagen. Um einen Ausgleich zu schaffen, werden Schaltjahre eingefügt.

Leider weicht auch das exakte synodische Jahr von dem zweiten natürlichen astronomischen Zeitabschnitt, dem tropischen Jahr, ab. Das tropische Jahr, der Zeitintervall zwischen zwei Durchgängen der mittleren fiktiven Sonne durch den Frühlingspunkt, hat eine Länge von 365,2422 mittleren Sonnentagen. Die kleine Tabelle zeigt nochmals die unterschiedlichen „Jahre".

Durch die rückläufige Bewegung des Frühlingspunktes in der Ekliptik ist das tropische Jahr kürzer als das siderische Jahr (365,2564 Tage), in dem zwei Vorübergänge der mittleren Sonne an ein und demselben Fixstern die Grundlage sind. Auch im Sonnenjahr mussten für die Tagesbruchteile Schalttage eingeführt werden.

Neben den astronomischen Beobachtungen spielte die Religion bei der Entwicklung des Kalenders eine große Rolle. Die Feiertage wie Weihnachten, Ostern, Himmelfahrt und Pfingsten richteten sich nach dem durch den Monddurchlauf bestimmten Ostertermin.

Unser heutiger Kalender geht auf Papst Gregor XIII. zurück. Er wurde 1582 eingeführt und löste den Julianischen Kalender, der von Gajus Julius Cäsar eingeführt wurde, ab.

Im Jahre 47 vor unserer Zeitrechnung führte Julius Cäsar seinen Kalender mit 365 Tagen ein. Die Monate hatten 30 und 31 Tage. Eine Ausnahme bildete der Februar mit 29 Tagen. Cäsars Nachfolger führten kleine Korrekturen durch, Augustus verkürzte den Februar um einen Tag, Dionysius Exiguus (Abt von Rom, 527 nach unserer Zeitrechnung) verlegte den Neujahrstag auf den 25. März und Weihnachten auf den 25. Dezember. Er führte außerdem ein, dass die Zeitrechnung datiert wurde. Seit dem angenommenen Geburtsjahr von Christus

Tropisches Jahr

Zeitintervall zwischen zwei Durchgängen der mittleren Sonne durch den Frühlingspunkt
Länge 365,242199 Tage

Siderisches Jahr

Zeitintervall zwischen zwei Vorübergängen der mittleren Sonne an ein und dem selben Fixstern
Länge 365,25636 Tage

Synodisches Jahr

Besteht aus 12 synodischen Monaten; wird gemessen von einer Mondphase bis zur nächsten gleichen Mondphase
Länge 12 x 29,53059 Tage

wird die Zeit unterschieden in vor Christus (v. Chr.) und in nach Christus (n. Chr.). Um anderen Religionen die christliche Zeitangabe nicht aufzudrängen, verwendet man als Benennung „vor" (v.u.Z.) oder „nach unserer Zeitrechnung" (n.u.Z.).

Aber auch dieser Kalender kam den astronomischen Zyklen nicht nahe genug, um auf Dauer genau zu bleiben. Trotz des Einfügens von Schalttagen war dieser Kalender im Jahr zwölf Minuten länger als der Sonnenzyklus. Dadurch verschoben sich die beweglichen Feste und der Frühlingsanfang immer weiter nach vorne. So war der Frühlingsanfang im Jahr 1093 schon vom 21. März auf den 15. März vorgerückt.

Im Jahr 1582 verkündete Papst Gregor XIII. eine neue Kalenderreform. Jahre, in denen ein neues Jahrhundert begann und die nicht durch 400 teilbar sind (beispielsweise 1700), waren ab sofort keine Schaltjahre mehr.

Den bisherigen Kalender brachte Papst Gregor XIII. mit seinem eigenen dadurch in Einklang, dass er das Jahr 1582 um zehn Tage verkürzte. Auf den 4. Oktober folgte der 15. Oktober 1582. Zudem wurde der Neujahrstag wieder auf den 1. Januar geschoben.

Einen Kalender zu entwerfen war die eine Seite. Schwieriger war es, ihn in Europa durchzusetzen. Die katholischen Staaten und Teile von Staaten in Europa nahmen den Kalender schnell an. In Deutschland übernahm beispielsweise die Diözese Augsburg den neuen Kalender schon im Jahr 1583, das Herzogtum Westfalen im Jahr 1584 und die Diözese Paderborn im Jahr 1585. Anders sah es in den protestantischen Ländern aus. Der protestantische Teil Deutschlands und die skandinavischen Länder führten den Kalender erst im Jahr 1700 ein.

England schloss sich 1752 dieser Reform an. Da man sich 170 Jahre Zeit gelassen hatte, musste man nun elf Tage ausfallen lassen. Tumulte in London waren die Folge; viele Bürger fühlten sich um elf Tage Rente betrogen.

Benjamin Franklin verstand es, die fehlenden elf Tage besser zu verkaufen. Er empfahl seinen Landsleuten sich zu freuen, dass man sich am 2. des Monats schlafen legte und erst am 14. wieder aufzustehen brauchte. Auch in Teilen der Niederlande wurde die Reform erst im Jahr 1700 eingeführt (beispielsweise in den Provinzen Drenthe und Friedland).

Der nordamerikanische Verleger Benjamin Franklin (1706 bis 1790) war Beamter im Dienste der englischen Krone, Politiker, Schriftsteller, Naturwissenschaftler, Erfinder, Naturphilosoph und Freimaurer. Auf allen Fachgebieten eignete er sich das Wissen autodidaktisch an. Außerdem gilt er als der Erfinder des Blitzableiters und des Doppelfernglases. Die fehlenden elf Tage der Kalenderreform verkaufte er seinen Landleuten mit der einmaligen Gelegenheit am 2. des Monats ins Bett gehen zu dürfen und erst am 14. wieder aufstehen zu müssen

In der Schweiz dauerte die Einführung von 1584 (Kanton Unterwalden) bis zum Jahr 1812 (Prättigau).

Die orthodoxen Länder Ost- und Südosteuropas ließen sich noch mehr Zeit mit der Einführung: Russland bis 1918, Griechenland bis 1914 und Rumänien bis 1914.

Die Namen im Kalender

Auch bei den Namen für Monate und Tage hatte die Religion ihren Einfluss. Einige Monatsnamen gehen auf römische Götter zurück, beispielsweise Janus oder Mars. Auch Göttinnen finden sich in den Monatsnamen wieder, beispielsweise Maia oder Juno. Germanische Gottheiten standen Pate bei den Wochentagen Tyr, Donar oder Freyja. Auch Planeten waren heilig und nach ihnen wurden Tage benannt, so zum Beispiel nach der Sonne und dem Mond.

Der Sonntag ist der Tag der Sonne, der Montag der Tag des Mondes, Dienstag ist der Tag des germanischen Gottes Tyr (Gott des Rechts), der Mittwoch ist der Tag der Wochenmitte, Donnerstag ist nach dem Kriegsgott Donar benannt, die germanische Göttin der Liebe, Freya hat dem Freitag ihren Namen gegeben, und der Samstag leitet sich vom hebräischen Sabbat ab.

Jedem Wochentag wurde zudem noch ein Planet zugeordnet. Sonntag und Montag haben wir oben schon beschrieben. Dem Dienstag wurde der Mars, dem Mittwoch der Merkur, dem Donnerstag der Jupiter, dem Freitag die Venus und dem Samstag der Saturn zugeordnet.

Der Kriegsgott Mars wurde dem Dienstag zugeordnet

Calendarium perpetuum

Reisende, Kapitäne oder Navigatoren führten auf ihren Reisen häufig einen ewigen Kalender mit. Sie wurden in unterschiedlichen Formen und mit vielfältigen Informationen hergestellt. Eine einfache Form konnte sich auf der Vorderseite von Tabaksdosen befinden.

Tabelle 1

Jan 31	Apr 30	Sep 30	Nov 30
Jun 30	Feb 28	Aug 31	May 31
Oct 31	Jul 31	Dec 31	Mar 31

Tabaksdose aus Messing, zirka 17,5 Zentimeter lang, zirka 5 Zentimeter breit, Herstellungsjahr 1771, Vorderseite unter anderem mit ewigem Kalender, nach Pieter Holm, Amsterdam

Die Dosen hatten zwei Tabellen auf dem Deckel. Eine mit sieben Spalten und fünf Zeilen und eine mit sieben Spalten und drei Zeilen. Die obere Tabelle, mit drei Zeilen, zeigte in jeder Spalte untereinander die Monate, in denen der Erste eines Monats auf denselben Wochentag fällt. Zudem war hinter dem Monatsnamen, welcher meistens abgekürzt wurde, die Anzahl der Tage des Monats angegeben.

In der zweiten Tabelle stehen die Kalenderdaten in einer Spalte, die auf denselben Wochentag fallen. Fällt der erste Tag eines Monats auf einen Dienstag, so sind auch der 8., der 15., der 22. und der 29. ein Dienstag.

Aufwendige Kalendarien waren meist aus wertvollen Materialien wie Silber, Gold oder vergoldetem Messing gefertigt. Sie waren reich verziert und oftmals mit Sinnsprüchen versehen. Die runden Kalendarien bestanden aus drei Scheiben, die in der Mitte durch eine Niete gehalten wurden. Dadurch waren die beiden äußeren Scheiben drehbar. Auf der Vorderseite wurden die Wochentage eingraviert. Neben jedem Wochentag befand sich das Symbol eines Planeten. Durch einen länglichen Schlitz fiel der Blick auf die beschriftete mittlere Scheibe, die jedem Wochentag ein Kalenderdatum zuordnete. Jeden Sonntag wurde die obere Scheibe sieben Zahlen weitergedreht. Aufpassen musste man nur beim Monatswechsel, da die Monate unterschiedlich lang sind. Diese Informationen lieferte die Rückseite des Instrumentes. Sie trägt eine Vielzahl von Beschriftungen und Schlitzen. Der äußere Rand ist oft mit einem Sinnspruch eingefasst.

Auf einem dänischen Calendarium steht beispielsweise „Tænk Menniske I al Din Sag paa Tiden Dod og Domens Dag" (Denk Mensch in all Deinen Angelegenheiten an die Zeit des Todes und des Jüngsten Gerichts). Die weiteren Beschriftungen sind kreisförmig von außen nach innen angebracht. Zu jeder Beschriftung gehört ein Schlitz, der die Beschriftung auf der oberen Scheibe mit einer Information auf der mittleren Scheibe ergänzt. Zur Veranschaulichung soll folgendes Beispiel dienen.

Dreht man die obere Scheibe so weit, dass im ersten Schlitz der Monat Juli erscheint, erhält man die folgenden Informationen:
- der Monat hat 31 Tage
- die Sonne geht um 4 Uhr auf
- die Sonne geht um 8 Uhr unter

- der Tag ist 16 Stunden lang
- die Nacht ist 8 Stunden lang
- und das Himmelszeichen, in dem die Sonne in diesem Monat steht, ist P (Löwe)

Diese Kalendarien waren in der Regel sowohl Kalender als auch astrologische Instrumente.

Das Messen der Zeit

Zu den Winkelmessinstrumenten, mit denen die Zeit gemessen werden konnte, zählten das Astrolabium, der Quadrant und die Spiegelmessinstrumente. Über diese Instrumente haben wir bereits in den vorangegangenen Kapiteln berichtet.

Bei den Uhren waren es beispielsweise Wasseruhren, Feueruhren, Kerzenuhren, Öluhren, Sonnenuhren, Nachtuhren, Sanduhren, Pendeluhren und schließlich Chronometer (die man eigentlich nicht als Uhren bezeichnen darf) und Beobachtungsuhren. Als kurzes Beispiel beschreiben wir hier zwei Uhrentypen.

Bei Kerzen- und Öluhren wurde der Ablauf der Zeit durch das langsame Verbrennen des Materials symbolisiert. Die Öluhren waren meistens aus Zinn hergestellt, hatten wegen des erforderlichen gleichmäßigen Drucks einen birnenförmigen Ölbehälter und waren für den Zeitraum von 06.00 Uhr abends bis 08.00 Uhr morgens konstruiert.

Die chinesischen Feueruhren – häufig in Form eines Drachens und hübsch anzusehen – dienten als Wecker. An einer Lunte, die über den Leib des Drachens hinweglief, waren zwei Kugeln befestigt. Nach dem Durchbrennen der Lunte fielen die Kugeln auf einen Gong.

Welche der erwähnten Zeitmesser waren nun an Bord schlingernder und stampfender Schiffe zu gebrauchen?

In dem folgenden Kapitel soll über die Uhren berichtet werden, die unter den widrigen Bedingungen auf See ausprobiert wurden und von denen sich einige auch – entsprechend den Anforderungen ihrer Zeit – bewährt haben. Man möge dabei bedenken: „Wo es heute in der Seefahrt auf Sekunden und Minuten ankommt, war vor 500 Jahren auf einem Segelschiff eine Viertelstunde noch relativ genau."

Sonnenuhren

Es gab vom 16. bis zum 18. Jahrhundert eine Vielzahl unterschiedlicher Sonnenuhren, die mangels anderer Möglichkeiten zur Zeitmessung wahrscheinlich auch ihren Weg an Bord von Schiffen gefunden haben. Die Hauptprobleme einer sinnvollen Anwendung lagen darin, dass sie häufig nur für einen oder wenige Breitengrade verwendbar waren und sich für eine einigermaßen exakte Zeitmessung in der Waagerechten befinden mussten.

Die elfenbeinernen Reisesonnenuhren des 16. Jahrhunderts aus Nürnberg (im 17. Jahrhundert als Nuremburg, Norenberge, Noribergae und Norimbergae bekannt) waren wundervolle und präzise gestaltete Kunstwerke. Diese handwerklichen Meisterstücke spielten in der Seefahrt wohl keine Rolle, da sie auch in ihrer Zeit bereits sehr wertvoll waren. Sie waren mehr ein Objekt für Kunstkammern. Heute sind sie auf Auktionen begehrte Sammlerobjekte in einem hohen Preissegment. Da die Reisesonnenuhren mit einem Kompass ausgestattet waren, nannte man sie auch „Compassus". Demzufolge waren die Erbauer der Reisesonnenuhren auch „Kompassmacher" (ursprünglich „Kompastmacher") und in einer gleichnamigen Zunft organisiert. Da der 30-jährige Krieg in Deutschland das Kunsthandwerk weitgehend zum Erliegen brachte, kamen die Sonnenuhren des 17. und 18. Jahrhunderts vorwiegend aus Frankreich und England.

Äquinoktialsonnenring (Universalring)

In dieser Zeit existierte aber bereits eine Sonnenuhr, die auch als „universale äquinoctiale Ringsonnenuhr" oder auch einfach nur als „Universalring" bezeichnet wurde und für fast alle Breitengrade verwendbar war. Dadurch, und durch ihre Gestaltung war sie besonders gut für den Einsatz auf Schiffen geeignet. Sie bestand aus zwei Ringen mit einer Brücke aus Messing, war relativ schwer und wurde für die Zeitmessung an der Aufhängung gehalten. Wind und Seegang konnten sie so nur wenig beeinflussen. Sie wurde aus dem Ring der Astronomen entwickelt, der zuerst von Gemma Frisius erwähnt und als einfache Armillarsphäre beschrieben wurde. Die einfache Armillarsphäre hatte zwar die gleiche Aufgabe wie der Äquinoktialsonnenring, war aber komplizierter und bestand im Gegensatz dazu aus vier Ringen. Als erster Hersteller des Äquinoktialsonnenrings gilt William Oughtred in der ersten Hälfte des 17. Jahrhunderts.

Diese Sonnenuhr bestand aus zwei Ringen mit einer Brücke in dem inneren Ring und konnte ganz flach zusammengeklappt werden. Der äußere Ring (Meridianring) mit der beweglichen Aufhängung repräsentierte den jeweiligen Meridian, auf dem das Schiff sich gerade befand. Er hatte eine oder zwei Skalen von 0 bis 90 Grad, auf der man den jeweiligen Breitengrad einstellen konnte. Die Universalringe mit einer Skala waren für die nördliche Hemisphäre – vom Nordpol bis zum Äquator – bestimmt. Die Ringe mit zwei Skalen, die sich auf einem Halbkreis genau gegenüber lagen, waren für die nördliche und südliche Hemisphäre eingerichtet. Eine dieser Skalen reichte vom Nordpol zum Äquator, die andere vom Äquator zum Südpol.

Der innere Ring (Stundenring) stellte den Äquator dar und hatte eine umlaufende Skala von 24 (oder 2 mal 12) Stunden, wobei die Stundenstriche 15 Grad voneinander entfernt lagen. Er war mit einem 12.00-Uhr-Punkt präzise in dem Nullpunkt einer der beiden Skalen des äußeren Ringes gelagert. Der zweite Lagerpunkt lag auf der Mittelachse genau gegenüber.

In der Mitte des Universalringes befand sich eine drehbar gelagerte Brücke als Polos, die ihre Haltepunkte auf den 90-Grad-Punkten des Meridianringes hatte. Der Polos (Schattenanzeiger) hatte eine Nut mit einer Deklinationsskala, an der ab dem Ende des 17. Jahrhunderts auf der einen Seite die Tierkreiszeichen und die Sonnendeklination eingraviert waren, während die andere Seite eine Monatsskala mit den Anfangsbuchstaben der Monate enthielt. Frühere Exemplare waren nur mit einer Datumsskala auf dem Polos ausgestattet.

In der Nut saß ein kleines bewegliches Schiffchen mit einem sehr kleinen Loch in der Mitte, durch das die Sonne hindurchscheinen konnte. Es gab auch Schiffchen mit zwei kleinen „Sonnenlöchern". Dieses Schiffchen ermöglichte es, konstruktionsbedingte Probleme des

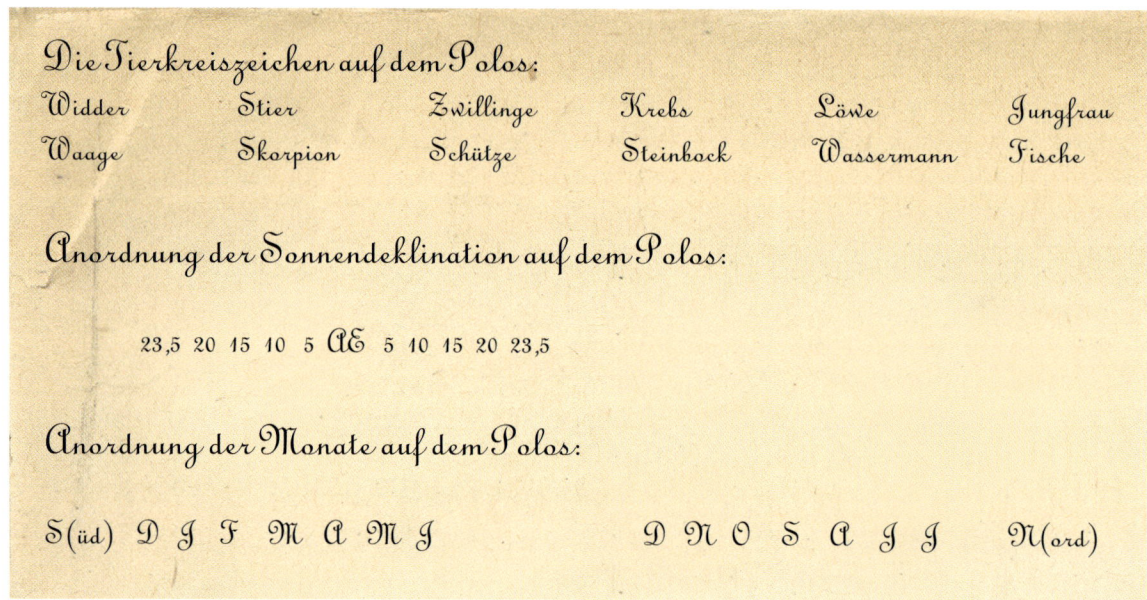

Anfangsbuchstaben der Monate – Dezember (DD) und Juni (JJ) – sind auf zwei Ebenen eingraviert. Das Jahr beginnt mit dem „J" in der oberen Reihe, 2. Buchstabe von links

Universalringes zu vermeiden. Da den Sonnenstrahlen in einigen Konstellationen der Weg durch Bauteile des Universalringes verdeckt war, gelang es mit dem Spezialschiffchen, in diesen Fällen zwei Sonnenstrahlen durchzulassen, aus denen dann der Mittelwert gebildet wurde.

Einige Universalsonnenringe hatten auf der Rückseite des Meridianringes noch einen Höhenquadranten, das heißt eine Gradskala bis 90 Grad, die – wie beim Quadranten – zur Messung der Sonnenhöhe verwendet werden konnte. Dafür musste ein kurzer Messingpin in ein Loch im Meridianring über die Mitte der Skala gesteckt und die Aufhängung auf 0 Grad eingestellt werden. Dieser Höhenquadrant war typisch für die in England hergestellten Universalringe.

Der Sonnenstrahl zeigt die Zeit

Um die Ortszeit zu messen, schob man die Markierung am Aufhänger des Meridianringes auf den entsprechenden Breitengrad. Der Stundenring wurde bis zum Anschlag aufgeklappt und bildete nun einen Winkel von 90 Grad zum Meridianring. Auf dem Polstab stellte man das Schiffchen innerhalb von Fünf-Tages-Abständen möglichst genau auf das Kalenderdatum ein. Nun wurde der Meridianring nach Süden ausgerichtet und der Polsteg so lange gedreht, bis ein Sonnenstrahl durch das kleine Loch im Schiffchen auf den Stundenkreis fiel. Hier konnte der Seemann dann seine Uhrzeit relativ genau ablesen.

Äquinoktialsonnenring, Messing, England, 1. Hälfte des 18. Jahrhunderts, Durchmesser zirka 15 Zentimeter, Gewicht 360 Gramm, zwei Gradskalen von 0 bis 90 Grad auf dem Meridianring, Höhenquadrant auf der Rückseite des Meridianringes, Brücke mit Tierkreiszeichen, Sonnendeklination und Kalendermonaten

Bei den größeren Ringen soll die Ablesung bis auf eine Minute genau gewesen sein.

Da der Universalring auf vielen Breitengraden eingesetzt werden konnte, durch die Aufhängung weitgehend unabhängig von den Schiffsbewegungen war und dem Wind kaum Angriffsflächen bot, wurde er bald zur „Uhr des Seemannes". Weil er auch die Uhrzeit relativ genau anzeigte, blieb der Universalring bis in das 19. Jahrhundert hinein in Gebrauch.

Die Butterfield-Sonnenuhr

Sie erhielt ihren Namen von dem Engländer Michael Butterfield, der in Paris lebte und arbeitete. Er stellte ovale oder achteckige Sonnenuhren aus Messing und Silber her. Es ist nicht ganz sicher, ob er diese Form tatsächlich erfunden hat. Auf jeden Fall ist der Polos mit dem Vogel als Zeiger von ihm erstmals gestaltet worden. Die Sonnenuhr ist von vielen anderen Herstellern – auch in England – nachgebaut worden, behielt aber bis heute ihren Namen. Sie wurde von der zweiten Hälfte des 17. Jahrhunderts bis zum Ende des 18. Jahrhunderts gebaut. Man zählt sie zu den Horizontalsonnenuhren, deren Ebene im Horizont liegt und bei denen der Schattenanzeiger parallel zur Erdachse steht.

Die Sonnenuhr erhielt drei bis vier unterschiedliche Stundenskalen für bestimmte Breitengrade. Jede Stundenskala war am Anfang mit dem Breitengrad gekennzeichnet, auf dem sie für die Zeitmessung benutzt werden konnte. Die Stundenskalen waren zur besseren Ablesbarkeit abwechselnd in römischen und arabischen Ziffern graviert. Auf dem Schattenanzeiger waren ebenfalls Breitengrade markiert, in der Regel von 40 bis 60 Grad, mit dem die Sonnenuhr entsprechend ihrer Stundenskalen auf den Breitengrad eingerichtet wurde. Zu dem Zweck konnte man den Schnabel des Vogels recht präzise auf den Breitengrad einstellen.

Die Sonnenuhren wurden sorgfältig mit Gravuren verziert. Bei vielen von ihnen gravierte man eine größere Anzahl von Städten mit ihren Breitengraden ein. Die Mehrzahl der Städte fand man in der Regel auf dem zusätzlich verzierten Boden. Die Kompasse in den Sonnenuhren wiesen die acht Haupthimmelsrichtungen auf,

Butterfield-Sonnenuhr, Messing, signiert „Delure a Paris", (wahrscheinlich Jean Baptiste Nicolas Delure), zirka 1715, Paris, Maße: 7 mal 8 Zentimeter, für die Breitengrade 40, 45, 50 und 55 bestimmt, sehr schön gestalteter Schattenwerfer, auf dem Boden sind 28 Städte mit ihren Breitengraden eingraviert beispielsweise Nuremberg 50, Constantinople 42, Bruxelles 51, Copenhague 56, Dantzic 54 und Madrit 41 (alte Schreibweisen)

wobei Nord mit der „fleur de lys" ausgestaltet wurde. Sie müssen in großen Mengen hergestellt worden sein, weil sie auch heutzutage noch häufig zu finden sind.

Die Zylinder-Sonnenuhr

Diese Sonnenuhr wurde von dem Mönch Herrmann dem Lahmen (Hermannus Contractus) vor zirka 1.000 Jahren erfunden. Hermann war Mönch des Benediktinerklosters auf der Insel Reichenau und galt als vielseitiger Gelehrter mit Veröffentlichungen in Mathematik, Astronomie und Zeitrechnung. Seine tragbare Sonnenuhr wurde auch Säulchensonnenuhr genannt und hatte häufig noch den Beinamen „Hirten-Sonnenuhr" („shepherd`s dial" oder „cadran du berger"). Sie zählte zu den beliebtesten Sonnenuhren und hatte eine weite Verbreitung. Über Jahrhunderte hinweg diente sie als Reisesonnenuhr („horologium viatorum").

Wie der Name schon besagt, bestand die Sonnenuhr aus einem zylinderförmigen Körper, auf dem von oben her die Stundenlinien und am Fuß beispielsweise Linien für den Tierkreis eingraviert waren. Statt des Tierkreises konnten sich auch Monate mit Zehn-Tages-Intervallen auf der Sonnenuhr befinden. Die Kappe und der Fuß waren etwas breiter als der Zylinder.

Um die Sonnenuhr auf das Datum einstellen zu können, war die Kappe mit dem Schattenwerfer (Gnomon) drehbar angeordnet. Der Gnomon konnte bei Nichtgebrauch in den Korpus der Sonnenuhr geklappt werden, sodass die Sonnenuhr sehr gut mitgeführt werden konnte.

Zur Zeitmessung wurde die Sonnenuhr an dem Ring der Kappe aufgehängt. Dann drehte man den Schattenwerfer auf das ungefähre Datum und richtete die Sonnenuhr so lange aus, bis ein senkrechter Schatten von dem Schattenwerfer auf die entsprechende Stundenlinie fiel. Die Spitze des Schattens zeigte dann die Zeit an.

Diese Sonnenuhren wurden aus Elfenbein, Buchsbaum und manchmal aus vergoldetem Messing hergestellt. Für die Seefahrt waren sie aus Buchsbaum. Das Holz musste sehr fest, gleichförmig und astfrei sein.

Säulchensonnenuhr, Buchsbaum, möglicherweise Frankreich 16. Jahrhundert, Gnomon 6,8 Zentimeter, Höhe 21 Zentimeter; Durchmesser: Fuß 4,5, Kappe 4, Korpus 3,3 Zentimeter, Gnomon im Korpus versenkbar, am Fuß sind die Tierkreiszeichen eingraviert mit einer senkrechten Einteilung mit Linien und punktierten Strichen für die Monate des Jahres, Stundenlinien punktiert, Zahlen und Zeichen gerade noch lesbar, eine sehr alte Handarbeit

Nachtuhr (Nocturnal)

Die Nachtuhr

ie Nachtuhr, die in Deutschland unter dem Namen „Sternuhr" bekannter ist, wurde in Frankreich erfunden. Man bezeichnete sie auch als „horologium noctis", „noctilabium" oder „nocturnalis". Raimundo Lullu beschrieb sie 1295 in seinem „arte de navegar". In der ersten Hälfte des 16. Jahrhunderts arbeitete Peter Apian, der eigentlich Peter Bienewitz hieß und seinen Namen latinisiert hatte, als Universitätsprofessor in Ingolstadt. Er beschrieb in seinem „Instrumentenbuch" den Aufbau und die Wirkungsweise der Sternuhr. 1551 wurde sie dann in Navigationsbüchern erwähnt und zwar bei Martin Cortez in seiner ebenfalls „Arte de Navegar" genannten Schrift. Die Verfasser betrachteten die Sternuhr als ein praktisches Instrument, um nachts die Zeit zu zählen.

Frühe Exemplare waren kunsthandwerkliche Schmuckstücke beispielsweise aus vergoldetem Messing. Man kombinierte sie häufig in aufwendig gebauten „Kompendien" (hier: Zusammenfassung von Instrumenten) mit Sonnen- oder Monduhren. Sie wurden in Frankreich und Italien hergestellt und waren eher für Astronomen und fürstliche Kunstkammern bestimmt. Heutzutage ist die Echtheit solcher außergewöhnlich wertvollen Nachtuhren durch Nachbauten aus dem 19. Jahrhundert schwer zu beurteilen.

Die Nachtuhren für die Seefahrt stammten aus England. Sie wurden dort im 17. und 18. Jahrhundert von Tischlern aus Buchsbaumholz gefertigt. Dieses Holz wurde – wie schon berichtet – wegen seiner guten Eigenschaften häufig für den Bau von Navigationsinstrumenten verwendet. Die heute noch existierenden Nachtuhren dieser Bauart sind alle echt. Ihre interessante Form mit dem herzförmigen Griff und dem langen Indexzeiger sowie ihre vielfältigen Skalen lassen manchen Betrachter über die Anwendungsmöglichkeiten des Instrumentes ins Grübeln geraten.

Uhrzeit und Tide

Bei sternenklarer Nacht konnte man mit der Nachtuhr die Ortszeit bis auf zirka eine Viertelstunde genau ermitteln. Ihren Bezug zur Seefahrt dokumentierte sie noch zusätzlich mit einer Tidenuhr und Angaben über die Entfernung des Polarsterns vom Nordpol (Umlauf des Circumpolarsystems). Die Nachtuhren wurden aus zwei runden Platten (wobei die größere einen Griff hatte) und einem langen Indexzeiger gebaut. Durch eine Messingniete fixierte man die beiden Platten in der Mitte und den Indexzeiger an seinem dickeren Ende. Die vordere (kleinere) Platte und der Indexzeiger wurden drehbar, aber trotzdem straff gelagert. Die häufig kunstvoll gefertigte Messingniete bekam ein größeres Guckloch für einen guten Durchblick auf den Polarstern.

Die größere Scheibe erhielt eine kreisförmige Einteilung in Monate, die mit 15 oder 15,5 Strichen (Februar 14 Striche) für jeweils zwei Tage unterteilt waren. Dieser „Monatskreis", auf dem die Monate mit ihren Anfangsbuchstaben in Englisch gekennzeichnet wurden, verlief entgegen dem Uhrzeigersinn. Auf der Rückseite der Scheibe fand man in einer Ringtabelle, die sich um eine Kompassrose gruppierte, die Abstände des Nordsterns vom Pol.

Die innere Scheibe hatte auf dem Kreisbogen eine in zweimal zwölf Stunden eingeteilte Skala, die auch gegen den Uhrzeigersinn lief. Außerdem war ein Mondkalender mit etwas mehr als 29 Tagen zur Gezeitenmessung eingraviert. Zwei mit „L" (Little Bear = kleiner Bär) und „G" (Great Bear = großer Bär) gekennzeichnete Nasen auf dieser Scheibe waren für die Einstellung des Kalenderdatums auf der großen Scheibe erforderlich.

Titel des Instrumentenbuches von Peter Apian, der eigentlich Peter Bienewitz hieß und seinen Namen latinisiert hatte, Universitätsprofessor in Ingolstadt

Konstruktionsprinzip

Die beiden letzten Räder des „Großen Wagens" (Merak und Dubhe) bilden eine Gerade, die durch den Polarstern im „Kleinen Bären" läuft. Diese Gerade dreht sich in 24 Stunden einmal um 360 Grad. Wenn man also die Mitternachtsposition auf der Nachtuhr festgelegt hat, kann man für jede andere Position anhand des Winkels am Indexzeiger feststellen, um wieviele Stunden man sich vor oder nach Mitternacht befindet. Der Ausgangspunkt der Nachtuhr (Mitternacht) liegt an der Spitze der Nachtuhr (oder genau gegenüber dem Haltegriff) und lässt den Monat und den Tag erkennen, an dem das Instrument hergestellt wurde. An diesem Tag stand die Gerade der drei Sterne (Polarstern-Merak-Dubhe) genau senkrecht.

Großer Bär oder Kleiner Bär?

Bei der Zeitmessung wurde dann beispielsweise die Nase mit dem „G" auf das betreffende Datum des Monatskreises gesetzt, um so die Jahreszeit einzustellen. Dann hielt sich der Beobachter das Instrument auf Armeslänge und möglichst parallel zur Äquatorebene so vor die Augen, dass er durch das Guckloch in der Niete den Polarstern anpeilen konnte. Da in diesem Fall der große Bär ausgewählt wurde, musste nun der große Indexzeiger so gedreht werden, dass seine obere Ablesekante gerade die beiden „Wächter" (die Sterne Merak und Dubhe am hinteren Ende des Großen Wagens) berührte. Auf der inneren Stundenskala konnte dann an der inneren abgeflachten Ablesekante die nächtliche Zeit abgelesen werden. Wollte man die „L-Nase" verwenden, musste der helle Stern Kochab im Kleinen Bären mit dem Indexzeiger angepeilt werden.

Graphische Darstellung der Nachtuhr-Anwendung von Peter Apian

In einer Bauanleitung für Nachtuhren aus dem Jahr 1715 wurde auf den Unterschied zwischen der Sternenzeit (siderische Zeit) und der üblicherweise verwendeten Sonnenzeit (bürgerliche Zeit) hingewiesen. Die Himmelsuhr macht in 24 Stunden nur eine Umdrehung und läuft gegen den Uhrzeigersinn. Der Sterntag beziehungsweise die Sternenumdrehung dauert 23 Stunden 56 Minuten und 4 Sekunden. So verliert die Sternuhr als Zeitmesser in 15 Tagen eine Stunde, weil der Sonnenstand im Verhältnis zu den Sternen wechselt. Der Zeitunterschied von vier Minuten pro Tag, die der siderische Tag kürzer als der bürgerliche Tag ist, musste bei der Konstruktion berücksichtigt werden.

Nachtuhr, Buchsbaum, mit einem Stern verzierte Achse aus Messing, signiert vom Hersteller „Sam Bosswell fecit" und für den Besitzer „David Bosswell" (wahrscheinlich Sohn oder Neffe von Samuel Bosswell), zirka 1720, für die Zeitmessung über den Großen und den Kleinen Bären konstruiert, Höhe zirka 21 Zentimeter, Länge des Indexzeigers zirka 21,5 Zentimeter, Durchmesser der großen Scheibe zirka 11 Zentimeter, Durchmesser der kleinen Scheibe zirka 8 Zentimeter, besonders ästhetische Form, Vorderseite mit Monats- und Kalendertabellen, Rückseite mit Windrose und einer Abstandstabelle Polarstern – Nordpol, herzförmiger Handgriff mit Stern- und Kreisornamenten verziert

500 Jahre Navigation

Sanduhr

Die Sanduhr wurde wahrscheinlich im 14. Jahrhundert erfunden. Da sie relativ einfach herzustellen war und ohne mathematische Kenntnisse gehandhabt werden konnte, verbreitete sie sich schnell. Die Sanduhr maß Zeitspannen und kleine Zeitabschnitte. Sie zeigte beispielsweise den Verlauf der Zeit in stillen Gelehrtenstuben, erinnerte den Redner in der Universität oder auf der Kanzel an den Ablauf der Zeit und diente dem Seemann zum Loggen und zur Wacheinteilung. Außerdem war sie für die Menschen ein Symbol für Vergänglichkeit und Tod.

Spöttische Darstellungen von der Verwendung der Sanduhr in der Kirche, mit der man die Predigten auf eine Stunde begrenzen wollte, zeigen eine bei der Predigt eingeschlafene Gesellschaft. Eine immer wieder gerne erzählte Geschichte berichtet von einem Pastor, der, als er sich über die Trunksucht ereifert hatte, die bereits abgelaufene Sanduhr mit dem Spruch „Ei, so lasset uns noch ein Gläschen genehmigen" einfach noch einmal umdrehte.

Eine Notiz aus der Seefahrt von 1345 besagt, dass an das Schiff GEORGE im flandrischen Hafen Sluis zwölf „glass horloes" verkauft wurden. Man verwendete die Sanduhren bis in das 19. Jahrhundert hinein, was man beispielsweise an einer französischen Schiffssanduhr von 1820 erkennen kann.

Auch heute noch begegnet sie uns ständig – als Symbol für die Rechenzeit des Computers.

Bei den großen Entdeckern gehörten die Sanduhren zur Ausrüstung ihrer Schiffe. So führte Columbus eine Menge Halbstundengläser, „Ampolettas", mit, die er auch in seinem Bordbuch erwähnte. Eine weitere Notiz in seinem Bordbuch besagte, dass sich die Ampoletta von Sonne zu Sonne 20 Mal entleerte und man also an Bord mit einer zehnstündigen Nacht rechnete.

Weitere Hinweise auf die Verwendung von Sanduhren gaben Ausrüstungslisten und Gefechtsberichte von Schiffen. Dabei konnte ein Gefechtsbericht die Dauer eines Kampfes auf See beispielsweise mit fünf Sanduhren angeben, womit zweieinhalb Stunden gemeint waren. Auch die Verkaufskataloge der Hersteller nautischer Instrumente enthielten Angebote von Sanduhren mit den verschiedensten Laufzeiten.

„Ein Gefess von zweyen Gläsern"

Ein zeitgenössischer Bericht über die Herstellung beschreibt die Sanduhr als „ein Gefess von zweyen Gläsern, die mit ihren Mündungen und mit einem darzwischengelegten, mit einem kleinen Löchlein durchbohrten Bleche schicklich zusammengesetzt und in Holtz, Draht oder Messing eingefasst werden. In dem einen solcher Gläser ist ein Sand, so entweder ein natürlicher roter Sand, der wohl gebrannt und durchgesiebet, oder weiß, aus gebrannten und klein geriebenen Eyerschalen, oder grau, aus Zinn oder Bley gemacht, gefüllet, in solchem Maße, dass wenn das Glas dergestalt gestellet wird, dass es mit seiner Mündung niederwärts stehe, der Sand durch das kleine Löchlein, in einer gewissen Zeit gantz aus und in das andere Glas überlauffe."

Ein Rezept von 1339 beschreibt den richtigen „Sand" für die Sanduhr wie folgt:

„Man nehme Mehl von schwarzem Marmor, das neunmal gründlich in Wein gekocht, neunmal abgeschäumt und neunmal an der Sonne getrocknet wird." Es ist nicht überliefert, ob es Weiß- oder Rotwein sein musste.

Später war ein bleihaltiger Sand aus der Gegend von Venedig für Sanduhren begehrt, weil man dem Blei eine Schmierwirkung nachsagte und so die Plättchen zwischen den Phiolen nicht so stark ausgeschliffen wurden. Auch Sand aus der Gegend von Nürnberg war beliebt.

Von den Sanduhrmachern ist nicht viel überliefert. Man weiß wohl, dass sie sich gerne in der Nähe guter Glasbläsereien ansiedelten, wie es beispielsweise in Venedig der Fall war.

Beispiel der Größenverhältnisse von Sanduhren, die in einer großen technischen Vielfalt hergestellt wurden

> Zeitskala der in der Seefahrt verwendeten
> Sanduhren:
> 14, 15, 28 und 30 Sekunden
> 15 und 30 Minuten
> 1 Stunde, 4 und 8 Stunden

Für jeden Zweck die richtige Sanduhr

Die Sanduhren wurden in einer großen künstlerischen und technischen Vielfalt hergestellt. Es gab die einzelne aus zwei Gläsern (Phiolen) bestehende Sanduhr, die häufig in einem Gestell aus Holz – aber auch in Gestellen aus Silber, Messing oder Zinn – stand. Die Gestelle aus Holz waren oft ein wenig grob gehalten und nur wenig verziert. Bei den Gestellen aus Metall fand man dagegen häufig schöne Formen und Applikationen. Bei Sanduhren für eine Stunde gab es gelegentlich eine vierfache Unterteilung einer Phiole, um den ungefähren Ablauf von Viertelstunden zu zeigen. Je nach Verwendungszweck wurden zudem besonders schöne Mehrfachsanduhren gebaut. So gab es beispielsweise Gestelle mit vier Sanduhren, die jeweils eine viertel, halbe, dreiviertel und volle Stunde anzeigten. Es wurden auch Sanduhren für vier und mehr Stunden gebaut. Der niederländische Entdecker Barents soll sogar eine Zwölf-Stunden-Sanduhr auf seinen Reisen mitgeführt haben.

Die Größe einer Sanduhr gab nicht unbedingt einen Hinweis auf ihre Laufzeit. Mitentscheidend für die Laufzeit und für die Qualität der Sanduhr war die Kalibrierung (die auf ein genaues Maß gebrachte Öffnung) am Hals der beiden sich gegenüberliegenden Phiolen, die aus einem Zinnplättchen bestehen konnte. Man verschloss diese Stelle mit Garn, Wachs oder Kitt. Auch Pech wurde manchmal verwendet. Ab der zweiten Hälfte des 18. Jahrhunderts wurden die Phiolen in einem Stück hergestellt, was uns heute bei der Datierung alter Sanduhren hilft.

Die 14-Sekunden-Sanduhr war die typische Logguhr, während die Halbstundensanduhr für die Wacheinteilung und das Festhalten der Kurse auf dem „Pinnkompass" von großer Bedeutung war. Der Pinnkompass bestand aus einem Holzbrett mit eingeschnitzter 32-Strich-Rose.

Sanduhr, Ebenholz und Elfenbein, signiert „Gebbie & Co Greenock" auf einer Elfenbeinplatte in der oberen Platine, England um 1800, Glasenuhr, Halbstundenläufer, Durchmesser zirka 11,7 Zentimeter, Höhe zirka 23,5 Zentimeter, rotbrauner Quarzsand, zwei Phiolen mit einer gedrechselten Verbindungsmuffe aus Elfenbein, fünf balusterförmige Säulen aus Ebenholz mit gedrechselten Abschlüssen und Mittelstücken aus Elfenbein, Elfenbeinplatte auf unterer Platine unbeschriftet

Alle halbe Stunde steckte der Rudergänger einen Pinn für den gesegelten Kurs auf den Kursstrich, der durch viel kleine Löcher symbolisiert wurde. Nach der Wache wurde der Kurs in das Logbuch eingetragen. Eine 15-Minuten-Sanduhr wurde beispielsweise dafür verwendet, ein gemeinsames Manöver mehrerer Segelschiffe zu steuern. Mit der 4-Stunden-Sanduhr konnte man die Wachzeit von acht Glasen (ein achtmal umgedrehtes Stundenglas = vier Stunden) kontrollieren.

„Glasen und Sandessen"

Die Wacheinteilung auf Schiffen war besonders mit der Sanduhr verbunden. Halbstundensanduhren wurden umgangssprachlich als Stundengläser (in der Seefahrt als Gläser) bezeichnet. Daher kommt der Begriff „Glasen". Nach Kulmination der Sonne über dem Schiff (Erreichen des höchsten Standes um 12.00 Uhr Bordzeit) wurde die Halbstundensanduhr nach jedem Durchlauf umgedreht und die Schiffsglocke angeschlagen. Die Stunden wurden jeweils durch Doppelschläge angezeigt. Nach vier Doppelschlägen (acht Glasen) erfolgte der ersehnte Wachwechsel. Um die Wache (beispielsweise die Hundewache von 00.00 bis 04.00 Uhr) abzukürzen, drehten die Seeleute die Sanduhren manchmal zu früh um, was als „Sandessen" bezeichnet wurde. Eine andere Möglichkeit soll darin bestanden haben, die Sanduhr mit den Händen zu wärmen, damit der Sand schneller lief. Bei Nebel oder Bewölkung geriet so die Bordzeit durcheinander. Viel gefährlicher jedoch war die fehlerhafte Schätzung der Etmale (der von Mittag bis Mittag zurückgelegten Strecke auf See).

Probleme

Sanduhren wurden durch häufigen Gebrauch ungenau. Das konnte daran liegen, dass der Sand feinkörniger wurde. Bei scharfem Sand konnte es passieren, dass sich die Durchflussöffnung vergrößerte. Manchmal wurden auch die Muffen am Hals der beiden Phiolen undicht, sodass eindringende Feuchtigkeit zur Verklumpung des Sandes führen konnte. Die Reparatur ungenauer Sanduhren erforderte die Erneuerung des Plättchens, trockenen Sand und eine Erneuerung der Muffen.

Die perfekte Kombination:
Das Lehr- und Übungsbuch „Astronavigation"
und der Übungssextant aus Pappe, sowie
der künstliche Horizont, der sich auf den
Pappsextanten aufsetzen lässt.

Astronavigation

Heinz A. Meyer

„Astronavigation ist ganz einfach", sagt Heinz A. Meyer und beweist es. Wer die klassische Navigation lernen oder sich in Erinnerung holen möchte, wird Schritt für Schritt an den Stoff herangeführt. Man braucht nichts weiter als aufmerksam zu lesen – und einen Sextanten. Den haben wir auch. Er kostet nur 18 Euro. Der Sextant ist aus Pappe und muss noch zusammengeklebt werden, reicht aber aus, um die Funktionsweise richtiger Sextanten kennenzulernen. Das Buch Astronavigation umfasst 192 Seiten DIN A4, ist fadengeheftet und hat einen festen Umschlag. Die neue, überarbeitete und erweiterte Auflage enthält außerdem Tips zum Sextantenkauf.

Buch Astronavigation (ISBN-Nr. 3-931617-16-5)	**22,50 Euro**
Sextant zum Zusammenkleben	**18,00 Euro**
Kombi-Set 1 (Buch und Sextant)	**35,90 Euro**
Kombi-Set 2 (Buch, Sextant, Horizont)	**40,90 Euro**

Alle Preise + 2 Euro Porto- und Verpackungsanteil.

Bücher und Magazine für Segler und Freunde
des Wassersports aus dem **Palstek Verlag**

Eppendorfer Weg 57a, 20259 Hamburg
Telefon: 040-40196340, Fax: 040-40196341
E-Mail: info@palstek.de

Das gesamte Verlags-Programm
finden Sie unter: **www.palstek.de**

Chronometer

Nachdem die Astronomen ihren Weg zur Lösung des Längengradproblems ab 1767 mit der „Methode der Monddistanzen" gefunden und publiziert hatten, schienen sie als Sieger im Kampf um die Ehre und die vom englischen Parlament 1714 (Act Queen Anne) ausgelobten hohen Prämien hervorzugehen. Diese Prämien waren bis dahin noch nicht ausgezahlt worden.

Die im „Act Queen Anne" geforderten Genauigkeiten für die Längengradbestimmung auf See bei 40-tägiger Reisezeit zeigt die nachfolgende Tabelle:

Abweichung in Meilen:	in Grad:	Prämien:
60	1°	£ 10 000,-
40	40'	£ 15 000,-
30	30'	£ 20 000,-

Die für die Beurteilung der Verfahren zuständige „Längenkommission" (Board of Longitude) hatte bis dahin nur Teilbeträge für wichtige Erfindungen auf dem Weg zur Lösung ausgezahlt, beispielsweise für den Oktanten von Hadley und Godfrey sowie die Sternentafeln von Tobias Mayer.

Der Weg der Uhrmacher, der mit Christiaan Huygens Erfindung der Pendeluhren im 17. Jahrhundert und seiner ersten Seeuhr von 1660 begonnen hatte, sollte letztlich zum Erfolg führen. Die Pendeluhren setzten sich zwar an Land durch, konnten jedoch auf See nicht die erforderliche Ganggenauigkeit erreichen. Der Uhrmacher Jeremy Thacker aus Yorkshire soll das Wort „Chronometer" und einen Federmechanismus erfunden haben, der die Uhr während des Aufziehens weiterlaufen ließ. Es folgte aber noch ein Jahrhundert der Experimente, bis ein Zeitnehmer hergestellt wurde, der die Zeit auf See genau genug halten konnte.

Erfinder bauen um die Wette

Erst der geniale Handwerker und Erfinder John Harrison in England und der vielseitige französische Uhrmacher Pierre Le Roy lösten beide fast gleichzeitig die Aufgabe, seetüchtige Uhren mit ausreichender Ganggenauigkeit herzustellen. Allerdings nutzten nur die Engländer diese Erfindung und ihren verstärkten Einsatz auf Schiffen, beispielsweise der „East India Company" (EIC), um über 150 Jahre hinweg ihre Bedeutung auf See und ihr „Empire" auszubauen. Daraus wird deutlich, welche politischen und wirtschaftlichen Konsequenzen sich aus der Lösung des Längengradproblems ergaben. Man vermutet, dass die gesellschaftlichen Probleme Frankreichs in dieser Zeit eine Verbreitung des Chronometers in der Marine und Handelsschiffahrt verhinderten.

John Harrison (1693 bis 1776) war Tischler und autodidaktischer Uhrmacher. Er erfand unter anderem die Uhrenhemmung und einen speziellen Aufzugmechanismus. Er hatte 1713 seine erste Pendeluhr mit Holzräderwerk gebaut. Den reibungsarmen Lauf seiner Standuhren hatte er mit seiner Grashopper-Hemmung erzielt. 1735 stellte er seinen ersten Schiffschronometer vor. Temperaturschwankungen kompensierte er durch Bimetall und Schiffsbewegungen, indem er zwei identische Pendel durch eine Feder verband. 1759 stellte er die H4 vor, für deren Genauigkeit ein neu entwickelter Antriebsmechanismus verantwortlich zeichnete. Das Prinzip wird noch heute in mechanischen Chronometern angewandt. Die Bezeichnungen H1 bis H5 stammen aus späterer Zeit. Die Chronometer wurden in einem Lagerraum wiederentdeckt. Sie sind seither Teil der Sammlungen des Königlichen Observatoriums im National Maritime Museum, Greenwich

Der Handwerker Harrison „siegte" gegen die akademischen Astronomen bei der Bestimmung des Längengrades. John Harrison, ein englischer Zimmermann, der über 50 Jahre hinweg nur das eine Ziel, den Bau eines hervorragenden Chronometers verfolgte, wurde zum raffiniertesten und erfolgreichsten Chronometerbauer des 18. Jahrhunderts. In den vielen Jahren, in denen er in seiner Werkstatt nach immer neuen Lösungen suchte, erhielt er nur eine geringe finanzielle Unterstützung und gelegentlich kleinere Prämien für seine Uhren. Erst am Ende seines Lebens bekam er nach langen Auseinandersetzungen mit dem königlichen Astronomen Nevil Maskelyne, dem Protagonisten der „Methode der Monddistanzen", eine abschließende Prämie von 8.750 Englischen Pfund und erreichte damit knapp die Gesamtprämie von 20.000 Englischen Pfund. Zum Vergleich: Der königliche Astronom verdiente damals 90 Englische Pfund im Jahr.

Harrison baute vier Chronometer (H 1 – H 4), von denen die ersten drei bereits eine hohe Ganggenauigkeit erreichten, aber noch sehr groß und unhandlich waren, während die H 4 dann mit zwölf Zentimetern Durchmesser das Aussehen und Format einer übergroßen Taschenuhr hatte. Seine vier Chronometer sind noch heute im „National Maritime Museum" in Greenwich bei London in einer sehr guten Darstellungsform zu besichtigen.

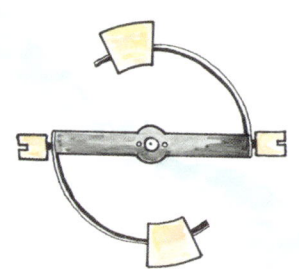

Thomas Earnhaw's temperaturkompensierte Unruh: Die beiden Metalle der Ringsegmente sind direkt miteinander verbunden – nicht vernietet oder verlötet!

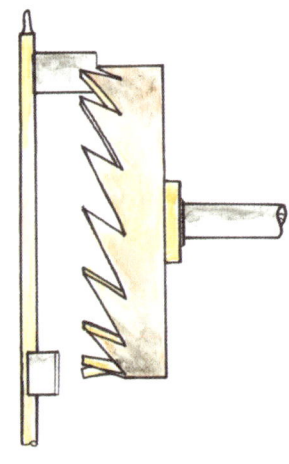

System der Spindelhemmung (beispielsweise für Taschenuhren)

John Harrison baute die H 1 zusammen mit seinem Bruder James und stellte das mit einer ungewöhnlichen, aber effektiven „Grasshopper (Grashüpfer)-Hemmung" ausgestattete Chronometer 1735 der Längenkommission vor. 1736 führte Harrison auf der CENTURION bei einer Reise nach Lissabon die Erprobung durch. Die H 1 lief nicht schlecht, wahrscheinlich mit einer Abweichung von drei Sekunden pro Tag, aber Harrison war damit nicht zufrieden.

1739 war die H 2 fertiggestellt. Sie war ähnlich wie die H 1 gebaut, jedoch größer und schwerer. Sie erlebte keine Überprüfung auf See.

Dann dauerte es zirka weitere 20 Jahre bis Harrison die H 3 fertigstellte. Sie war ein kompliziertes und hochentwickeltes Chronometer, das unter anderem mit einem „metallic thermometer" zur Temperaturkompensation ausgestattet war. Dabei handelte es sich um ein bimetallisches Band, das aus einem Messing- und einem Stahlstreifen zusammengenietet war und auf eine Spiralfeder einwirkte. 1761 sollte die H 3 getestet werden.

Mittlerweile hatte Harrison aber zusätzlich seine völlig neu konstruierte H 4 gebaut und bat um die Prüfung dieses Chronometers, in dem er eine Fülle von Erfindungen verwirklicht hatte. Das war beispielsweise wieder die Temperaturkompensation mit einem Bimetallstreifen zur Verlängerung oder Verkürzung der Spiralfeder. Wellen und Zahnräder wurden in Diamanten und Rubinen gelagert. Das „Remontoir" (hier: Gleichmäßigkeitsantrieb) gab die Energie der Hauptfeder gleichmäßig an das Werk ab. Ein in die Schnecke eingebautes „Gegengesperr" sorgte dafür, dass beim Aufziehen des Chronometers der Antrieb für das Werk weiter funktionierte.

Die H 4 war außerdem mit einer besonderen, unter Verwendung von Stahl und Diamanten konstruierten Spindelhemmung ausgestattet.

Am 18. November 1761 begann die Seerprobung der H 4 auf der DEPTFORD unter der Begleitung von Harrisons Sohn William mit einer Reise nach Jamaika, das am 19. Januar 1762 erreicht wurde. Am 26. März 1762 war man wieder zurück in England. Als Problem dieser Reise stellte sich heraus, dass in Westindien kein astronomischer Zeitvergleich durchgeführt worden war. Auch nach der Rückkehr wurde wegen schlechten Wetters erst sieben Tage später ein Vergleich mit der Ortszeit durchgeführt.

Da die Ergebnisse nicht beurkundet wurden, fehlten die für die Auszahlung der Prämie erforderlichen Voraussetzungen entsprechend dem „Act Queen Anne" von 1714. Das „Board of Longitude" verlangte eine neuerliche Erprobung.

Erst 1764 wurde eine zweite Prüfung zusammen mit Maskelyne während einer Reise auf der TARTAN nach Barbados durchgeführt. Bei dieser Seereise vom 28. März bis zum 13. Mai 1764 gab es eine Fehlweisung von 39,2 Sekunden, was 9,8 geographischen Meilen entsprach. Damit erzielte die H 4 ein dreimal besseres Ergebnis als es für die volle Prämie von 20.000 Englischen Pfund erforderlich war.

In der Folgezeit musste Harrison jedoch erst die technischen Details seiner H 4 veröffentlichen, das Chronometer von Larcum Kendall nachbauen lassen und die H 4 an das Königliche Observatorium aushändigen, bis er, wie schon erwähnt, nach langem Kampf unter der Protektion des Königs George III. als hochbetagter Mann endlich den Preis erhielt.

Man vermutet, dass Harrison die H 4 deswegen in Form einer großen Taschenuhr gebaut hatte, weil die Zeit des Ausgangsortes von einer Pendeluhr an Land auf das Schiff übertragen werden musste. Dafür waren die Formate der H 1 bis H 3 nicht geeignet. Die später in großer Stückzahl gebauten Chronometer erhielten jedoch eine andere Form, nur die Beobachtungsuhren (Decksuhren) waren teilweise verkleinerte Abbildungen der H 4.

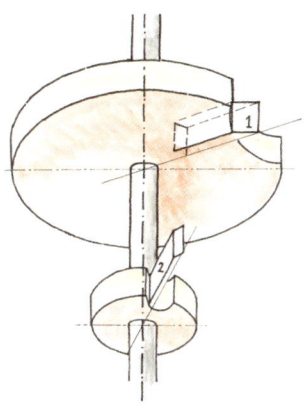

Die grundsätzliche Anordnung von zwei aktiven Elementen einer Chronometerhemmung:
1. Impulsplatte
2. Auslöseplatte

...weitere Pioniere im Chronometerbau

Für die Umsetzung der bahnbrechenden Erfindung des Chronometers in die Praxis der Seeschiffahrt sorgten dann in der zweiten Hälfte des 18. Jahrhunderts die nachfolgenden Generationen der Chronometerbauer. Berühmte Namen aus dieser Zeit sind in England Larcum Kendall, Thomas Mudge, John Arnold und Thomas Earnshaw.

Larcum Kendall baute die H 4 mehrfach nach. Seine originalgetreu nachgebaute K 1 ging zur Erprobung mit dem großen Entdecker James Cook auf dessen zweite Reise. Die K 2 machte die Meuterei auf der Bounty mit und kam nach einer abenteuerlichen Reise 1843 nach

England zurück. Die K 3 ging mit Cook auf seine dritte und letzte Reise. Das waren die ersten Chronometer, die sich über lange Zeit auf See bewähren mussten. Cooks erfolgreiche Navigation und seine genauen Land- und Seevermessungen brachten den Beweis für die herausragende Bedeutung dieser Erfindung. Cook war von der K 1 so begeistert, dass er von ihr als „unserem niemals versagenden Führer" sprach. Die K 2 und die K 3 waren mit weniger technischen Finessen und preiswerter gebaut worden. Daher erreichten sie nicht die Genauigkeit der K 1.

Thomas Mudge war ein bekannter Uhrmacher, der in das Komitee berufen wurde, das Harrisons H 4 gründlich studieren sollte. Er beschloss daraufhin, sich dem Chronometerbau zu widmen. Er baute einige technisch interessante Chronometer, die allerdings nur in der Anfangszeit gleichmäßig arbeiteten. So ging sein Lebenswunsch, eine Prämie des „Board of Longitude" zu gewinnen, nicht in Erfüllung.

John Arnold entwickelte aus den kostbaren und komplizierten Zeitmessern seetaugliche und kompakte Chronometer im Holzkasten. Thomas Earnshaw führte die Chronometerhemmung mit der Feder und einer temperaturkompensierten Unruhe ein und schloss damit die Pionierleistungen im Chronometerbau ab. Arnold und Earnshaw waren Rivalen, wobei Arnold der geschäftlich erfolgreichere Chronometerbauer war. Earnshaw litt Zeit seines Lebens unter Geldmangel und konnte teilweise seine Erfindungen nicht einmal selbst vermarkten. Im Laufe der Jahre wurde er zu einem erbitterten persönlichen Gegner von Arnold.

In Frankreich hatte bei den Uhrmachern Pierre le Roy und Ferdinand Berthoud eine ganz eigenständige Entwicklung von „Seeuhren" stattgefunden. Pierre le Roy folgte seinem Vater 1754 als Königlicher Hofuhrmacher nach. Er hatte schon 1748 die revolutionäre Idee einer „freien Hemmung", bei der die Unruhschwingung von der Rückwirkung der Hemmung weitgehend freigemacht werden sollte. In Originalschriften von John Harrison kann man dazu lesen „ ... the Less the Wheels have to do with the Balance, the better" (Je weniger das Räderwerk

Der Brite Thomas Mudge (1715 bis 1794), war ein Schüler von George Grahams, dem bedeutendsten Uhrmacher Englands. Mudge war ein genialer Chronometermacher und Hersteller zahlreicher, teilweise ausgefallener Uhren. 1759 erfand er den „freien Ankergang", eine Hemmung, mit der heute mehr als 95 Prozent aller mechanischen Armbanduhren ausgerüstet sind

mit der Unruh zu tun hat, um so besser ist es!). Nachdem er bereits einige Seeuhren gebaut hatte, führte Le Roy 1766 König Ludwig XV. eine Seeuhr vor, die mit ihren technischen Lösungen den Chronometerbau der folgenden 200 Jahre beeinflusste. Sie enthielt bereits alle wesentlichen Elemente eines modernen Chronometers:

1. die kompensierte Unruh
2. die freie Chronometerhemmung und
3. eine Federkonfiguration für eine isochrone Unruhfeder.

Diese „Seeuhr" war ungefähr so groß wie Harrisons Chronometer, weil sie eine Unruh mit einem sehr großen Durchmesser hatte. Darunter saß eine Temperaturkompensation, die aus zwei Alkohol-Quecksilber-Thermometern bestand. Der Alkohol war für die schnelle Ausdehnung und das Quecksilber für die Gewichtsverlagerung erforderlich, wodurch je nach Temperatur die Trägheitsmomente verändert wurden. Später vereinfachte er diese Kompensation durch die Verwendung von zwei unterschiedlichen Metallen für den Radkranz (die Unruh). Der Radkranz bestand aus zwei halbkreisförmigen Elementen, die sich unabhängig voneinander ausdehnen und zusammenziehen konnten.

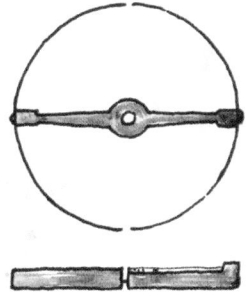

Pierre Le Roy's erste bimetallkompensierte kreisrunde Unruh, deren Ring aus zwei Bimetallstreifen besteht

Ein dreimonatiger Test seiner „Seeuhr" auf der Yacht AURORE ergab eine Abweichung von siebeneinhalb Sekunden in 46 Tagen, das waren nicht mehr als zwei Meilen am Äquator. So wurde Le Roy zum „Vater der modernen Chronometer".

Der Schweizer Ferdinand Berthoud war 1745 nach Paris gekommen und wurde dort nicht nur ein berühmter Uhrmacher sondern auch ein bekannter Autor in seinem Fachgebiet. Um 1764 wurde er „Horloger (Uhrmacher) de la Marine". Seine Seeuhren bewährten sich bereits 1768 bei Erprobungen auf See. Berthoud entwickelte und erprobte eine Vielzahl von Uhrenteilen, die er in immer neuen Kombinationen zusammensetzte. Er baute eine ganze Anzahl von Uhren, von denen seine 52. den heutigen Chronometern sehr nahekam. Berthoud gelang es wohl als Erstem, durch sorgfältige Beobachtung der Funktionsweise seiner Chronometer den „sekundären Temperaturfehler" nachzuweisen.

Bedauerlicherweise bestand auch zwischen Le Roy und Berthoud eine große Rivalität, die sich menschlich sehr unerfreulich auswirkte.

Chronometer im 19. Jahrhundert

Bis ungefähr 1840 bemühte man sich auf der Basis guter handwerklicher Arbeit, die Nachfrage nach Chronometern zu befriedigen. Danach entstand ein Nachfrageproblem, weil sie zu gut gebaut worden waren. Sie wollten einfach nicht kaputtgehen und funktionieren zum Teil noch heute ganz hervorragend.

Ab der zweiten Hälfte des 19. Jahrhunderts und noch bis in das 20. Jahrhundert hinein waren in England unter anderem die bekannten Chronometerbauer Thomas Mercer und Victor Kullberg tätig. Sie bauten nicht nur

Marinechronometer, Ebenholzkasten mit Fadeneinlagen, kardanisch aufgehängtes Chronometer aus Messing mit versilbertem Zifferblatt und vergoldeten Zeigern. Zifferblatt mit römischen Ziffern, 56 Stunden Gangreserve, signiert „ D. M^c. Gregor & Co . Makers to the Admiralty Liverpool Glasgow Greenock No M/7501", England 1880. Das Chronometer ist ausgestattet mit dem Werk Nr. 3162 von Thomas Mercer, St. Albans, aus dem Jahr 1879. Originalschlüssel, Feststelleinrichtung für die Kardanik, dreiteiliger Ebenholzkasten (zirka 18 mal 18 mal 19,5 Zentimeter) mit Perlmuttplakette (Aufschrift wie Zifferblatt) und seitlich eingearbeiteten Handgriffen, zwei Sterneinlagen, umlaufende doppelte Fadeneinlagen und Kanteneinlagen aus Messing. Alle Bauteile sind original. Der Chronometergang beträgt zwei Sekunden in 24 Stunden

eigene Chronometer, sondern lieferten ihre Werke an viele weitere Händler und Uhrmacher auch außerhalb Englands, die dann ihre Namen auf den Zifferblättern eingravierten.

In Frankreich bauten zu dieser Zeit die Firmen Leroy und Nardin zirka 40 Chronometer pro Jahr. Weitere bekannte Chronometerbauer waren Urban Jürgensen in Dänemark, Andreas Hohwü in Amsterdam und die weltbekannte Firma A. Lange & Söhne in Glashütte.

In Deutschland gab es außerdem ein Fülle von Chronometerherstellern, von denen einige hier beispielhaft genannt werden sollen: Carl Bamberg in Berlin, Adolf Kittel in Altona, Bröcking und Theodor Knoblich in Hamburg, Franz Lidecke in Geestemünde, A. Mager in Brake, J. Schnoor in Kiel und G. Ph. Völling in Rostock. Man weiß über ihre Chronometer, dass sie gut gebaut sowie ausgereift waren und gute Prüfungsresultate erzielten.

Chronometer oder Monddistanzen?

Das größte Problem in der Konkurrenz der beiden Methoden zur Ermittlung des Längengrades lag für das Chronometer über Jahrzehnte hinweg in dem hohen Preis. Die ersten Chronometer von Kendall und Mudge kosteten um die 500 Englische Pfund. Arnold und Earnshaw bauten Ende des 18. Jahrhunderts ihre Chronometer zu Preisen ab 65 Englische Pfund. Bis 1820 hatten sie zusammen über 2.000 Chronometer produziert. Ein weiterer englischer Chronometerhersteller, Paul Philipp Barraud, brachte es in dieser Zeit auf ungefähr 1.000 Chronometer, die allerdings arbeitsteilig von anderen Chronometerbauern und Uhrmachern gleichwohl in sehr guter Qualität hergestellt wurden.

Da es einen guten Sextanten und Sternentafeln bereits für 20 Englische Pfund gab, blieb die Längengradermittlung nach der „Methode der Monddistanzen" bei den sparsamen Seeleuten jedoch noch lange Favorit. Erst ab 1906 erschienen die Tabellen der Monddistanzen nicht länger im „Nautical Almanac".

Bei der East India Company sollen zwölf Schiffe bereits vor 1790 Chronometer an Bord gehabt haben. Die Royal Navy setzte Chronometer anfangs nur für Entdeckungsfahrten ein, weil bei diesen Fahrten die Seevermessung von besonderer Bedeutung war. Ihre Offiziere mussten sich daher anfangs ihre Chronometer selbst kaufen. Erst 1858 verfügte die Royal Navy dann über 750 Chronometer, von denen sich 610 auf See befanden.

In Frankreich verfügte das „Depot de la Marine" 1832 über 143 Chronometer aus französischer Produktion.

Für einen deutschen Segelschiffkapitän war es um 1850 jedoch noch lange keine Selbstverständlichkeit, ein Chronometer an Bord zu haben. Allerdings hatte sein Reeder nichts dagegen, wenn er es selbst gekauft hatte.

Um 1880 waren die Chronometer dann generell in Gebrauch, weil sie um 1850 bis 1860 durch die dann einsetzende industrielle Produktion preiswerter wurden.

Präzisionsinstrumente – schön, kompliziert und sehr empfindlich

Die Chronometer waren besonders empfindliche Präzisionsinstrumente, die sorgfältig behandelt werden mussten. Das begann damit, dass sie in einem Extra-Tragekasten (Überkasten) transportiert wurden. Dieser Kasten war stabil und gut gepolstert, um das empfindliche Chronometer und auch das wertvolle Gehäuse zu schützen. Der Chronometerkasten wurde meistens aus Mahagoni oder Rosenholz, seltener aus Ebenholz hergestellt und mit Messingbeschlägen versehen. Der dreiteilige Kasten bestand aus dem Chronometergehäuse mit zwei Deckeln. Der obere niedrige Deckel gab nach dem Öffnen über einen Druckknopf durch eine Glasscheibe den Blick auf das Chronometerzifferblatt frei. Dadurch sollten die Einflüsse von Luftfeuchtigkeit und Temperatur auf das Chronometer minimiert werden. Außerdem wurde in einer Vertiefung dieses Deckels der Schlüssel für das Schloss des Chronometerkastens aufbewahrt. Erst durch das Aufschließen des zweiten (größeren) Deckels konnten autorisierte Schiffsoffiziere an das Chronometer gelangen. Das in einer Messingtrommel mit Bleiboden montierte und mit einem aufschraubbaren Glasdeckel versehene Chronometer war kardanisch aufgehängt. Seitlich angeordnet befanden sich der Feststeller für die Kardanik und das Werk.

Die kardanische Aufhängung hatte die Aufgabe, das Chronometer auf See in waagerechter Stellung und damit die Unruhachse in der Senkrechten zu halten. Da die

Schiffsbewegungen in der Regel langsamer sind als die Bewegungen eines Menschen, gibt es die Meinung, dass die Kardanik für den Transport durch Personen festgesetzt werden sollte. Man könnte aber auch der Ansicht sein, dass das Chronometer in der Kardanik besser schaukeln und Stöße abfangen kann.

Das Schaukeln wäre für die Zapfen der Unruh, die nur 0,18 Millimeter dick sind, sehr gefährlich. Außerdem besteht die Gefahr, dass es zu einem Galoppieren der Hemmung kommt. Darunter versteht man ihre zweifache Auslösung während einer einzigen Schwingung. Dabei schwingt die Unruh mit zwei bis drei Umgängen. Die Wendelfeder wird dadurch überanstrengt und verursacht in der Folge Gangschwankungen, die sich erst nach einiger Zeit wieder legen. Das Galoppieren des Chronometers kann man an seinem etwa doppelt so schnellen Ablauf erkennen. Es wird erst beendet, wenn das Chronometer abgelaufen ist.

Man sollte also „zu Lande" die kardanische Aufhängung entweder nicht verwenden oder wenigstens darauf achten, dass das Messinggehäuse nicht pendelt! Bei einem Versand des Chronometers muss die Unruh festgesetzt werden. Dafür werden zwei dreieckige Papierkeile unter den Unruhreifen geschoben.

Die meisten Chronometer mussten zum Aufziehen in der Kardanik umgedreht werden. Dafür gab es einen speziellen Schlüssel mit einer Sperrklinke, der nur in einer Richtung (linksherum) funktionierte. Er wurde durch eine passende Öffnung in der Bodenplatte des Chronometers auf den durch ein Staubrohr geschützten Vierkant gesteckt. Befand sich das Chronometer nicht im Gehäuse, war beim Aufziehen besonders darauf zu achten, dass auf keinen Fall der zweite aus dem Gehäuse herausragende Vierkant des „ruhenden Gesperrs" zum Aufziehen verwendet wurde. Es bestand Verletzungsgefahr, weil die ganze Kraft der Chronometer-Zugfeder freigesetzt wurde und den Schlüssel zurückschlug. Es war also unbedingt der im Staubrohr versteckte Vierkant der Schnecke zu verwenden.

War das Chronometer stehen geblieben, durfte es nach dem Aufziehen nur durch eine leichte, mit beiden Händen ausgeführte waagerechte Drehbewegung wieder in Gang gesetzt werden. Dabei war ein Drehen der Zeiger unbedingt zu vermeiden. Man musste warten, bis die auf dem Chronometer angezeigte Zeit wieder erreicht war.

Um diese Probleme aber möglichst zu vermeiden, zeigte das Zifferblatt die Gangreserve (Federstand) an. Die typischen Marinechronometer waren auf zwei Tage Gangdauer ausgelegt und zeigten eine Gangreserve von 48 bis 56 Stunden an.

Es wurden aber auch Chronometer mit einer Gangdauer von acht Tagen gebaut, die erheblich teurer waren. Die Zifferblätter hatten römische oder arabische Ziffern für die Stunden. Die Hauptzeiger des Chronometers bestanden aus Gold oder gebläutem Stahl. Der gebläute Stahl war generell ein Markenzeichen für Präzisionsinstrumente des 19. Jahrhunderts. Für die Gangreserve und die Sekunden gab es jeweils einen kleineren Teilkreis mit arabischen Ziffern.

Chronometer durften während der Seereise nicht angehalten werden. Nach drei Jahren war ihre Reinigung erforderlich, die durch Chronometerbauer (und nicht durch Uhrmacher) erfolgen musste.

Kette, Schnecke, Unruh, Hemmung und Räderwerk

Das in einem Gehäuse aus Gussmessing sitzende Werk des Chronometers bestand aus vier Hauptgruppen:
1. der Feder mit Kette und Schnecke für den Antrieb,
2. der Unruh als Schwingungserzeuger und eigentlichem Zeitmesser,
3. der Hemmung, die den Ablauf der Feder verhinderte und die Verbindung zwischen der Unruh und dem Räderwerk des Chronometers herstellte und
4. dem Räderwerk, das dafür zuständig war, die Schwingungen zu zählen und als verflossene Zeit auf dem Zifferblatt sichtbar zu machen

Diese Baugruppen wurden in der Regel zwischen zwei Platinen eingebaut. Das Schwingsystem und die Hemmung wurden allerdings wegen ihrer besseren Erreichbarkeit, beispielsweise zum Justieren, häufig vom übrigen Werk getrennt über der Platine montiert.

Die Arbeitsweise

Die aufgezogene Feder stellt die Kraft für den Antrieb zur Verfügung. Die Hemmung verhindert das schnelle Ablaufen der Feder. Das Schwingsystem soll mit Schwingungen genau gleicher Dauer die Hemmung in gleichmäßigen Abständen auslösen. So wird der stetige Fluss der Zeit in einem gleichmäßigen Rhythmus getaktet. Die Zeitmessung besteht darin, die Anzahl der aufeinanderfolgenden Zeitintervalle mit dem Zeigerwerk zu zählen und als verflossene Zeit auf dem Zifferblatt sichtbar zu machen.

Im Chronometer muss das Schwingsystem in Gang gehalten werden, weil es ohne Antrieb durch Reibung und Luftwiderstand stehen bleiben würde. Das Schwingsystem besteht aus der Unruh (einem kleinen Schwungrad) und der Wendelfeder (einer zylinderförmigen Spiralfeder). Die einerseits am Werk, andererseits an der Unruh befestigte Spiralfeder erteilt der Unruh eine bestimmte Gleichgewichtslage. Bringt man die Unruh durch Drehung um ihre Achse aus der Gleichgewichtslage heraus, wird die Spiralfeder entweder auf- oder abgewickelt. Diese sehr elastische Feder möchte ihre natürliche Form wieder annehmen und will die Unruh daher in die Gleichgewichtslage zurückführen. Die Unruh schwingt jedoch durch ihr Trägheitsmoment über die Gleichgewichtslage hinaus in die andere Richtung, bis die wachsende Spannung der Spiralfeder die Schwingungsrichtung wieder ändert. Die volle Schwingungsbewegung ist bei dem Chronometer eine halbe Sekunde lang.

Die Hemmung stellt nun die Verbindung zwischen dem Schwingsystem und dem Räderwerk her. Die Chronometerhemmung besteht aus dem Hemmungsrad, der Hemmungsfeder, der Goldfeder sowie der großen und kleinen Rolle auf der Unruhachse. Außerdem spielen drei „Steine" eine Rolle, der Ruhe-, der Antriebs- und der Auslösestein. Der Ruhestein und die sehr dünne Goldfeder sind an der Hemmungsfeder befestigt. Der Antriebsstein sitzt auf der großen und der Auslösestein auf der kleinen Rolle.

Beim Schwingen der Unruh drückt der Auslösestein die Goldfeder und mit ihr die Hemmungsfeder so weit weg, dass ein Zahn des Hemmungsrades vom Ruhestein

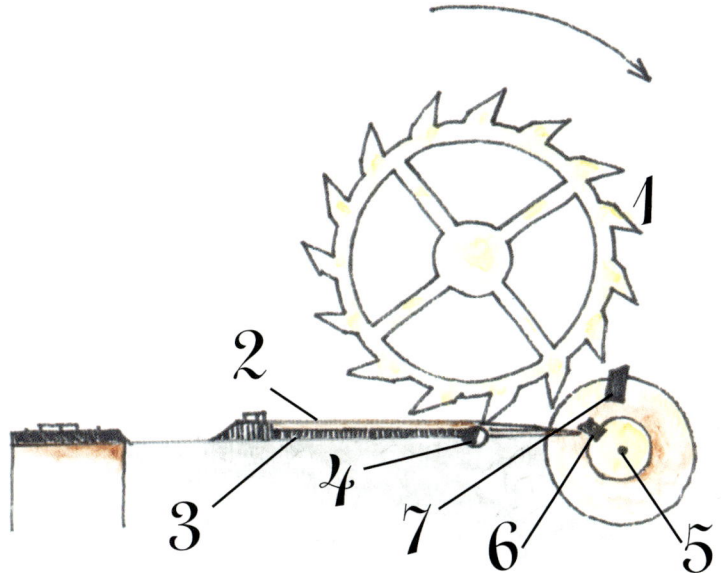

Teile einer Chronometer-Hemmung:

1. Hemmungsrad
2. Goldfeder
3. Hemmungsfeder
4. Ruhestein
5. Unruheachse
6. Auslösestein
7. Antriebsstein

abgleitet. Das freigegebene Hemmungsrad dreht sich weiter und trifft mit einem Zahn den Antriebsstein, der daraufhin der Unruh den für die Schwingung nötigen Antrieb gibt. Dieser Antrieb muss in dem Moment erfolgen, in dem die Unruh durch die Gleichgewichtslage schwingt. Mittlerweile hat der Auslösestein die Goldfeder so weit zurückgebogen, dass sie von ihm abgleitet. Die Hemmungsfeder springt dadurch in ihre Ruhelage zurück, und der Ruhestein hält den nächsten Zahn des Hemmungsrades wieder auf. Die Unruh schwingt weiter und kehrt um. Bei der Rückschwingung trifft der Auslösestein erneut die Goldfeder. Da der Anstoß dieses Mal von der anderen Seite erfolgt, kann die Goldfeder ausweichen und nach dem Abgleiten vom Auslösestein in die alte Lage zurückspringen, ohne dass sich die Hemmungsfeder bewegt. So bewegt sich also das Hemmungsrad bei jeder Doppelschwingung nur um einen Zahn weiter. Bei der Chronometerhemmung verlaufen die Schwingungen sehr gleichförmig und führen daher zu einer guten Gangleistung. Die Hemmung ist jedoch empfindlich gegen Bewegungen.

Geheimrezepte

Die Antriebsmomentschwankungen des Federantriebs wurden zu einem großen Teil durch die Verwendung von Kette und Schnecke ausgeglichen. Für das Schwingsystem wurde der Isochronismus angestrebt, bei dem die Schwingungszeit unabhängig von der Schwingungsweite gleich lang war. Variable Schwingungsweiten konnten beispielsweise durch einen unterschiedlich starken Antrieb von Feder und Schnecke, durch Luftdruck oder Luftfeuchtigkeit auftreten.

Um den Isochronismus zu erreichen, verwendete man zylindrische Unruhfedern (Wendelfedern) in bester Materialqualität (beispielsweise Stahl, Platin und Gold), die nach Geheimrezepten der jeweiligen Werkstatt bearbeitet wurden.

Gang und Stand

Man konnte wohl von keinem Chronometer sagen, dass es absolut genau ging. Aber es war schon hervorragend, wenn es „regelmäßige" Abweichungen vom richtigen Gang zeigte. Kannte man diese Abweichung für den Zeitraum von 24 Stunden, verfügte man über den „Gang des Chronometers". Man stellte das Chronometer auf die Ortszeit von Greenwich, dessen Nullmeridian seit 1884 verbindlich war. Wegen des Chronometerganges gab es nach einiger Zeit einen merkbaren Unterschied zwischen der Zeit des Chronometers an Bord und der Zeit in Greenwich, den man als „Stand des Chronometers" bezeichnete. Der „Chronometerstand" zeigte also an, um wieviele Minuten und Sekunden das Chronometer der Greenwicher Zeit voraus oder hinter ihr zurück war. Bei der Längengradermittlung war also die Chronometerzeit entsprechend zu verbessern.

Die Berechnung der geographischen Länge wird einfacher!

Die Berechnung konnte, stark vereinfacht, etwa in folgender Form ablaufen. Man ermittelte die Ortszeit des Schiffes zu dieser Zeit mit dem Oktanten oder dem Sextanten durch astronomische Beobachtungen, indem man die Höhe eines Himmelskörpers über dem Horizont maß. Wenn man beispielsweise den Durchgang der Sonne durch den höchsten Punkt ihrer täglichen Bahn (Kulmination) beobachtete, war es 12.00 Uhr Ortszeit. Durch die Erdrotation bedingt, sehen wir die Sonne im Osten auf- und im Westen untergehen. Anscheinend umkreist sie in 24 Stunden einmal die Erde. Da sie dabei einen vollen Kreisbogen von 360 Grad zurücklegt, beträgt der Bogen für eine Stunde 15 Grad. Man verglich nun die beobachtete Ortszeit auf See mit der genauen Ortszeit von Greenwich und multiplizierte die Differenz mit dem Faktor von 15 Grad für eine Stunde. Das Ergebnis war die geographische Länge. Betrug die verbesserte Chronometerzeit 14.30 Uhr Ortszeit in Greenwich bei einer beobachteten Ortszeit von 12.00 Uhr auf dem Schiff, wusste der Kapitän, dass er sich 37 Grad 30 Minuten westlich von Greenwich befand.

Das Deutsche Hydrographische Institut (DHI) prüft

Vor ihrem Bordeinsatz wurden die Chronometer durch staatliche Stellen geprüft. 1821 richtete die britische Admiralität in Greenwich Chronometerprüfungen ein. In Deutschland war ab 1877 die „Deutsche Seewarte" dafür zuständig. Sie war aus der 1868 gegründeten „Norddeutschen

Werk der B-Uhr von Longines. Deutlich zu sehen die Edelsteine und der Genfer Schliff

Seewarte" hervorgegangen. Aus der „Deutschen Seewarte" wurde ab 1950 das DHI und 1990 das BSH (Bundesamt für Seeschiffahrt und Hydrographie). Die Prüfzertifikate dieser Organisationen für die Chronometer waren aufzubewahren.

Die hier behandelte Art von Chronometern wurde etwa bis in die Mitte des 20. Jahrhunderts gebaut. Besonders bekannt sind im 20. Jahrhundert die Chronometer aus Glashütte und aus der Zeit des Zweiten Weltkrieges, die amerikanischen Hamilton-Chronometer. In den 60er Jahren des 20. Jahrhunderts wurden die ersten Quarzchronometer entwickelt.

... kleine Chronometer (Beobachtungsuhren)

Die verkleinerte Kopie des Chronometers war die Beobachtungsuhr (B-Uhr), die auch als Decksuhr oder Tochterchronometer bezeichnet wurde. Sie hatte Chronometerqualität, eine Gangdauer von 24 Stunden plus einer Reserve von beispielsweise sechs Stunden. Sie war entweder als Taschenchronometer oder als „kleines" Chronometer – meistens im Kasten mit kardanischer Aufhängung – ausgebildet.

Die B-Uhr wurde für die praktische Längenbestimmung zur See verwendet, bei der eine zuverlässige und tragbare Uhr erforderlich war. Mit ihr konnte man beispielsweise die Ortszeit von Greenwich vom Chronometer in der Kapitänskajüte mit an Oberdeck nehmen, um dort die Ortszeit und die Greenwichzeit zur Zeit der Beobachtung festzuhalten. Das war immer dann erforderlich, wenn kein zweiter Mann für das Ablesen des Chronometers zur Verfügung stand. Der Vergleich der Ortszeit des Schiffes mit der Ortszeit von Greenwich zur Bestimmung des Längengrades konnte dann wieder in der Kapitänskajüte durchgeführt werden.

Außerdem konnte man die B-Uhr dafür verwenden, die Ortszeit von Greenwich von einer genau gehenden Uhr im Ausgangshafen mit an Bord zu nehmen und das Chronometer danach zu stellen. Ein weiterer Verwendungszweck war in der Form gegeben, dass die B-Uhr auf kleinen Schiffen und Booten als Chronometer diente.

Beobachtungsuhr, Caliber 21.29, Messing vergoldet, arabisches Zifferblatt, kardanisch im zweiteiligen Mahagonikasten aufgehängt, signiert „Longines Chronometer", St. Imier, Schweiz zirka 1910, Gangreserve 36 Stunden, Werk mit Kronenaufzug, Sekundensteller und 17 Steinen, Exzenterfeinregulierung mit Schwanenhals, Genfer Schliff, Chronometergang: 2 Sekunden in 24 Stunden

See- und Landvermessung

Die Konturen der Ozeane

Die Seekarten dokumentierten zwischen dem 15. und dem 18. Jahrhundert, wie sich die Europäer ein wirklichkeitsgetreues Bild über die Anordnung der Kontinente und Meere auf unserem Planeten erwarben. Das geschah infolge der Entdeckungen dieser Zeit. Die zeitliche Reihenfolge der Kolonialmächte und der dazugehörenden Seekartographie führte Portugal an, gefolgt von Spanien, den Niederlanden und England. Portugiesische und spanische Entdeckungsreisen vermittelten die ersten Konturen des Indischen, Pazifischen und Atlantischen Ozeans. Außerdem gewannen sie erste Eindrücke von der Erdoberfläche und ihrem Umfang. Der Fünfte Kontinent „Hollandia Nova" wurde durch die Holländer in der ersten Hälfte des 17. Jahrhunderts entdeckt und bekannt gemacht. Da sich die Ausbeutung nicht lohnte, verloren sie bald das Interesse daran. Die lange Suche nach dem sagenumwobenen Südkontinent, den man auch als „terra australis" bezeichnete, wurde durch Cooks Entdeckung der Antarktis beendet. Seine Erforschung der pazifischen Inselwelt brachte die Entdeckungsfahrten Ende des 18. Jahrhunderts zum Abschluss. Die Seekarten dieser Zeit wurden immer genauer durch die neuen Entdeckungen, lösten aber nicht die Navigationsprobleme. Die Handelsmarine überquerte die Ozeane auf Breitengraden, was neben den Navigationsproblemen aber auch Wind- und Strömungsverhältnisse als Ursache hatte. Erst die Mercator-Projektion ermöglichte es, gleichbleibende Schiffskurse auf den Seekarten als Gerade darzustellen. Bis in das 18. Jahrhundert hinein blieben die Längengradangaben auf den Karten auffällig unkorrekt.

Vom Astrolabium zum Theodoliten

Die für die See- und Landvermessung verwendeten Instrumente waren anfänglich die gleichen Instrumente, wie sie auch für die Navigation benutzt wurden. Zur Anwendung kamen beispielsweise das Astrolabium und der Quadrant, später auch der Oktant und der Sextant.

Das Astrolabium konnte auch für die Messung horizontaler Winkel verwendet werden, wobei das Fehlen eines Kompasses für die Vermessung von Nachteil war. Mit dem Quadranten ermittelte man direkt die Zenitdistanz eines Gestirns.

Oktant und Sextant waren besonders gut für die Messung vertikaler wie auch horizontaler Winkel geeignet. Allerdings gab es auch schon früh Bestrebungen, eigenständige Instrumente zu entwickeln, wie man es beispielsweise bei dem Circumferentor und dem Theodoliten beobachten konnte.

Die Anfänge der Vermessung

Was die Verfahren der Vermessung anbetrifft, waren die ozeanischen Seekarten sowie die Erd- und Erdteilkarten das Ergebnis astronomischer Ortsbestimmungen.

Es bestand jedoch ein enger Zusammenhang zwischen der Seekartographie und den Küstenaufnahmen (Vermessungen) der Seefahrer. Vom 15. bis zum 18. Jahrhundert leisteten die Seeleute einen wesentlichen Beitrag zur Seekartographie. Häufig erhielten sie den Auftrag, auf ihren Entdeckungsreisen See- und Küstenkarten anzufertigen. So hatte beispielsweise James Cook sich schon vor seinen Entdeckungsreisen große Verdienste durch die relativ genaue Vermessung des St.-Lorenz-Stroms und der Küsten Neufundlands erworben.

Die ersten richtigen Landvermesser waren die Kartographen, deren Arbeit besonders in den Kolonien große Bedeutung erlangte. Sie bevorzugten einfache Instrumente, da ihnen häufig Kenntnisse in der Geometrie fehlten. Außerdem waren Landvermesser ähnliche Ignoranten wie die Seeleute. Es gab Widerstand gegen alle Neuerungen.

Zu den ältesten Messverfahren gehörte die direkte Streckenmessung. Für ihre Anwendung mussten die Messpunkte im Gelände zugänglich sein. Die Entfernungen wurden beispielsweise in Zoll, Fuß, Schuh, Elle, Rute, Klafter und Meile gemessen, wobei erhebliche regionale Unterschiede auftreten konnten. Man verwendete Messschnüre, Stangen und Ketten. Ein wichtiges Gerät waren

Bereits 1530 schuf der belgische Arzt und Kosmograph Gemma Frisius einen Erdglobus, der sich auf antike Quellen, auf Marco Polos Reiseerzählungen, Pizarros Notizen aus Peru und Berichte über Magellans Weltumseglung stützte. Frisius führte aber auch Längenbestimmungen durch. Er bestimmte die Länge einer Strecke zwischen zwei Punkten, um sie dann als Basis für die Triangulation eines Landstriches zu benutzen: Von Kirchtürmen und Bergen peilt man die Ausgangspunkte an und trägt die Winkel auf einer Karte ein, die bald ein Netz von Dreiecken überzieht. Mithilfe von Winkelfunktionen lassen sich die Längen der Dreiecksseiten berechnen, sodass ein Grundraster für eine Landkarte entsteht. Man vermutet, da Frisius später der Lehrer von Mercator war, dass hier die Grundlagen der Mercator-Projektion gelegt wurden

Messtische auf Stativen, die mit Dioptern und Kompassen für die Messung ausgestattet waren.

Gemma Frisius beschrieb 1533 ein Verfahren genauer Vermessung – die Triangulation. Bei diesem Verfahren wurde die Lage von Punkten auf der Erdoberfläche bestimmt. Die Verbindung der Punkte erfolgte durch ein Dreiecksnetz (trigonometrisches Netz), das über das zu vermessende Gebiet gelegt wurde. Die Gestalt der Dreiecke erhielt man durch die Messung ihrer Winkel. Die Größe der Dreiecke konnte durch die direkte Vermessung einer Seite (Basisstrecke) von einem der Dreiecke bestimmt werden. Aus der Basis und den beobachteten Winkeln konnten dann die gesuchten Entfernungen durch die Anwendung des Sinussatzes gefunden werden.

Die Küstenvermessung um 1700 mit Blitz und Donner

Für die Anwendung der Triangulation bei der Vermessung einer Küste musste man möglichst an Land eine Strecke abmessen. Das war die genaueste Methode. Denkbar schien auch die astronomische Bestimmung der Koordinaten der Endpunkte. Wenn es sich um ein feindliches Gebiet handelte oder die Küste unzugänglich war, gab es aber für die „fliegende Vermessung" von See aus auch Verfahren zur Messung einer geraden Linie auf der Oberfläche der See. Man konnte unter bestimmten Bedingungen beispielsweise die Entfernung zwischen zwei Orten durch den Blitz und Donner einer Kanone feststellen, indem man die Zeit zwischen dem Blitz und dem Donner maß. Bei einem anderen Verfahren wurde eine mit Korkstücken schwimmfähig gemachte Leine möglichst straff an zwei Ankern im Wasser befestigt. Möglich, aber sehr ungenau war auch die Längenmessung nach Kurs und Fahrt. Die Lage der Basisstrecke wurde mit dem Kompass und beispielsweise einem Oktanten bestimmt.

Auf einer solchen Strecke basierte dann die Vermessung. Man peilte von ihren beiden Endpunkten aus markante Punkte an der Küste an. Die gemessenen Winkel wurden dann auf einer Skizze eingetragen, die man zuvor von der Küste angefertigt hatte. Im Schnittpunkt der Winkel (an der Spitze der Dreiecke) lagen die angepeilten

---

Sinussatz:
„Im ebenen Dreieck verhalten sich die Sinus der Winkel wie ihre Gegenseiten."

$\sin\alpha : \sin\beta : \sin\gamma = a : b : c$

Zusätzlich benötigte man den Winkelsummensatz:

$\alpha + \beta + \gamma = 180°$

und den Kosekans.

Pedometer, Messing und Stahl, signiert „Martel", Durchmesser: 5 Zentimeter, aufwendig mit Blattwerk und dem Antlitz eines männlichen Fabelwesens graviert, fünf Zählwerke bis 100.000 Doppelschritte, mit dreifach gelochtem Zählhebel und Bügel auf der Rückseite für die Befestigung am Gürtel, wahrscheinlich in der 1. Hälfte des 18. Jahrhunderts in Genf hergestellt

Eine Möglichkeit zur Vermessung von Küstenformationen über Vermessungspunkte und -linien

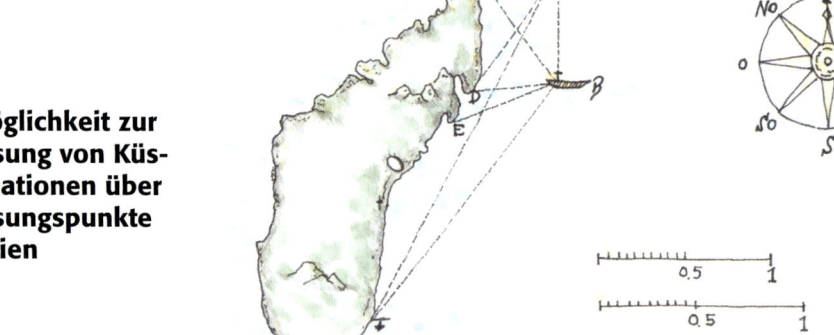

Punkte. Ihre Entfernungen von der Messstrecke wurden dann zeichnerisch oder rechnerisch ermittelt. So konnte der echte Küstenverlauf Schritt für Schritt auf der Skizze eingezeichnet werden. Ein Maßstab auf der entstandenen Küstenkarte gab Auskunft über die Verwendung von beispielsweise See- oder Landmeilen.

Bei Niedrigwasser stellte man unter anderem die Bodenbeschaffenheit fest, suchte nach guten Ankerplätzen und beobachtete das Verhalten von Ebbe und Flut. Wichtig waren auch Ansteuerungsmerkmale und eine möglichst genaue Ansicht der Küste und der Häfen, die man als Vertonung bezeichnete. Alle Merkmale wurden mit Symbolen in die Karte eingezeichnet wie beispielsweise ein kleiner Anker für den Ankerplatz, kleine Kreuze für Felsen und punktierte Schatten für Sandböden.

Perambulator und Pedometer

Eine weitere Methode zum Abmessen von Strecken an Land war das Abschreiten der Strecke mit Schrittzählung. Als im 16. Jahrhundert die deutschen Fürsten ihre Länder kartographieren ließen, wurde dieses Verfahren mit dem „Hodometer"(auch als Perambulator bezeichnet) und dem „Pedometer" mechanisiert. Hodometer waren Geräte, die die Radumdrehungen von Kutschen zählten. Pedometer waren kleine runde oder rechteckige Instrumente, die mit einem Bügel an einer Tasche, einem Knopfloch oder am Gürtel des Landvermessers befestigt werden konnten. Bei jedem Doppelschritt wurde über eine am Bein befestigte Schnur ein Zählhebel am Pedometer betätigt. Die Hebelbewegung drehte über ein Räderwerk die Zeiger mehrerer Zifferblätter von Einern zu Zehnern, zu Hundertern, zu Tausendern und manchmal zu Zehntausendern, sodass bis zu zirka 170 Kilometer damit gezählt werden konnten. Die aus Messing hergestellten Pedometer des 16. bis 18. Jahrhunderts waren aufwendig gravierte mechanische Kunstwerke.

Der Circumferentor (lat. im Sinne von „im Kreis drehen")

Dieses ab dem 17. Jahrhundert verwendete Vollkreisinstrument ist auch als Scheibeninstrument, Auftragsbussole und einfacher Theodolit bekannt und damit eine Entwicklungsstufe zum Theodoliten des 19. Jahrhunderts. Es wurde in der Geodäsie hauptsächlich zur Messung von Horizontalwinkeln verwendet.

Die Circumferentoren waren in der Regel aus Messing hergestellt und schön graviert. Sie verfügten über einen 360-Grad-Kreis mit einem Kompass in der Mitte. An dem Kreis befanden sich zwei oder vier feste Visiereinrichtungen mit sich gegenüberliegenden Schlitz- und Fensterabsehen, die den Kreis in zwei Halbkreise oder vier Quadranten einteilten. Der Circumferentor mit vier festen Visiereinrichtungen war gleichzeitig ein Vermessungskreuz zur Peilung rechter Winkel. Auf dem Kreis war zusätzlich eine Alhidade (Zeigerarm) mit zwei weiteren Absehen drehbar angeordnet. Zur Winkelmessung wurde das Instrument mit einem Kugelgelenk (der Nuss) auf ein Stativ gesetzt. Die Nuss ermöglichte die Ausrichtung und das Messen von Winkeln, die von der Waagerechten abwichen.

Die umlaufende 360-Grad-Einteilung des Circumferentors war zweimal gegenläufig eingraviert, sodass man von zwei gegenüberliegenden Punkten aus seine Messungen mit 0 Grad beginnen konnte. Dieses Vorwärts- und Rückwärtsvisieren war für die praktische Arbeit mit dem Instrument von Vorteil. Der häufig aufwendig gravierte Kompass (französisch Bussole) im Zentrum des Circumferentors hatte an dem äußeren Rand der Rose eine Einteilung in die vier Quadranten von jeweils 0 bis 90 Grad. Zusätzlich waren die wichtigsten Himmelsrichtungen eingraviert, wobei die Nordrichtung häufig durch die französische Lilie gekennzeichnet wurde. Richtete man nun das Instrument mit der Kompassnadel nach Norden aus, konnte man mit der Alhidade das Azimut (Winkel eines Objektes mit der Nordrichtung) für einen vorherbestimmten Punkt messen. Das Azimut wurde für die Kartographie benötigt.

In Frankreich baute und verwendete man ähnliche Instrumente für horizontale und vertikale Messungen, die jedoch nur als Halbkreis gebaut wurden. Diese von Philippe Danfrie 1597 erfundenen und als Graphometer bezeichneten Instrumente waren häufig besonders aufwendig verziert. Die Graphometer hatten vier Diopter, zwei waren fest montiert, und die anderen beiden konnten auf einer Alhidade über einen Halbkreis mit Gradskala bewegt werden. Häufig war in den Halbkreis ein sorgfältig gravierter Kompass eingebaut. Für die Messung wurden sie auf Stativen montiert. Bekannte Hersteller waren beispielsweise N. Bion, Chapotot und Langlois.

Der Theodolit

In der Schrift „Pantometria", einer praktischen geometrischen Abhandlung des englischen Mathematikers Leonhard Digges, wurde Ende des 16. Jahrhunderts ein Instrument zur gleichzeitigen Messung von Horizontal- und Vertikalwinkeln (also Azimuten und Höhenwinkeln) in der Geodäsie vorgestellt. Dieses Instrument gilt als der Stammvater des Theodoliten. Im 17. und 18. Jahrhundert wurde der Theodolit durch neue Erfindungen vervollkommnet. Die Weingeistwaage (eine gegen Kälte unempfindliche „Wasser"-Waage), eine Erfindung des Franzosen Melchisedech Thevenot von 1661, ermöglichte eine bessere Ausrichtung als die bis dahin verwendeten Lote. 1777 gab Johann Tobias Mayer d. J. der Wasserwaage die kreisrunde Form und erfand damit die Dosenlibelle. Das Teleskop mit einem Fadenkreuz ersetzte das offene Visier. Das Fadenkreuz wurde mit Fäden oder Haaren in dem Teleskop eingerichtet. Zur Korrektur eines Collimationsfehlers konnte es justiert werden.

Wie schon beschrieben, entwickelte Jesse Ramsden ein Verfahren zur exakten Teilung des vertikalen und horizontalen Limbus und erfand Verbesserungen für den Theodoliten. Die Einführung des Nonius erlaubte die Ablesung von Zehnteleinheiten.

Circumferentor, Messing, signiert „Menant Paris", 1. Hälfte des 18. Jahrhunderts, Durchmesser: 19 Zentimeter, 4 Diopter, davon zwei mit dem Kompass drehbar angeordnet, zwei gegenläufige Gradeinteilungen von 0 bis 360 Grad, Feinteilung mit Nonius in Minuten, Kugelgelenk mit Hülse zur Aufnahme des Stativs.
Kompass aufwendig graviert mit 16 Himmelsrichtungen, Nordrichtung in Form einer Lilie graviert, am Rand Gradskala mit einer Einteilung in viermal 90 Grad, typische französische Kompassnadel aus Stahl, Durchmesser des Kompasses: 9 Zentimeter

Am Anfang des 19. Jahrhunderts hatte man in England eine technisch hervorragende Version des Theodoliten entwickelt, die auf dem Kontinent häufig nachgebaut wurde. Die schwere Messing-Konstruktion, die auf ein dreibeiniges Holzstativ montiert wurde, bestand unter anderem aus einem drehbaren Horizontalkreis, um dessen äußeren Rand ein Limbus aus Platin oder Silber mit einer Einteilung in 360 Grad lief. Über diesem Limbus waren zwei Nonii und eine Lupe angeordnet.

In der Mitte des Horizontalkreises befand sich ein Kompass mit einer verzierten silbernen Rose. Diese Rose zeigte die Haupthimmelsrichtungen und eine 360-Grad-Einteilung an. Außerdem waren noch zwei Weingeistwaagen rechtwinklig zueinander montiert. Mit diesen Vorrichtungen konnte man beispielsweise das Azimut messen.

Eine Rahmenkonstruktion auf dem Horizontalkreis trug einen vertikalen Halbkreis mit einem Fernrohr, an dem eine weitere Weingeistwaage befestigt war. An dem Halbkreis befanden sich ein Platin- oder Silber-Limbus mit Gradeinteilungen von 0 bis 90 Grad für Höhenwinkel und 0 bis 50 Grad für niedergehende Winkel, ein Nonius und eine Lupe. Mit dieser Ausstattung konnten Beobachtungspunkte fixiert und Höhenwinkel gemessen werden. Außerdem eignete sich das Instrument zum Nivellieren.

Durch das Teleskop konnten markante Punkte besser erkannt und unterschieden werden. Außerdem konnte man viel genauer visieren. An manchen Theodoliten war im unteren Teil ein zweites Teleskop angebracht, das als Versicherungsfernrohr bezeichnet wurde. Es diente zur Kontrolle, ob man während der Vermessung möglicherweise das Stativ bewegt hatte.

Der Theodolit kam im 19. Jahrhundert genau passend für die großen Vermessungsaufgaben in Amerika, Indien und Afrika. Außerdem war er für den Bau von Straßen, Kanälen und Eisenbahnen von großer Bedeutung. Da durch diese riesigen Bauprojekte eine große Anzahl dieser Instrumente benötigt wurde, haben sich viele bekannte Instrumentenbauer damit beschäftigt. In England waren es beispielsweise George Adams, Thomas Jones, die Familie Dollond, Troughton & Simms, in Deutschland F.W. Breithaupt & Sohn und in Frankreich Claude Langlois sowie Etienne Lenoir.

Dosensextant, Messing, signiert „Troughton & Simms", London, Besitzerinschrift: „Henry W. Isacke, 1857", ausgestattet mit Diopter und zwei Spiegeln sowie zwei einklappbaren Blendgläsern, Limbus bis 140 Grad und Nonius auf der Alhidade in Silber, Feinteilung in Minuten, feinziselierte Dosenränder und Einstellschrauben, großer aufschraubbarer Dosendeckel, Durchmesser: zirka 7,5 Zentimeter

Der Dosensextant

Ein ungewöhnliches Vermessungsinstrument war der „Dosensextant". In einer Messingdose von zirka 7,5 Zentimeter Durchmesser verbarg sich ein vollwertiger Mini-Sextant. Nach Abschrauben des Deckels waren alle Elemente für ein Spiegelmessinstrument vorhanden. Diese Sextanten hatten entweder ein Diopter oder ein kleines Fernrohr. Der Index- und der Horizontspiegel saßen verdeckt in der Dose. Die beiden Blendgläser konnten über einen Schlitz aus der Dose herausgeklappt werden. Die Alhidade hatte einen silbernen Nonius und der Limbus war ebenfalls mit einer silbernen Skala versehen. Um die winzigen Skalen lesen zu können, war darüber eine kleine Leselupe schwenkbar angebracht. Diese sehr fein gebauten Sextanten wurden in einer kleinen Ledertasche am Gürtel transportiert. Man könnte sie fast für „Yacht-Sextanten" halten. Sie waren aber für Vermessungsaufgaben konstruiert worden. Leider werden diese Instrumente heute häufig in sehr grober Form nachgebaut.

Glossar

Absehe	kleine Scheibe mit ein bis zwei kleinen Gucklöchern
Akantusblätter	Pflanzenornamente der Antike
Alhidade	Drehlineal mit Visiereinrichtung und Zeiger
Almukantarate	Höhenparallele des Horizontsystems, die parallel zum wahren Horizont und senkrecht zur Achse Zenit – Nadir verlaufen
artificial magnet	Im 18. Jahrhundert erfundener aus mehreren dünnen Stahlplättchen zusammengesetzter und mit einem guten Magnetstein aktivierter künstlicher Magnet in einer Messing- oder Silbermontierung
Azimut	aus dem Arabischen für Wegrichtung: Horizontbogen vom Himmelsmeridian bis zum Vertikalkreis des Gestirns oder der dazugehörende Winkel oder Winkel eines Objektes mit der Nordrichtung.
äquidistant	gleich weit voneinander entfernt
Äquinoktium	Zeitpunkt, an dem die Sonne auf ihrer scheinbaren jährlichen Bahn zweimal den Himmelsäquator kreuzt (auch als Tagundnachtgleiche bekannt)
Brennpunkt	Punkt, in dem sich die Lichtstrahlen treffen, die durch ein optisches System mit lichtbündelnden Eigenschaften fallen
Brennpunkt	Abstand zwischen einer Linse und dem Brennpunkt
Brennebene	Hier erzeugt das Objektiv ein reales Bild des betrachteten Objekts
bürgerliche Zeit	Ortszeit innerhalb einer Zeitzone
Collimationsfehler	Der Fehler kann im Fernrohr auftreten und bedeutet, dass es in seinem Tubus „schielt". Er tritt ebenso auf, wenn ein Fernrohr an einem Messinstrument nicht parallel angeordnet ist
criticos dies	kritischer Tag (lat.)
Deklination	Höhe des Gestirns über dem Himmelsäquator (vergleichbar mit der geographischen Breite der Erde)
Deklination der Sonne	Winkeldistanz vom Äquinoktium (Sonne überquert den Äquator) bis zum Solstitium (Tagundnachtgleiche) von 0 bis 23,5 Grad
Deutsche Seewarte	Vorläuferin des Deutschen Hydrographischen Instituts (DHI) und des Bundesamtes für Seeschiffahrt und Hydrographie (BSH)
Deviation	Ablenkung der Kompassnadel durch den Eigenmagnetismus des Schiffes. Ein Kurs wird immer um den Wert der Deviation berichtigt
Diaphragmen (Streulichtblenden)	schwarze Scheiben im Fernrohr zur Verringerung des Tuben-Querschnittes

Diopter	Zielgerät mit zwei in einer Linie angeordneten Absehen
EIC	Ostindische Kompanie Englands
Ekliptik (Linie der Verfinsterungen)	scheinbare Jahresbahn der Sonne am Himmel, die durch die 12 Sternbilder des Tierkreises führt
Epakte (Mondzeiger)	Nennt die Anzahl der Tage, die vom letzten Neumond eines Jahres bis zum 1. Januar des Folgejahres vergangen sind und gibt damit das Alter des Mondes am Neujahrstag an. Damit kann man die Neumondtermine im laufenden Jahr berechnen
Ephemeriden	Tabellen vorausberechneter Orte von Himmelskörpern für bestimmte Tage
Faktoreien	Handelsniederlassungen; besonders in den überseeischen Kolonien
Farbfehler	Bei Refraktoren entsteht ein Farbsaum um hellere Objekte, der durch eine zweite Linse korrigiert werden kann
Fleur-de-lys	Die französische Lilie. Sie wurde zur Darstellung der Himmelsrichtung Nord auf der Kompassrose verwendet
Flindersstab	benannt nach dem Hydrographen Matthew Flinders, der 1801 bis 1803 eine Expedition um den australischen Kontinent herum führte. Der Flindersstab hatte die Aufgabe, den Magnetismus zu korrigieren, der durch die breitengradabhängige vertikale Komponente des Magnetfeldes der Erde auf die Eisenteile des Schiffes einwirkte
Fluidkompasse (Flüssigkeitskompasse)	Die mit einem Schwimmer versehene Rose dreht sich in einer Flüssigkeit (50 Prozent Wasser und 50 Prozent Alkohol) und wird durch die Erschütterungen des Schiffskörpers nur wenig beeinflusst
Frühlingspunkt	Schnittpunkt der Ekliptik und des Himmelsäquators, an dem die Erde am 21. März (Tagundnachtgleiche im Frühling) steht
Gnomon	(griech. Schattenstab): Schattenwerfer, senkrecht zur Uhrenfläche
Gregorianischer Kalender	1582 durch Papst Gregor XIII. eingeführt; in alle durch vier teilbaren Jahre wird ein Schalttag eingeschoben, außer in die nicht durch 400 teilbaren Jahrhunderten
Herbstpunkt	Schnittpunkt von Ekliptik und Himmelsäquator, an dem die Erde am 23. September (Tagundnachtgleiche im Herbst) steht
Himmelspol	gedachter Punkt, auf den die Erdachse zeigt
Höhenparallaxe	Himmelsobjekte erscheinen zu niedrig, weil sie von der Erdoberfläche und nicht vom Erdmittelpunkt her gemessen werden.
Hydrographer	Bezeichnung des 17. und 18. Jahrhunderts für Händler nautischer Geräte
Indexfehler	Ein zwischen dem Nullpunkt des Gradbogens und dem Nullpunkt des Nonius auftretender Winkel
Inklination	Abweichung der Magnetnadel von der Waagerechten in die Senkrechte
Isogonen	Linien gleicher Missweisung

Kalibrationsfehler	beispielsweise Fehler in der Eichung, Justierung, Einstellung, Anzeige oder Skalierung eines Gerätes
Kimmtiefe	Winkel der Linie Kimm – Auge mit dem scheinbaren Horizont
Kreisteilmaschine	Gerät zur Übertragung einer hochpräzisen Teilung. Erfunden von Jesse Ramsden 1774, verbessert von Georg von Reichenbach 1802 auf eine Teilungsgenauigkeit von zirka 0,3 Sekunden
konvex	nach außen gewölbt
konkav	nach innen gewölbt
Krakelüren	Haarrisse, Trocknungsrisse auf einem alten Bild
lateral	seitlich; hier ein Zirkelabgriff auf einer Linie
Legua	Maßangabe mit unterschiedlichen Bemessungen in den Ländern. Die traditionelle spanische „Legua" maß 4.179,4 Meter, die große portugiesische „Legoa" 6.174,1 Meter und die französische „Lieue" 4.445 Meter
Libelle	Wasserwaage mit Luftblase in einem Rohr (Röhrenlibelle nach Thevenot (1661) oder eine Dosenlibelle); zur Horizontierung von Messinstrumenten
Limbus	(lat. Saum) Gradkreis, Teilkreis an Winkelmessinstrumenten
Loxodrome	Linien gleichen Kurses auf der Erdoberfläche, die alle Meridiane unter demselben Winkel schneiden
Lunardistanzen (Monddistanzen)	von Astronomen in Tabellen festgehaltene Entfernungen des Mondes von der Sonne, von Planeten und von Fixsternen
Meridian	Mittagslängenkreis
Meridianhöhe	Höchststand der Sonne mittags um 12.00 Uhr
mittlere Sonnenzeit	Eine fiktive Sonne bewegt sich mit gleichförmiger Geschwindigkeit über den Himmel
Nautisches Dreieck	Dreieck zwischen dem Himmelsmeridian, dem Vertikalkreis des Gestirns und dem Stundenkreis des Gestirns. Es ist ein gekrümmtes Dreieck auf der Kugeloberfläche, dessen drei Seiten durch Teile von Großkreisen gebildet werden
nomographisch	mithilfe der Nomographie (griech.), mathematische Zeichnung zum grafischen Rechnen
Nonius	Hilfsmaßstab zur Ablesung von Zehnteleinheiten
Objektiv	die dem Gegenstand zugewandte Linse eines optischen Gerätes
Öffnungsfehler	Abbildungsfehler bei sphärischen Spiegeln. Es entsteht ein etwas unscharfes und verschmiertes Bild
Okular	die dem Auge zugewandte Linse eines optischen Gerätes
Orthodrome	kürzeste Verbindung zweier Punkte auf der Kugeloberfläche, Teilstück eines Großkreises

planisphärisch	Der Begriff wird beispielsweise zur Beschreibung von Astrolabien verwendet. Diese Astrolabien reproduzieren auf einer flachen Oberfläche die Positionen der Sonne und wichtiger Sterne, wie sie ein nach oben schauender Beobachter außerhalb der Sphäre (Kugel) zu einer bestimmten Zeit auf einem festgelegten Breitengrad sehen würde
Plattkarten	Quadratische Plattkarten bildeten den Äquator und alle Meridiane längentreu ab. Rechteckige Plattkarten zeigten außer den Meridianen zwei Breitenkreise beispielsweise 30 Grad Nord und 30 Grad Süd längentreu. Das Problem für die Seefahrt bestand darin, dass in höheren Breiten der Kurs zu stark verzerrt wurde
Pockholz	Holz vom Guajakbaum (in Zentralamerika heimisches Jochblattgewächs)
Polos	Schattenwerfer an Sonnenuhren, die parallel zur Erdachse stehen
Portolankarten	Der Name bedeutet ursprünglich Hafenkarte
radio	lat. strahlen
Refraktion	Strahlenbrechung, sie hat die Wirkung, dass die Gestirne von der Erde aus gesehen scheinbar höher stehen
Rektaszension	gerade Aufsteigung: Bogen des Himmelsäquators vom Frühlings- oder Widderpunkt bis zum Stundenkreis eines Gestirns oder der sphärische Winkel am Pol zwischen dem Stundenkreis des Frühlingspunktes und dem Stundenkreis des Gestirns. Gezählt wird von West nach Ost in Grad oder Stunden
Römischer Kalender	Cäsar übernahm das Sonnenjahr von 365 Tagen aus Ägypten und führte alle vier Jahre ein Schaltjahr ein
Royal Society	Im 17. Jahrhundert in England gegründetes Wissenschaftskolleg
Rumblinien	von einem Punkt auf der Seekarte sternförmig ausgehende Linien, die die wichtigsten Kompasskurse markierten
Sekans	Kehrwert des Kosinus (Winkelfunktion im Dreieck)
Sekante	heute Sekans; Gerade, die eine Kurve schneidet
siderische Zeit	auf die Sterne bezogene Zeit
Solstitium	Sommer- und Wintersolstitium, astronomische Sonnenwende. (Man merkt kaum noch, dass die Tage länger oder kürzer werden, auch Tagundnachtgleiche genannt)
Sonnenazimut	Der Winkel zwischen dem Südpunkt und dem Schnittpunkt des Vertikalkreises der Sonne mit dem Horizont
sphärische Trigonometrie	Sie untersucht den arithmetischen Zusammenhang zwischen den Seiten und Winkeln des sphärischen Dreiecks oder den Kanten und Neigungswinkeln am Mittelpunkt der Kugel. In der Praxis ist die Kugel die Erde oder die Himmelskugel
temporäre Stunden	Als temporäre Stunden bezeichnete man eine Unterteilung des lichten Tages in zwöf Teile mit für uns heutzutage ungewöhnlichen „Stundenlängen"

transversim	zum Beispiel Zirkelabgriff zwischen den geöffneten Schenkeln des Sektors
transversal	(lateinisch) quer verlaufend, schräg,
Transversale	Jede gerade Linie, die eine geometrische Figur beispielsweise ein Dreieck schneidet
Triangulation	Dreiecksvermessung zur Bestimmung der Lage einzelner weit voneinander entfernter Punkte. Die Triangulation I. Ordnung besteht aus einem Dreiecksnetz, das sich aus möglichst gleichseitigen Dreiecken mit einer Seitenlänge von 20 bis 30 Kilometern zusammensetzt. Dreiecksnetze II. Ordnung haben Seitenlängen von 10 bis 20 Kilometern, III. Ordnung von 6 bis 10 Kilometern Länge.
Variation	hier: Missweisung des Kompasses
VOC	Vereinigte Ostindische Kompanie der Niederländer
wahre Höhe	Kimmabstand eines Himmelskörpers nach Messung und Korrekturrechnung
Weltchronik von H. Schedel	Buch in Text und Bild über die „Weltanschauung" im Übergang vom Mittelalter zur Neuzeit. Der Inhalt stellt das humanistische Wissen der Zeit dar, beispielsweise die Geschichte, Geographie, Neuigkeiten und Unerhörtes.
Zeitgleichung	Differenz zwischen mittlerer und wahrer Ortszeit
Zenitdistanz	Abstand eines Himmelsobjektes vom Zenit

Die Kopflosen, die nach den phantasievollen Schilderungen von Sir Walter Raleigh die Küsten von Südamerika bewohnen

Literaturverzeichnis

G. Adams	Geometrische und graphische Versuche Wissenschaftliche Buchgesellschaft, Darmstadt 1985
J. A. Bennett	The Divided Circle, Phaidon – Christie's Limited, Oxford 1987
H. von Bertele	Marine- und Taschenchronometer, Callwey, München 1981
M. Bion	The Construction and Principal Uses of Mathematical Instruments, Translated and Supplemented by Edmund Stone, Astragal Press, Mendham 1995
G. Bott (Hrsg.)	Behaim Globus, Band I und II, Ausstellungskataloge des Germanischen Nationalmuseums, Verlag des Germanischen Nationalmuseums, Nürnberg 1992/93
G. Bott (Hrsg.)	Schätze der Astronomie (Arabische und deutsche Instrumente aus dem Germanischen Nationalmuseum), Germanisches Nationalmuseum 1983
A. Brachner	G. F. Brander 1713 – 1783 (Wissenschaftliche Instrumente aus seiner Werkstatt), Deutsches Museum München 1983
A. Breusing	Die Nautischen Instrumente bis zur Erfindung des Spiegelsextanten, H. W. Silomon, Bremen 1890
H. Brarens	Steuermannskunde, Heinrichshofen, Magdeburg, 1819
E. Bruton	The History of Clocks and Watches, Orbis Publishing, London 1979
G. Clifton	Directory of British Scientific Instrument Makers 1500 bis 1851, Zwemmer, London 1996
P. Danblon	De Tijdmeting in Belgische Verzamelingen (Tentoonstelling), Generale Bankmaatschappij, Asse/Gent/Brüssel 1984
P. Danblon	Winkelmessinstrumente, Kunstgewerbemuseum Berlin, Berlin 1989
A. Fauser	Die Welt in Händen (Kurze Kulturgeschichte des Globus), Schuler Verlagsgesellschaft, Stuttgart 1967
W. v. Freeden	Handbuch der Nautik, Verlag der Schulzeschen Buchhandlung, Oldenburg 1864
S.A. Goudsmit	Die Zeit, TIME-LIFE International (Nederland) N. V., 1966 by Time R. Claiborne, Inc.
W.M. Harkness	American Ephemeris and Nautical Almanac for the Year 1902, Bureau of Equipment, Washington 1901
A. Helwig	Vom Umgang mit Chronometern, Artikel in der Zeitschrift „Die Uhr", Nr. 3, 1950
J. Hügin	Das Astrolabium und die Uhr, Verlag Wilhelm Kempter KG, Ulm 1978

W. Köberer	Das rechte Fundament der Seefahrt (Deutsche Beiträge zur Geschichte der Navigation), Hoffmann und Campe, Hamburg 1982
F.R. Maddison	A Supplement to a Catalogue of Scientific Instruments in the Collection of J. A. Billmeier, ESQ., C.B.E., Frank Partridge & Sons Ltd., Oxford & London 1957
W.E. May	How The Chronometer Went To Sea, Reprint from the Antiquarian Horology, London, 1976
R. Mels	Die alte Uhr, Geschichte - Technik - Stil, Klinkhardt & Biermann, Braunschweig 1978
Meyer-Haßfurther	Die Geschichte der Navigation, Teil 1 – 12, Artikelserie im Segelmagazin PALSTEK, Hamburg 2000 bis 2002
Meyer-Haßfurther	Sterne schießen (Nautische Instrumente 1680 bis 1910), Begleitschrift zur Sonderausstellung des Sielhafenmuseums in Carolinensiel und des Schiffahrtmuseums in Brake, 1998/99
Meyer-Haßfurther	Ausstellungskatalog Columbus, Cook & Co. (Nautische Instrumente, Seekarten und Reisebeschreibungen aus fünf Jahrhunderten), Recke, Roeder, Foedus-Verlag, Wuppertal 2002
H. Michel	Messen über Zeit und Raum (Messinstrumente aus fünf Jahrhunderten), Titel der Originalausgabe: Instruments des Sciences dans l'Art et l'Histoire, bearbeitet von P. A. Kirchvogel, Chr. Belser Verlag, Stuttgart 1965
W.J. Mörzer Bruyns	Amsterdamse kompassmakers (Bijdrage tot de kennis van de S. ter Kuile instrumentmakerij in Nederland), NEHA/Stichting Nederlands Scheepvaartmuseum, Amsterdam 1999
W.J. Mörzer Bruyns	Konst der Stuurlieden (Stuurmanskunst en maritieme cartografie in acht portretten, 1540 bis 2000), Stichting Nederlands Scheepvaartmuseum Amsterdeam, p/a Uitgeversmaatschappij Walburg Pers, Zutphen 2001
W.J. Mörzer Bruyns	The Cross Staff (History and Development of a Navigational Instrument), Vereeniging Nederlandsch Historisch Scheepvaartmuseum, p/a Uitgeversmaatschaapij Walburg Pers, Zutphen 1994
Müller/Krauß	Handbuch für die Schiffsführung, Springer-Verlag, Hamburg 1970
Oronce Fines	Second Book of Solar Horology, published by Peter E. Drinkwater, Shipston-on-Stour, 1993
H. Pleticha (Hrsg)	Alte Völker, Neue Staaten (Die außereuropäische Welt im 17. und 18. Jahrhundert), Bertelsmann Lexikon Verlag, Gütersloh 1989
J. Randier	Nautische Instrumente, Stalling-Verlag, Oldenburg 1979
M. Recke	Kartenschätze in der Johannes Lasco Bibliothek, CCV Centrum Cartographie Verlag GmbH, Varel 2001
A. Rhode	Die Geschichte der wissenschaftlichen Instrumente, von Klinkhardt & Biermann, Leipzig 1923
R.R.J. Rohr	Die Sonnenuhr (Geschichte, Theorie, Funktion), Callwey Verlag, München 1982

A. Sauer	Schätze aus der Bibliothek des Bundesamtes für Seeschiffahrt und Hydrographie, Deutsches Schiffahrtsmuseum, Bremerhaven, 2001
M. Schüler	Weltbild-Kartenbild (Geographie und Kartographie in der frühen Neuzeit), Göttinger Bibliotheksschriften 19, Göttingen 2002
U. Schnall (Hrsg.)	Die Welt der Seekarten (Der Weg zu den Schätzen des Fernen Ostens), Deutsches Schiffahrtsmuseum 1983
Dolz, Schardin Schillinger Schramm	Kostbare Instrumente und Uhren aus dem staatlichen mathematisch-physikalischen Salon Dresden, E.A. Seeman Kunstverlagsges., Leipzig 1994
Dava Sobel	Längengrad, Berlin Verlag, Berlin 1996
D. Syndram	Wissenschaftliche Instrumente und Sonnenuhren (Kunstgewerbe-Sammlung Bielefeld, Stiftung Huelsmann), Verlag Georg D. W. Callwey, München 1989
Taylor, E.G.R.	The Haven Finding Art (A History of Navigation from Odysseus to Captain Cook), Hollis & Carter, London 1956
S. Thirslund	Navigationens Historie, Handels- und Seefahrtsmuseum Kronborg, Helsingör 1988
R.V. Tooley	A History of Cartography (2.500 Years of Maps and Mapmakers) C. Bricker Thames and Hudson Ltd., London 1969
W. Trapp	Kleines Handbuch der Maße, Zahlen, Gewichte und der Zeitrechnung, Philipp Reclam jun. GmbH & Co., Stuttgart 1998
G. L.'E. Turner	Antique Scientific Instruments, Blandford Press Ltd., Poole 1980
G. L. 'E. Turner	Historische Microscopen, Uitgave Studio Vista, London 1981
F.A.B. Ward	European Scientific Instruments, British Museum Publication Ltd., London 1981
D.W. Waters	The Planispheric Astrolabe, National Maritime Museum, Greenwich, first published 1976
H. Wynter	Scientific Instruments, Studio Vista, London 1975
E. Zinner	Astronomische Instrumente, Beck'sche Verlagsbuchhandlung, München 1972

Zeittafel der Instrumente und Entdeckungen

Zeit	Asien	Nord- und Mittelamerika	Südamerika	Australien und Pazifik	Afrika	Polargebiete
15. Jahrhundert wichtige Navigationsinstrumente und -hilfsmittel: Lot Magnetstein Kompass Astrolabium Portolankarten 16. Jahrhundert Sanduhr Relingslog Kardanik Mercatorkarte Parallellineale Handlog Seeatlas Davisquadrant Sektor	1497 – 1498 Vasco da Gama findet den Seeweg nach Indien	1492 – 1493 Kolumbus entdeckt Kuba, die Bahamas und Hispaniola 1493 –1496 Kolumbus entdeckt Guadeloupe, Dominika und Jamaika 1498 – 1500 Kolumbus entdeckt Trinidad und Venezuela 1502 – 1504 Kolumbus erforscht die Küste Mittelamerikas 1521 Hernando Cortéz besiegt die Azteken (Mexiko) 1584 Sir Walter Raleigh gründet eine Kolonie in Nordamerika	1499 – 1500 Amerigo Vespucci entdeckt die Mündung des Amazonas 1500 Pedro Alvarez Cabral nimmt Brasilien für Portugal in Besitz 1501 – 1502 Amerigo Vespucci erforscht Brasilien und Patagonien 1519 – 1522 Magellan findet die Passage vom Atlantik zum Pazifik 1533 Pizarro zerstört das Inkareich (Peru) aus Goldgier 1595 Sir Walter Raleigh fährt mit dem Kanu den Orinoko hinauf und „entdeckt" angeblich kopflose Menschen	1520 Magellan entdeckt den Westweg zu den Gewürzinseln im Pazifik 1577 – 1580 Sir Francis Drake auf Kaperfahrt über Kap Hoorn in pazifischen Gewässern	1434 Gil Eannes umsegelt das Kap Bojador in Westafrika 1445 Diego Alfonso umsegelt Kap Blanco in Westafrika 1486 Diego Cao segelt bis zum Kreuzkap, 80 km nördlich der Walfisch-Bai 1488 Bartolomeu Dias umsegelt das Kap der Guten Hoffnung 1497 Vasco da Gama umrundet das Kap der Guten Hoffnung und erforscht die Ostküste Afrikas; entdeckt den Westweg nach Ostindien	1590 J.W. Barents entdeckt Spitzbergen und die Bäreninseln

Zeittafel der Instrumente und Entdeckungen

Zeit	Asien	Nord- und Mittelamerika	Südamerika	Australien und Pazifik	Afrika	Polargebiete
17. Jahrhundert Fernrohr Logarithmen Quadrant Spiegelteleskop Sonnenring		1681 Sieur de la Salle beansprucht das Gebiet am Mississippi für Ludwig XIV.		1642 Abel Tasman entdeckt Tasmanien und Neuseeland 1644 Abel Tasman segelt die Nordküste Australiens ab		
18. Jahrhundert Nocturnal Sonnenuhr Oktant Vollkreis Chronometer Sextant Pedometer Circumferento	1725 Vitus Bering stellt die Trennung von Asien und Amerika fest (Beringstraße)	1763 – 1767 James Cook kartiert die Küste Neufundlands 1776 – 1779 James Cook erforscht die Beringstraße		1768 James Cook kartiert die Gesellschaftsinseln sowie die Nordseite Neuseelands und entdeckt den Seeweg zwischen Australien und Neuguinea 1768 – 1769 de Bougainville kartiert den südlichen Pazifik 1776 – 1779 James Cook entdeckt Hawaii 1785 La Perouse kartiert den nördlichen Pazifik		1772 – 1775 James Cook erforscht die arktischen Gewässer

500 Jahre Navigation

Zeittafel der Instrumente und Entdeckungen

Zeit	Asien	Nord- und Mittelamerika	Südamerika	Australien und Pazifik	Afrika	Polargebiete
19. Jahrhundert einheitliche Seekartierung Patentlog Dosensextant Theodolit Rollineal Chronometer und B-Uhren Kajütkompass Flüssigkeitskompass		1819 – 1822 Sir J. Franklin kartiert das Gebiet zwischen Hudson Bay und Coppermine River 1825 – 1827 Sir J. Franklin erforscht den Mackenzie River und Nordalaska	1799 – 1804 Alexander von Humboldt erforscht Venezuela und die Anden 1831 – 1836 Fitzroy/Darwin Erforschung von Südamerika	1803 Mathew Flinders umsegelt und vermisst Australien und Tasmanien		1818 Sir J. Franklin sucht nach der Nordwest-Passage 1841 James Ross entdeckt Teile der Antarktis 1845 – 1847 Sir J. Franklins zweite Suche nach der Nordwestpassage 1878 – 1880 A.E. Nordenskjöld findet die arktische Nordostpassage 1893 Fridtjof Nansen erkundet das Nordpolarmeer und durchquert Grönland

HEEL Maritim

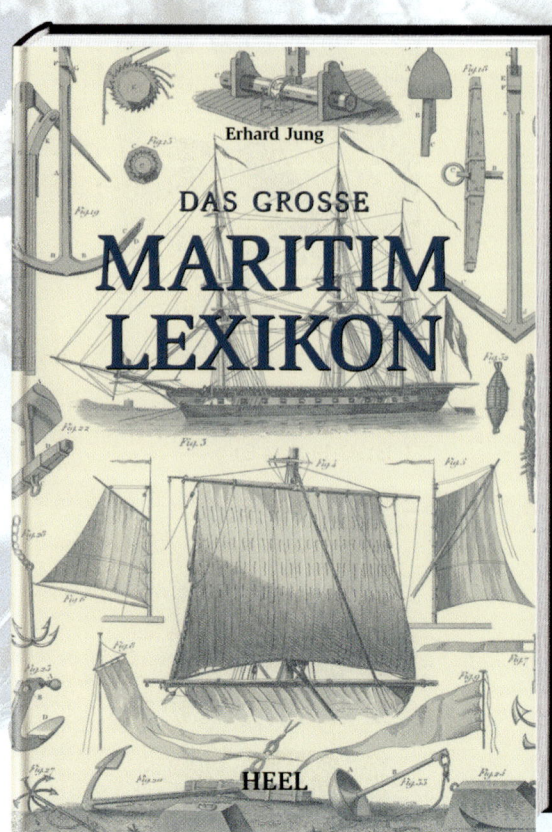

Niko Schmidt / Bernt Hoffmann
Die schönsten Leuchttürme Deutschlands
176 Seiten, ca. 300 farb. Abb., 245 x 290 mm, gebunden mit Schutzumschlag
ISBN 3-89880-221-3
€ 39,90

Erhard Jung
Das große Maritim Lexikon
320 Seiten, ca. 165 x 250 mm, gebunden
ISBN 3-89880-219-1
€ 14,95

Andreas Saal
Törnführer Neckar
60 Seiten, ca. 40 Karten, zahlreiche Abb.,
320 x 230 mm, Ringbuch
ISBN 3-89880-480-1
€ 29,90

Andreas Saal
Törnführer Elbe I
Von Schöna bis Magdeburg
60 Seiten, ca. 50 Karten, zahlreiche Abb., 320 x 230 mm, Ringbuch
ISBN 3-89880-298-1
€ 29,90

Andreas Saal
Törnführer Elbe II
Magdeburg bis Lauenburg
60 Seiten, ca. 50 Karten, zahlreiche Abb.,
320 x 230 mm, Ringbuch
ISBN 3-89880-301-5
€ 29,90

Telefon: 0531 799079 · Fax: 0531 795939
service@heel-verlag.de · www.heel-verlag.de
HEEL Verlag GmbH · Gut Pottscheidt · 53639 Königswinter